钢筋工程岗位技能培训教材

钢筋快速下料计算

郭玉忠　主编

中国建材工业出版社

图书在版编目(CIP)数据

钢筋快速下料计算/郭玉忠主编．— 北京：中国建材工业出版社，2014.1

钢筋工程岗位技能培训教材

ISBN 978-7-5160-0630-6

Ⅰ.①钢…　Ⅱ.①郭…　Ⅲ.①配筋工程—计算—岗位培训—教材　Ⅳ.①TU755.3

中国版本图书馆 CIP 数据核字(2013)第 265617 号

内 容 提 要

本书从实际需求出发，以全面、实用、精练、方便查阅为原则，以最新现行国家标准和行业标准为主要依据编写。本书是关于当代钢筋识图、钢筋快速下料计算方法的科技书。共分八章，其主要内容包括：钢筋基础、构件配筋的相关规定、钢筋下料的基本公式、箍筋、平法框架梁纵向钢筋下料计算、框架柱纵向钢筋下料计算、剪力墙钢筋下料计算和钢筋下料的其他计算。

本书既可以作为工程施工管理人员和工程监理人员的实际工作指导书，也可以作为大中专院校和培训机构相关专业师生的培训用书。

钢筋工程岗位技能培训教材

钢筋快速下料计算

郭玉忠　主编

出版发行：中国建材工业出版社

地　　址：北京市西城区车公庄大街 6 号

邮　　编：100044

经　　销：全国各地新华书店

印　　刷：北京雁林吉兆印刷有限公司

开　　本：787mm×1092mm　1/16

印　　张：14.25

字　　数：352 千字

版　　次：2014 年 1 月第 1 版

印　　次：2014 年 1 月第 1 次

定　　价：42.00 元

本社网址：www.jccbs.com.cn

编委会

前　言

钢筋工程可以说是建筑工程中价格最高的工程，是建筑工程的核心，稍有不慎就可能酿造严重事故，后果不堪设想。为了加强读者对钢筋工程的理解和掌握，同时为了普及最实用、最高效、最简洁、最权威、最新型、最全面的钢筋工程技术，我们编写人员经过不懈努力，终于编写完成了“钢筋工程岗位技能培训教材”系列丛书。

在当前国内建筑行业中，能够熟练运用平法制图、识图，准确对钢筋计算并下料的人为数不多。本套丛书从钢筋工程识图、钢筋工程计算、钢筋工程施工三个重点也是难点入手，由浅及深、循序渐进的诠释了钢筋工程技术。

本套丛书有如下几个特点：

1.内容好。目前由于我国建筑工程正处在与国际不断交流的过程中，而且新颁布的标准、规范、规程如雨后春笋，因此很多书籍的内容不能够与时俱进。本书动用大量人力查阅并反映最新规范、规程的内容，综合编写而成。

2.资料全。截止到目前，建筑工程中钢筋工程相关的规范、规程已有数百部，相应的可借鉴的经验更是不计其数。本书编委会成员集中思想，多管齐下，分类编制，坚决杜绝漏编、错编、重复的情况。

3.表述新。为了适应年轻化的教学理念，本书在内容的表达上标新立异，编写方式具有新时代特征。从现代学生的思维习惯、学习方式入手，保证内容的新颖独特，避免以往枯燥无趣的平淡叙述，可以有效的调动学生的学习热情。

4.主线明。总所周知，钢筋工程大大小小的分支多如牛毛，内容繁杂而且涉及面广。在有限的时间内，很难做到面面俱到、有条不紊。因此，本书编委会成员通过探讨决定，以工程进度为依据，从不同阶段，例如设计、施工等逐一介绍。

5.条理清。本书内容在条理上，保持了高度的清晰、简明，对难以理解的地方着重做出解释，同时又严格避免喋喋不休的平淡叙述，杜绝重复繁琐的情况。

对于在本书编写过程中，给予我们大量帮助的单位和部门，我们致以真诚的感谢。

由于钢筋工程体系庞大、复杂、涉及面广，加之编者缺乏经验，书中难免有不足之处，恳请广大读者朋友提出宝贵意见，我们会虚心接受，并期待为读者提供更好的服务。

编者

2013年10月

目　录

第一章 钢筋基础

第一节　施工图的表示方法

一、比例

现实中我们不可能把建筑物按实际尺寸画在纸上，所以适当把建筑物及其附属物缩小或放大一定的比例，才能使图纸表达的更合理、更清晰。比例由数字和比号组成，比号前的数字表示图纸的尺寸，比号后的数字表示实际的物体尺寸。在图纸中，一般采用的是把物体缩小的比例。例如 1∶100，它表示的意思是把实际物体缩小 100 倍画在图纸中。

二、轴线

轴线是房屋定位放线的主要依据，也是预决算中常用的线，它主要画在承重墙、柱、屋架、梁等主要的承重构件位置，轴线的轴号一般标注于图样的左侧和下侧。轴线编号时，在我们观察的视线前，阿拉伯数字标于图样下方即纵轴线下方，字母标于图样左侧即横轴线左侧，并且大写字母“I、O、Z”是禁止使用的(图 1-1)。

三、标高

标高也叫做高程，有相对标高和绝对标高两种。图中的绝大部分为相对标高，只有在总平面图中会出现绝对标高。

绝对标高是我们所处的位置相对于黄海平均海平面而言的高度。相对标高是以建筑物的首层室内地坪为依据，首层室内地坪的标高写作±0.000，高于室内地坪的为正标高，低于室内地坪的为负标高。标高符号为“▽”或“△”，其中三角所指的“—”横线表示标高的指向位置高度。

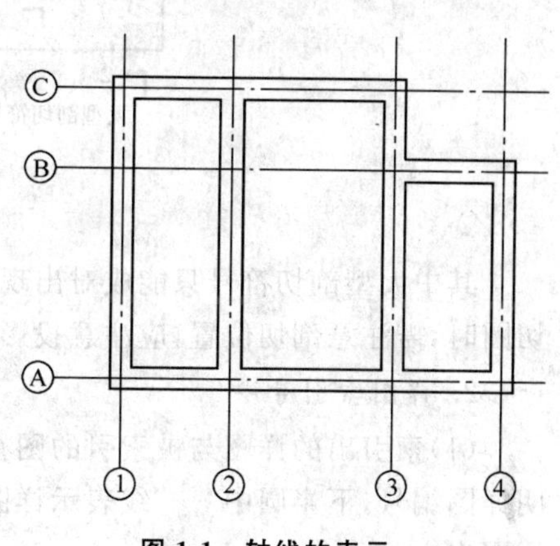

图 1-1　轴线的表示

四、图示及会签栏

在图纸的右下方，都存在一个图示栏（图 1-2），栏中标明了工程名称、图纸名称、设计号、图号、图别、会签栏等一些内容。若要查询图纸的内容从该图栏查起即可。

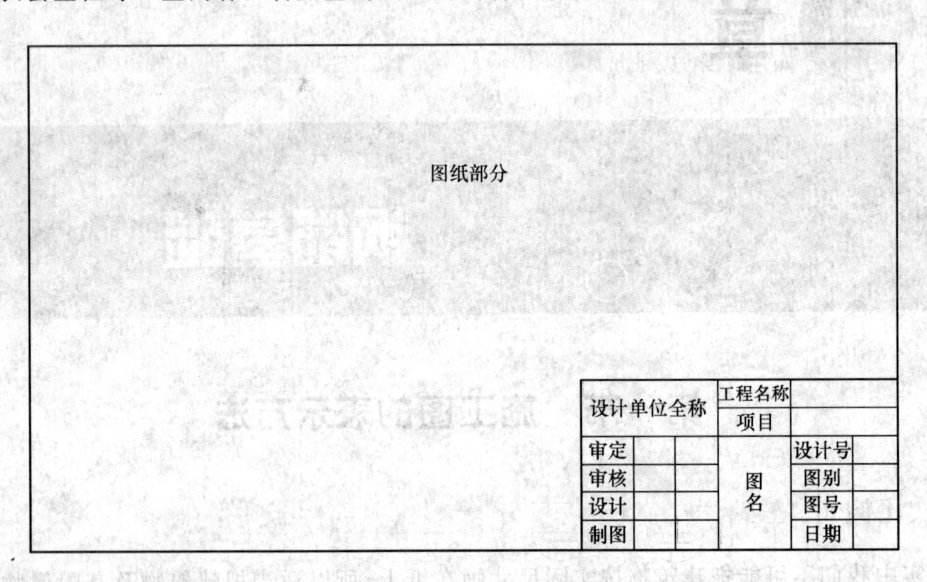

图 1-2 图示及会签栏

五、各种符号

1. 剖切符号

剖切符号（图 1-3）分为大型剖切符号和小型剖切符号，它由剖切位置线及剖视方向线组成，其中剖视方向用较粗实线表示。

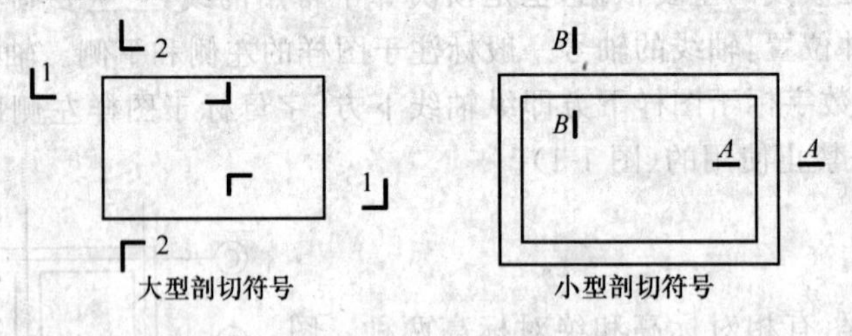

图 1-3 剖切符号

其中大型剖切符号只能成对出现，小型剖切符号可以单个出现，如用“—”或“|”表示，看剖切图时，需注意剖切位置，应注意投影方向，即向数字或字母方向投影。

2. 详图索引号

（1）索引出的详图与被索引的图在同一张图纸上时，索引符号的上半圆中用阿拉伯数字注明详图编号，下半圆中“—”线表示详图在本张图上。如图 1-4(a)所示，表示在本张图的第 5 个详图中。

(2)索引出的详图与被索引的图不在同一张图纸上时,索引符号的上半圆中为详图编号,下半圆中的阿拉伯数字为详图所在的图纸号。如图 1-4(b)所示,表示在第 6 张图的第 7 个详图中。

(3)索引图采用标准构造图时,应在索引符号的水平直径延长线上加注图册的编号。如图 1-4(c)所示,表示在第 6 张图的第 7 个详图中。

(4)索引符号如用于索引剖面详图时,应在被剖切的部位绘制剖切位置线,同时用引出线引出索引符号,引出线的一侧为剖视方向。如图 1-4(d)所示,第 1 个表示所垂直剖切的构件在本张图纸的第 1 个详图中,第 2 个表示所水平剖切的构件在本张图纸的第 3 个详图中,第 3 个表示所水平剖切的构件在第 5 张图的第 4 个详图中,第 4 个表示所垂直剖切的构件在第 5 张图的第 4 个详图中。

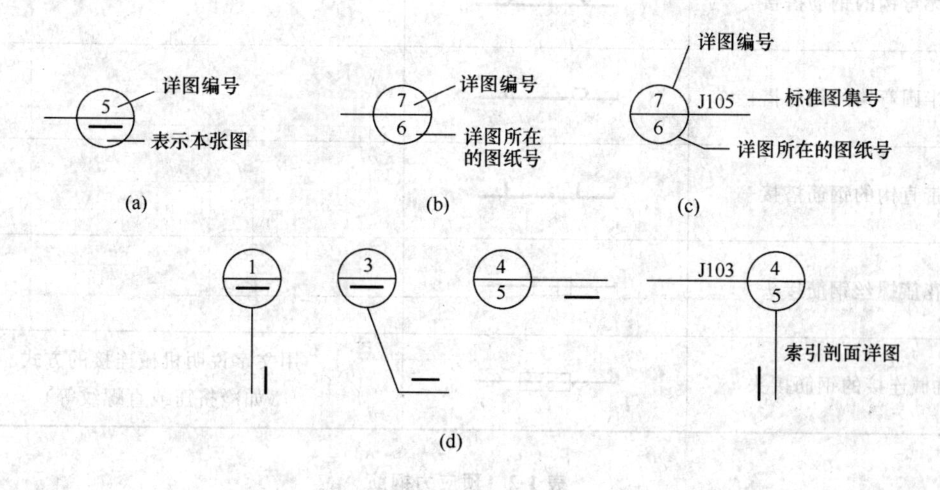

图 1-4 详图索引号

第二节 钢筋在图纸中的表示方法

一、钢筋的一般表示方法

(1)普通钢筋的一般表示方法应符合表 1-1 的规定。预应力钢筋的表示方法应符合表 1-2 的规定。钢筋网片的表示方法应符合表 1-3 的规定。钢筋的焊接接头的表示方法应符合表 1-4的规定。

表 1-1 普通钢筋

名称	图例	说明
钢筋横断面	●	—
无弯钩的钢筋端部	[图例]	下图表示长、短钢筋投影重叠时,短钢筋的端部用 45°斜画线表示

（续表）

名称	图例	说明
带半圆形弯钩的钢筋端部		—
带直钩的钢筋端部		—
带丝扣的钢筋端部		—
无弯钩的钢筋搭接		—
带半圆弯钩的钢筋搭接		—
带直钩的钢筋搭接		—
花篮螺丝钢筋接头		—
机械连接的钢筋接头		用文字说明机械连接的方式（如冷挤压或直螺纹等）

表 1-2　预应力钢筋

名称	图例
预应力钢筋或钢绞线	
后张法预应力钢筋断面无粘结预应力钢筋断面	
预应力钢筋断面	
张拉端锚具	
固定端锚具	
锚具的端视图	
可动连接件	
固定连接件	

表 1-3　钢筋网片

名称	图例
一片钢筋网平面图	W-1
一行相同的钢筋网平面图	3W-1

注：用文字注明焊接网片或绑扎网片。

表 1-4　钢筋的焊接接头

名称	接头形式	标注方法
单面焊接的钢筋接头		
双面焊接的钢筋接头		
用帮条单面焊接的钢筋接头		
用帮条双面焊接的钢筋接头		
接触对焊的钢筋接头（闪光焊、压力焊）		
坡口平焊的钢筋接头	60° b	60° b
坡口立焊的钢筋接头	b 45°	45° b
用角钢或扁钢做连接板焊接的钢筋接头		
钢筋或螺（锚）栓与钢板穿孔塞焊的接头		

(2)钢筋的画法应符合表 1-5 的规定。

表 1-5 钢筋的画法

说明	图例
在结构楼板中配置双层钢筋时,低层钢筋的弯钩应向上或向左,顶层钢筋的弯钩则向下或向右	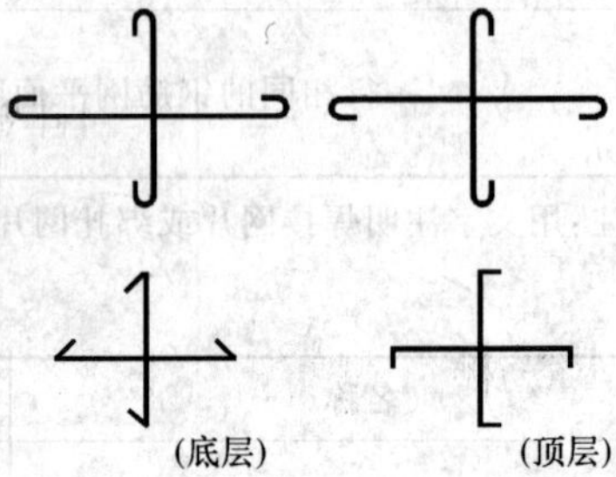 (底层) (顶层)
钢筋混凝土墙体配双层钢筋时,在配筋立面图中,远面钢筋的弯钩应向上或向左,而近面钢筋的弯钩则向下或向右(JM 近面,YM 远面)	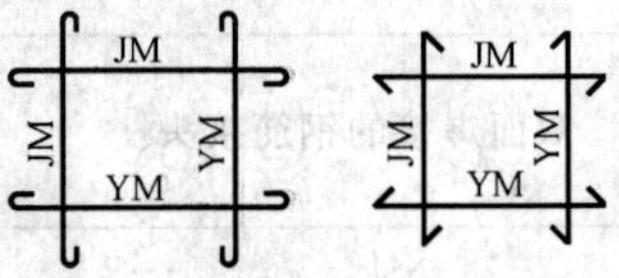 JM YM JM YM JM YM JM YM
在断面图中不能表达清楚的钢筋布置,应在断面图外增加钢筋大样图(如钢筋混凝土墙、楼梯等)	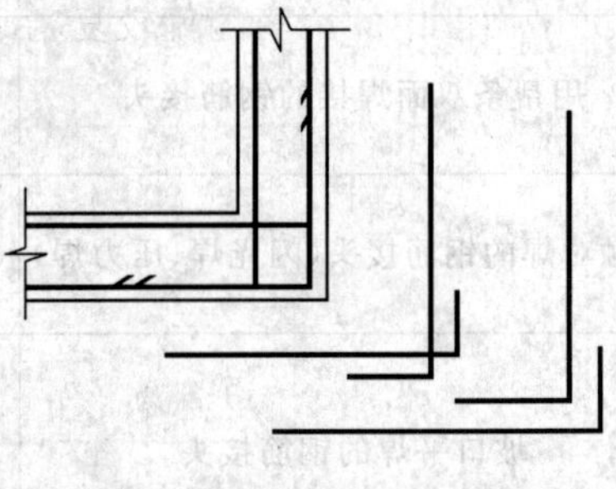
图中表示的箍筋、环筋等布置复杂时,可加画钢筋大样及说明	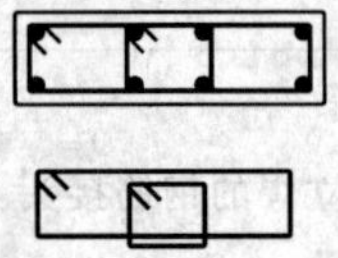
每组相同的钢筋、箍筋或环筋可用一根粗实线表示,同时用一两端带斜短画线的横穿细线,表示钢筋及其起止范围	

(3)钢筋、钢丝束及钢筋网片的标注应按下列规定进行标注:

1)钢筋、钢丝束的说明应给出钢筋的代号、直径、数量、间距、编号及所在位置,其说明应沿钢筋的长度标注或标注在相关钢筋的引出线上。

2)钢筋网片的编号应标注在对角线上。网片的数量应与网片的编号标注在一起。

3)钢筋、杆件等的编号宜采用直径 5～6 mm 的细实线圆表示,其编号应采用阿拉伯数字按顺序编写。

简单的构件、钢筋种类较少可不编号。

(4)钢筋在平面、立面、剖(断)面中的表示方法应符合下列规定：

1)钢筋在平面图中的配置应按图 1-5 所示的方法表示。当钢筋标注的位置不够时，可采用引出线标注。引出线标注钢筋的斜短划线应为中实线或细实线。

2)当构件布置较简单时，结构平面布置图可与板配筋平面图合并绘制。

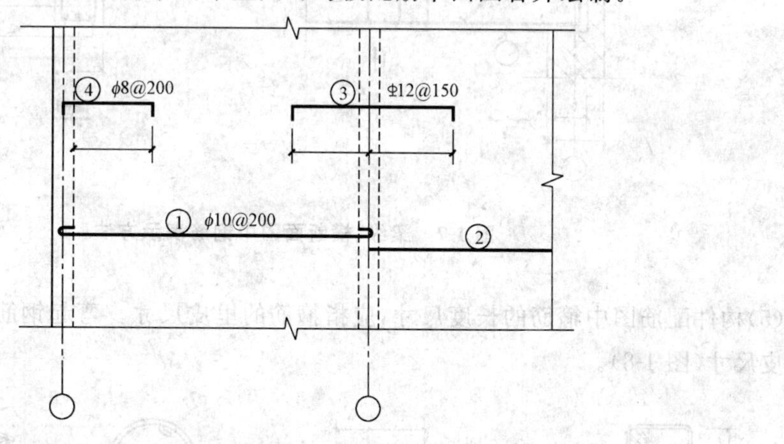

图 1-5　钢筋在楼板配筋图中的表示方法(单位：mm)

3)平面图中的钢筋配置较复杂时，可按表 1-5 及图 1-6 的方法绘制。

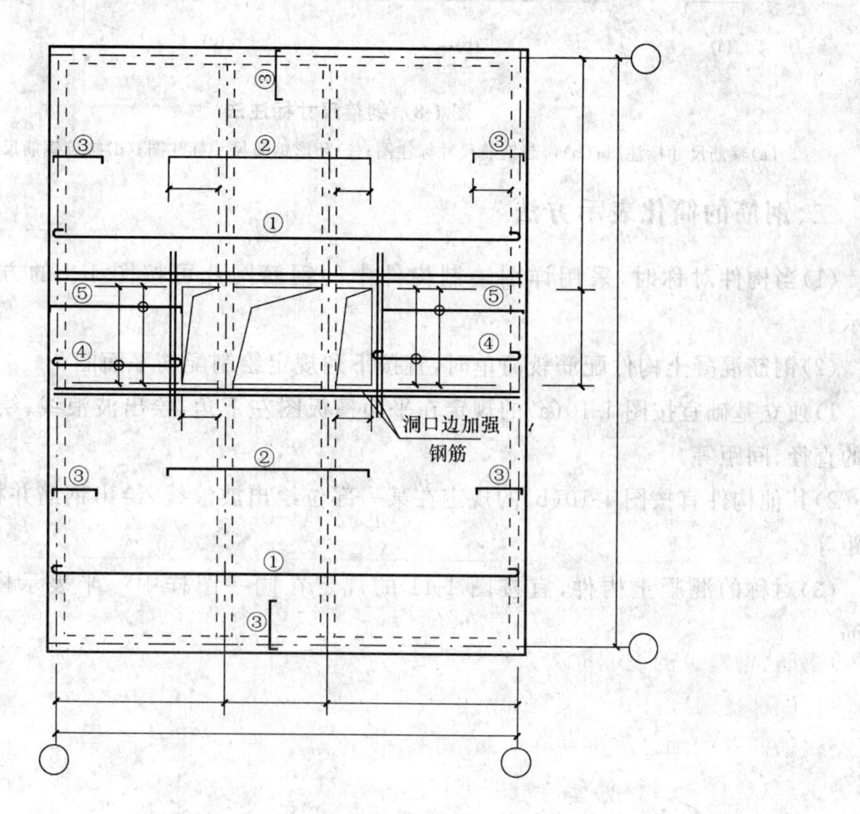

图 1-6　楼板配筋较复杂的表示方法

4)钢筋在梁纵、横断面图中的配置,应按图 1-7 所示的方法表示。

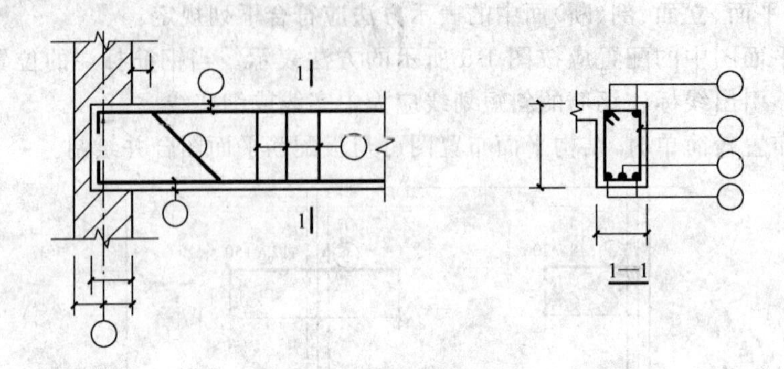

图 1-7 梁纵、横断面图中钢筋表示方法

(5)构件配筋图中箍筋的长度尺寸,应指箍筋的里皮尺寸。弯起钢筋的高度尺寸应指钢筋的外皮尺寸(图 1-8)。

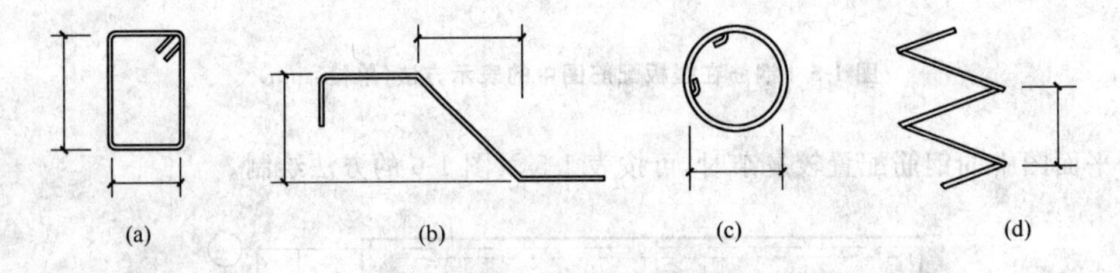

图 1-8 钢箍尺寸标注法

(a)箍筋尺寸标注图;(b)弯起钢筋尺寸标注图;(c)环形钢筋尺寸标注图;(d)螺旋钢筋尺寸标注图

二、钢筋的简化表示方法

(1)当构件对称时,采用详图绘制构件中的钢筋网片可按图 1-9 的方法用一半或 1/4 表示。

(2)钢筋混凝土构件配筋较简单时,宜按下列规定绘制配筋平面图:

1)独立基础宜按图 1-10(a)的规定在平面模板图左下角,绘出波浪线,绘出钢筋并标注钢筋的直径、间距等。

2)其他构件宜按图 1-10(b)的规定在某一部位绘出波浪线,绘出钢筋并标注钢筋的直径、间距等。

(3)对称的混凝土构件,宜按图 1-11 的规定在同一图样中一半表示模板,另一半表示配筋。

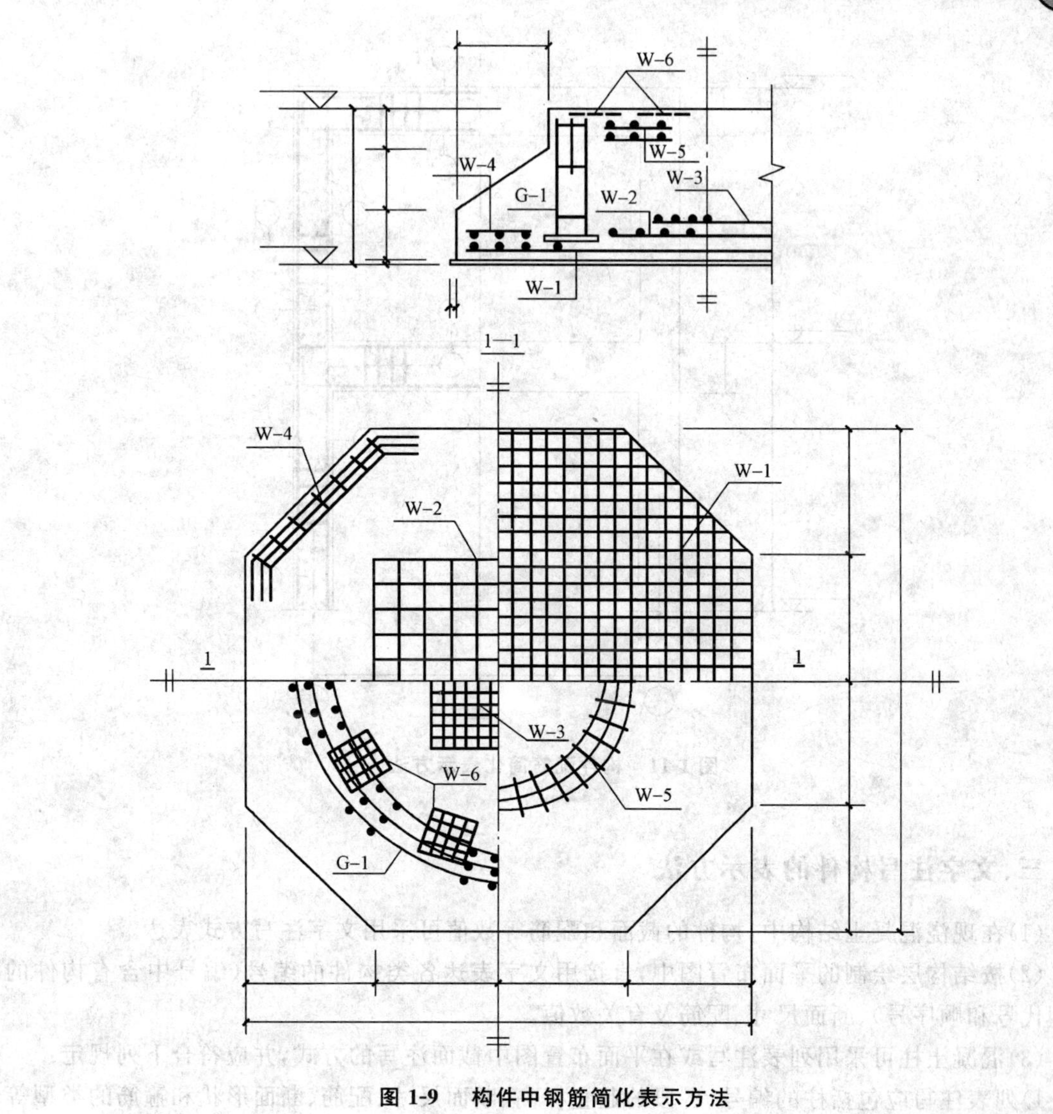

图 1-9　构件中钢筋简化表示方法

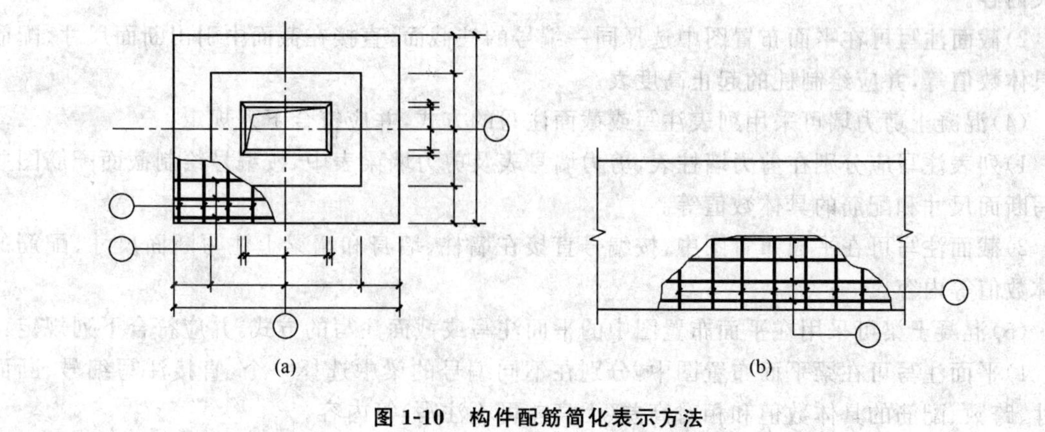

图 1-10　构件配筋简化表示方法

(a)独立基础；(b)其他构件

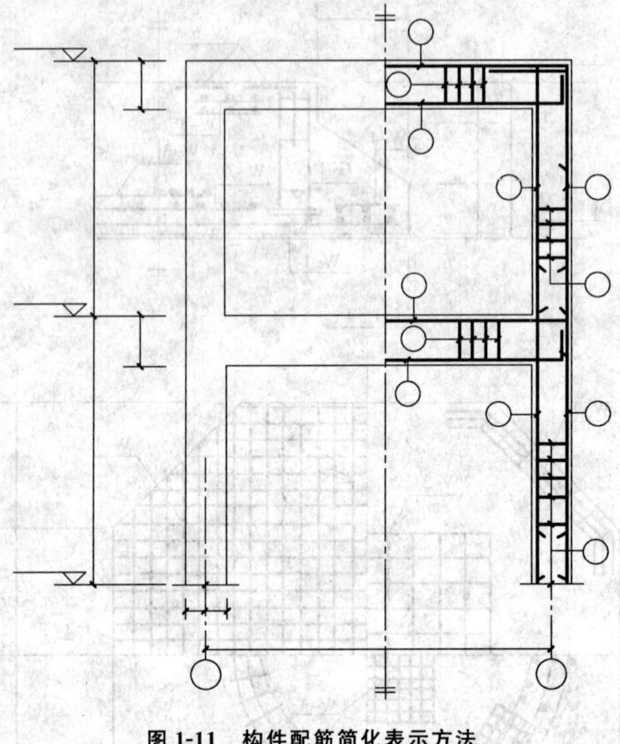

图 1-11 构件配筋简化表示方法

三、文字注写构件的表示方法

（1）在现浇混凝土结构中，构件的截面和配筋等数值可采用文字注写方式表达。

（2）按结构层绘制的平面布置图中，直接用文字表达各类构件的编号（编号中含有构件的类型代号和顺序号）、断面尺寸、配筋及有关数值。

（3）混凝土柱可采用列表注写或在平面布置图中截面注写的方式，并应符合下列规定：

1）列表注写应包括柱的编号、各段的起止标高、断面尺寸、配筋、断面形状和箍筋的类型等有关内容。

2）截面注写可在平面布置图中选择同一编号的柱截面，直接在截面中引出断面尺寸、配筋的具体数值等，并应绘制柱的起止高度表。

（4）混凝土剪力墙可采用列表注写或截面注写的方式，并应符合下列规定：

1）列表注写应分别在剪力墙柱表、剪力墙身表及剪力墙梁表中，按编号绘制截面配筋图并注写断面尺寸和配筋的具体数值等。

2）截面注写可在平面布置图中，按编号直接在墙柱、墙身和墙梁上注写断面尺寸、配筋的具体数值等内容。

（5）混凝土梁可采用在平面布置图中的平面注写或截面注写的方式，并应符合下列规定：

1）平面注写可在梁平面布置图中，分别在不同编号的梁中选择一个，直接注写编号、断面尺寸、跨数、配筋的具体数值和相对高差（无高差可不注写）等内容。

2）截面注写可在梁平面布置图中，分别在不同编号的梁中选择一个，用剖面号引出截面图形并在其上注写断面尺寸、配筋的具体数值等。

(6)重要构件或较复杂的构件,不宜采用文字注写方式表达构件的截面尺寸和配筋等有关数值,宜采用绘制构件详图的表示方法。

(7)基础、楼梯、地下室结构等其他构件,当采用文字注写方式绘制图纸时,可采用在平面布置图上直接注写有关数值,也可采用列表注写的方式。

(8)采用文字注写构件的尺寸、配筋等数值的图样,应绘制相应的节点做法及标准构件详图。

四、预埋件、预留孔洞的表示方法

(1)在混凝土构件上设置预埋件时,可按图 1-12 的规定在平面图或立面图上表示。引出线指向预埋件,并标注预埋件的代号。

(2)在混凝土构件的正、反面同一位置均设置相同的预埋件时,可按图 1-13 的规定引出线为一条实线和一条虚线同时指向预埋件,并在引出横线上标注预埋件的数量及代号。

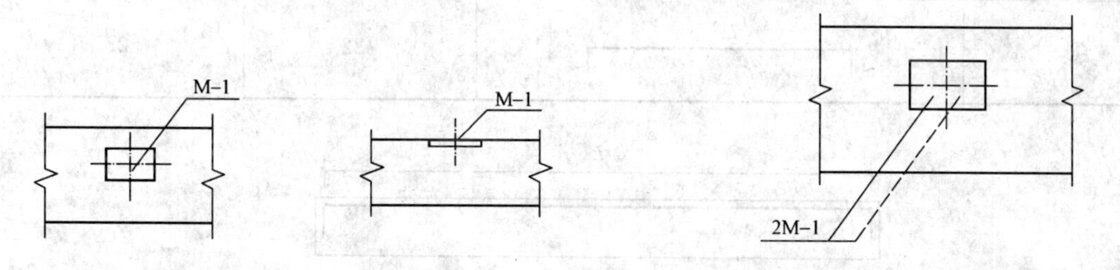

图 1-12　预埋件的表示方法　　图 1-13　同一位置正、反面预埋件相同的表示方法

(3)在混凝土构件的正、反面同一位置设置编号不同的预埋件时,可按图 1-14 的规定引一条实线和一条虚线同时指向预埋件。引出横线上标注正面预埋件代号,引出横线下标注反面预埋件代号。

(4)在构件上设置预留孔、洞或预埋套管时,可按图 1-15 的规定在平面或断面图中表示。引出线指向预留(埋)位置,引出横线上方标注预留孔、洞的尺寸或预埋套管的外径。横线下方标注孔、洞(套管)的中心标高或底标高。

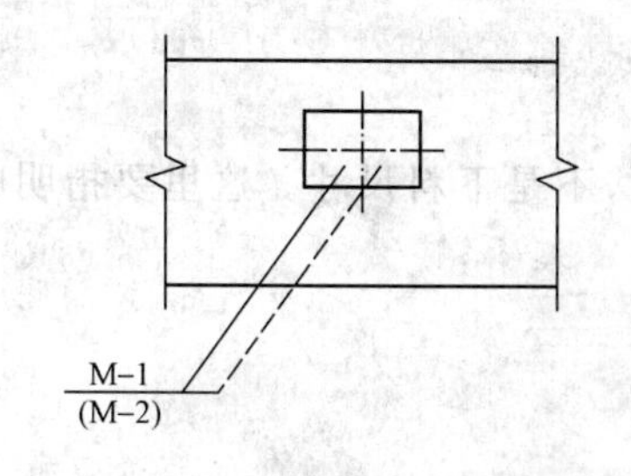

图 1-14　同一位置正、反面预埋件不相同的表示方法

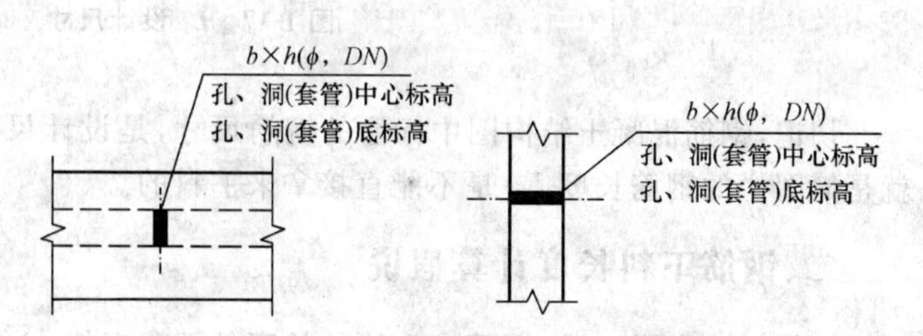

图 1-15　预留孔、洞及预埋套管的表示方法

第三节　钢筋下料长度计算概述

一、结构施工图中的钢筋尺寸

结构施工图中所标注的钢筋尺寸，是钢筋的外皮尺寸。它和钢筋的下料尺寸不是同一概念。

钢筋材料明细表(表1-6)中，简图栏的钢筋长度 L_1 即为图1-16所示。这个尺寸 L_1，是出于构造的需要标注的，所以钢筋材料明细表中所标注的尺寸，就是这个尺寸。通常情况下，钢筋的边界线是从钢筋外皮到混凝土外表面的距离(保护层)来考虑标注钢筋尺寸的。也可以这样说，这里的 L_1 是设计尺寸，不是钢筋加工下料的施工尺寸，如图1-17所示。

表1-6　钢筋材料明细表

钢筋编号	简图	规格	数量
①	L_2 L_1 L_2	$\phi22$	2

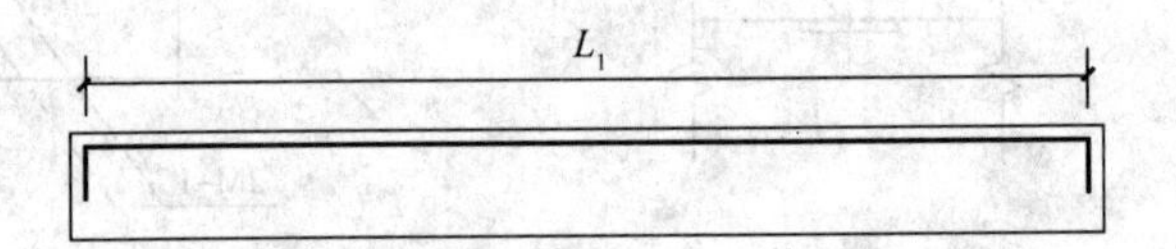

图1-16　钢筋长度 L_1 示意图

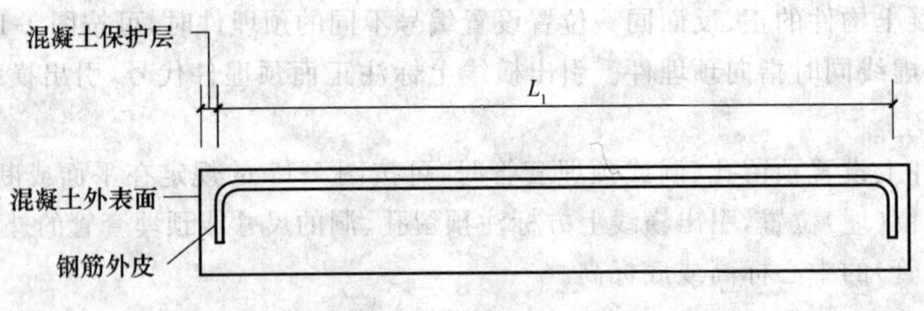

图1-17　L_1 设计尺寸

切记，钢筋混凝土结构图中标注的钢筋尺寸，是设计尺寸，不是下料尺寸。这里要指明的就是简图栏的钢筋长度 L_1 是不能直接拿来下料的。

二、钢筋下料长度计算假说

钢筋加工变形以后，钢筋中心线的长度是不改变的。

如图1-18所示，结构施工图上所示受力主筋的尺寸界限，是钢筋的外皮。实际上，钢筋加工下料的施工尺寸为：

$$AB+BC+CD$$

其中，AB为直线段；BC为弧线；CD为直线段。另外，箍筋的设计尺寸，通常是采用内皮标注尺寸的方法。不过，这是从设计方便的角度出发采用的。

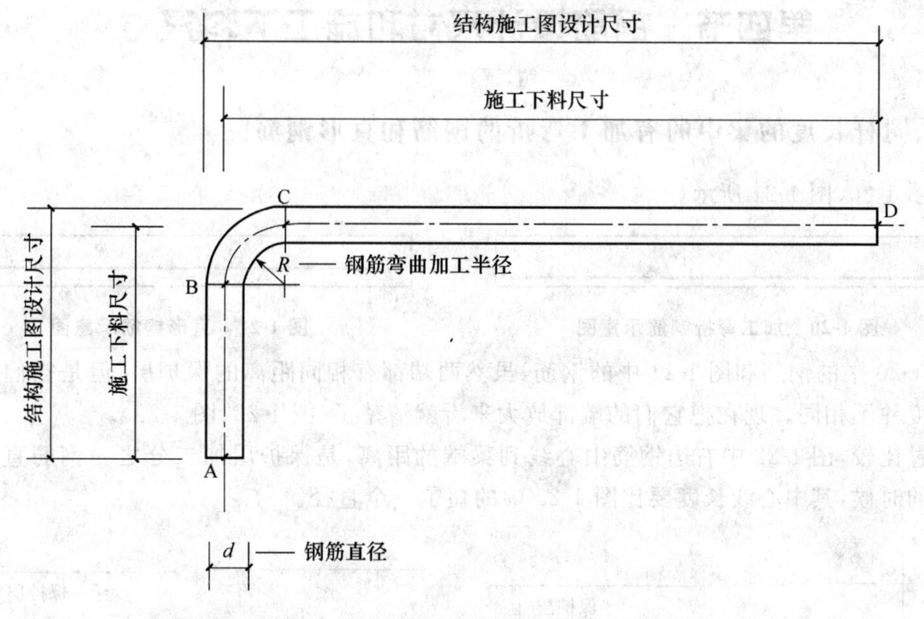

图 1-18 结构施工图上所示受力主筋的尺寸界限

三、钢筋下料长度计算的指导思想

计算钢筋下料长度，就是计算钢筋中心线的长度。钢筋下料长度计算的指导思想，是以科学、安全、经济和施工方便为原则的。

钢筋工程是在框架和剪力墙结构施工中，技术性要求很高的工程，它极大地影响工程的质量。而且，成本所占比重也是很高的。

四、差值的加工意义

钢筋材料明细表的简图中，标注的外皮尺寸之和，大于钢筋中心线的长度。它所多出来的数值，就是差值。可用下式表示：

钢筋外皮尺寸之和－钢筋中心线的长度＝差值

根据外皮尺寸所计算出来的差值，须乘以负号“－”后再进行运算。

(1)对于标注内皮尺寸的钢筋，其差值，根据角度的不同，可能是正，也可能是负。

(2)对于围成圆环的钢筋，内皮尺寸就小于钢筋中心线的长度。所以，它不是负值，如图 1-19 所示。

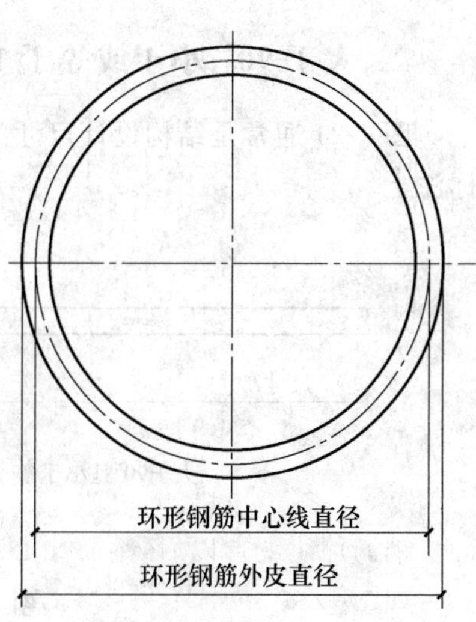

图 1-19 圆环钢筋尺寸示意图

第四节　钢筋设计尺寸和施工下料尺寸

一、同样长度的梁中的有加工弯折的钢筋和直形钢筋

如图 1-20、图 1-21 所示。

图 1-20　加工弯折钢筋示意图　　图 1-21　直形钢筋示意图

图 1-20 中的钢筋和图 1-21 中的钢筋，虽然两端都有相同距离的保护层，但是它们的中心线的长度并不相同。现在把它们的端部放大来看就清楚了(图 1-22、图 1-23)。

经过比较，图 1-22 中右边钢筋中心线到梁端的距离，是保护层加二分之一钢筋直径。考虑两端的时候，其中心线长度要比图 1-23 中的短了一个直径。

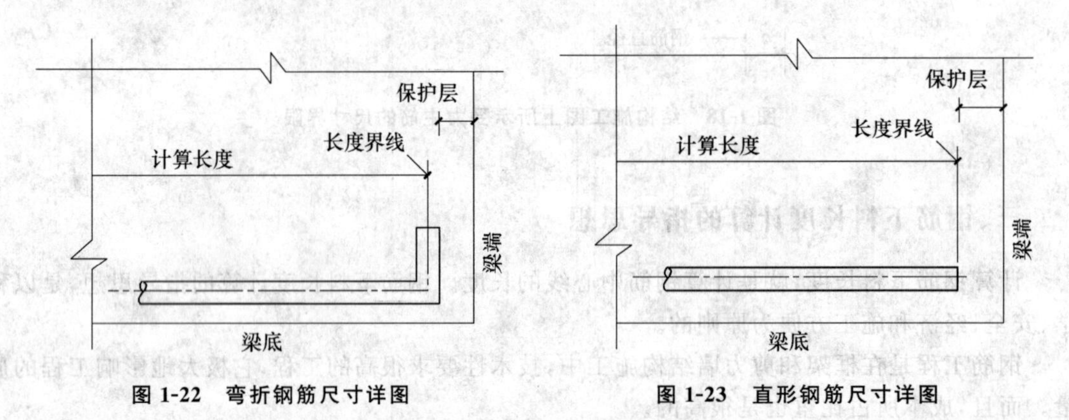

图 1-22　弯折钢筋尺寸详图　　图 1-23　直形钢筋尺寸详图

二、大于 90°、小于或等于 180°弯钩的设计标注尺寸

图 1-24 通常是结构设计尺寸的标注方法，也常与保护层有关；图 1-25 常用在拉筋的尺寸标注上。

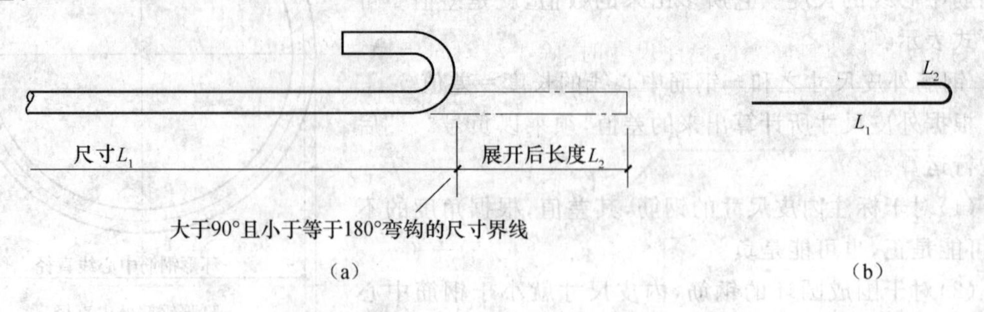

图 1-24　结构设计尺寸的标注方法

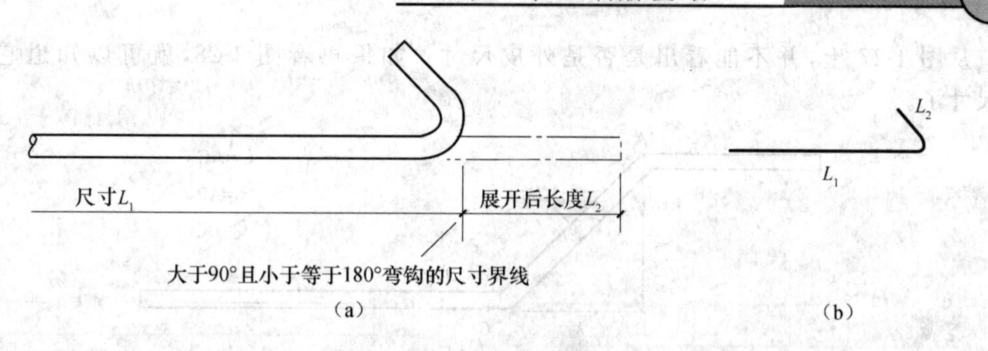

图 1-25　常用拉筋的尺寸标注

三、内皮尺寸

梁和柱中的箍筋，通常用内皮尺寸标注，这样便于设计。因为用梁、柱截面的高、宽尺寸，分别减去保护层厚度，就是箍筋的高、宽内皮尺寸，如图 1-26 所示。

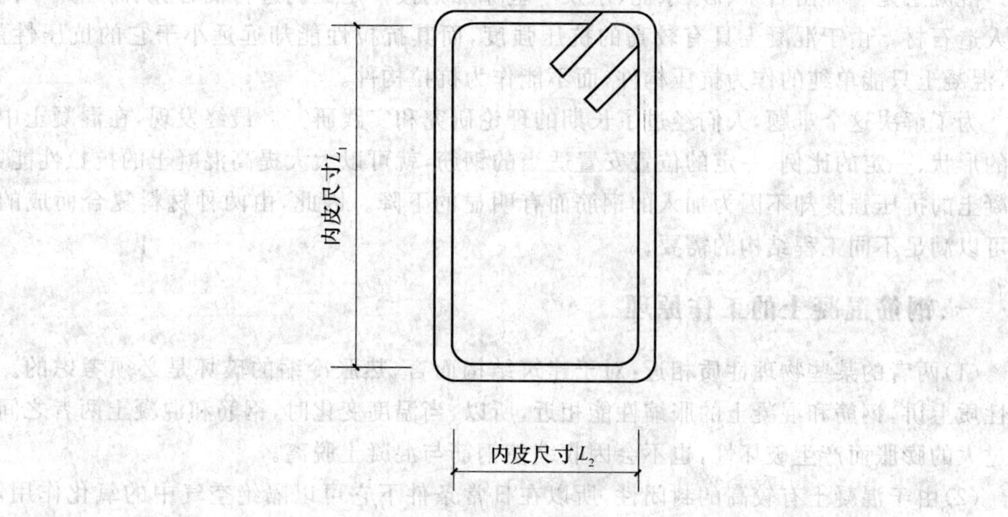

图 1-26　箍筋内皮尺寸

四、用于 30°、60°、90°斜筋的辅助尺寸

遇到有弯折的斜筋需要标注尺寸时，除了沿斜向标注它的外皮尺寸外，还要把斜向尺寸当作直角三角形的斜边，进而另外标注出它的两个直角边的尺寸。如图 1-27 所示。

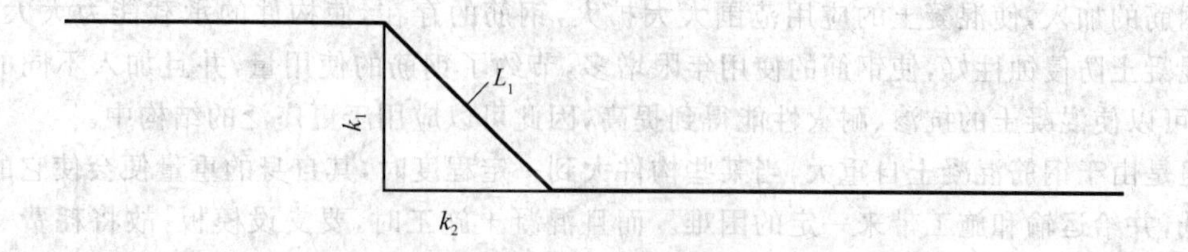

图 1-27　用于 30°、60°、90°斜筋的辅助尺寸标注示意

从图 1-27 上，并不能看出是否是外皮尺寸。如果再看图 1-28，就可以知道它是外皮尺寸了。

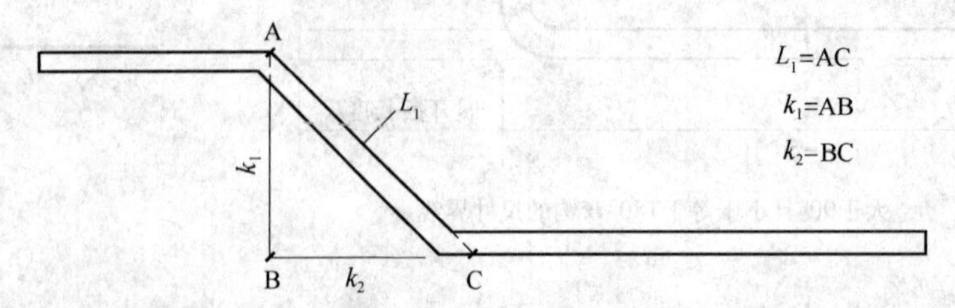

图 1-28 用于 30°、60°、90°斜筋的辅助尺寸标注示意(可看出皮外尺寸)

第五节 钢筋混凝土各构件中钢筋组成

混凝土是一种由石子、砂、水泥、水及一些添加剂按一定比例进行混合，从而形成不同强度的人造石材。由于混凝土具有较高的抗压强度，而其抗拉性能却远远小于它的抗压性能，因此，混凝土只能单纯的作为抗压构件，而不能作为抗拉构件。

为了解决这个难题，人们经过了长期的理论研究和实践研究。最终发现，在混凝土中按一定的形状、一定的比例、一定的位置安置适当的钢筋，就可以大大提高混凝土的抗拉性能，同时混凝土的抗压强度却不因为加入的钢筋而有明显的下降。因此，由两种材料复合而成的结构就可以满足不同工程结构的需要。

一、钢筋混凝土的工作原理

(1)两者的某些物理性质相近：对于建筑结构而言，热胀冷缩的破坏是必须考虑的。从物理性质上讲，钢筋和混凝土的胀缩性能相近，所以，当温度变化时，钢筋和混凝土两者之间不会因过大的膨胀而产生破坏性，也不会因收缩使钢筋与混凝土脱离。

(2)由于混凝土有较高的封闭性，所以在日常条件下它可以隔绝空气中的氧化作用，而且其抗渗性较好，可以阻止水蒸气的侵蚀，防止钢筋的锈蚀，保证钢筋有稳定可靠的工作环境。

(3)混凝土凝结硬化时会产生强大的收缩力，可以把钢筋紧密地包裹其中，加大了两者的粘合力，使两者能更好地工作。

二、钢筋混凝土的优缺点

钢筋的加入，使混凝土的应用范围大大扩大，钢筋的存在，使构件的承载能力大大提高。由于混凝土防侵蚀性好，使钢筋的使用年限增多，节约了钢筋的使用量，并且加入不同的添加材料，可以使混凝土的抗渗、耐火性能得到提高，因此可以应用于更广泛的结构中。

但是由于钢筋混凝土自重大，当某些构件大到一定程度时，其自身的重量便会使它的承载力降低，并给运输和施工带来一定的困难。而且混凝土施工时，要支设模板，故将耗费一定量的木材和钢材。在冬雨期进行施工时，由于条件的限制，还必须采取一定的保护措施，才能有可靠的质量保证。

三、各构件中的钢筋组成

在建筑工程中，某些构件的工作原理是相同的，因此我们只介绍几种常用的构件。

1. 梁内钢筋组成

钢筋混凝土梁是受弯构件，其梁内钢筋根据形式不同，一般可分为纵向受力钢筋、弯起钢筋、架立钢筋、箍筋等几种。

(1)纵向受力钢筋的作用是承受外力在梁内产生的拉力，它放在梁中受拉的一侧。

(2)弯起钢筋一般是由纵向受力钢筋弯起成型的，它除了在梁的中部承受等弯矩产生的拉力外，靠近支座的弯起段还用来承受弯矩和剪力产生的拉力。

(3)架立筋主要用来固定箍筋的正确位置，与其他钢筋一起形成具有一定刚度的钢筋骨架。由于架立筋的存在，在混凝土收缩和温度变化时，可以阻止裂缝的产生，架立筋布置在梁的受压区外缘两侧，平行于纵向受力筋。

(4)箍筋。由于剪力和弯矩在梁内产生拉力，箍筋的存在可以对其产生束缚作用，抵消剪力，和架立筋、纵向受力筋形成一个良好的主体骨架。

如图 1-29 所示，共有 2 根纵向受力钢筋，2 根架立钢筋，1 根弯起钢筋。

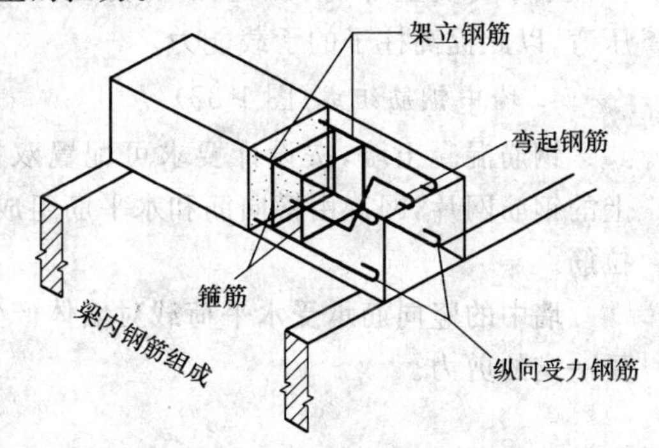

图 1-29 梁内钢筋组成示意图

2. 板(现浇、预制)内钢筋组成(图 1-30)

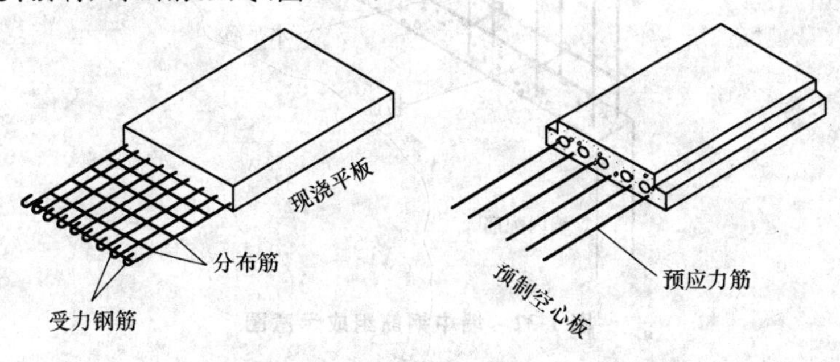

图 1-30 板(现浇、预制)内钢筋组成示意图

(1)受力钢筋。

板中受力钢筋和梁中纵向受力钢筋作用原理相同，都是承受弯矩产生的拉力，它分布于板的受拉区。

(2)架立(分布)钢筋。

分布钢筋可以将板上受到的外力更有效地传递到受力筋上，使受力更加均匀，不至于使板的某一部分承受过大的集中荷载，另外还可以对因混凝土收缩和温度变化而在垂直于跨度方向引起的裂缝起阻止作用，固定受力钢筋的正确位置。

3. 柱内钢筋组成(图 1-31)

柱由于所受外力的作用方式不同,可分为轴心受压柱和偏心受压柱,轴心受压柱内配有对称的钢筋分布。

柱内纵向受力钢筋是指竖直向上的纵向筋,它与混凝土共同承受上部荷载在柱上产生的压力。当柱受偏心荷载时,纵向受力钢筋还承受一定的侧面拉力。

箍筋除了保证固定受力钢筋的正确位置外,还承受柱子本身受上部荷载产生的剪力,防止受力钢筋被压弯,以此提高柱子的承载能力。

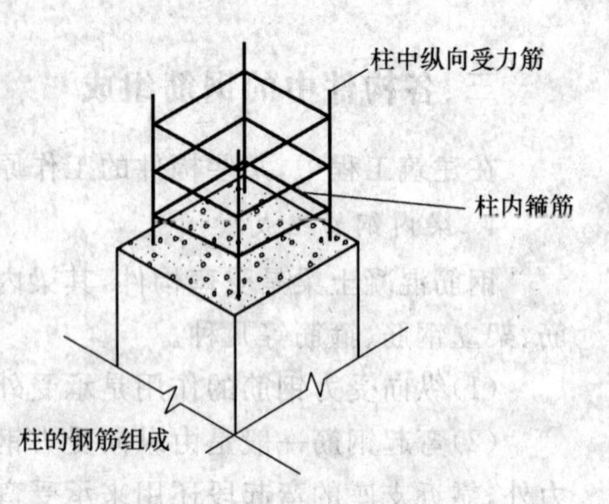

图 1-31 柱内钢筋组成示意图

4. 墙中钢筋组成(图 1-32)

钢筋混凝土墙,按设计要求可配置双排及双排以上的钢筋网片,网片由横向筋和水平筋组成。采用双排及双排以上网片时,在网片之间需设置拉筋。

墙中的竖向筋承受水平荷载对墙体产生的拉应力,水平筋用来固定竖筋的正确位置,并承受一定的剪力。

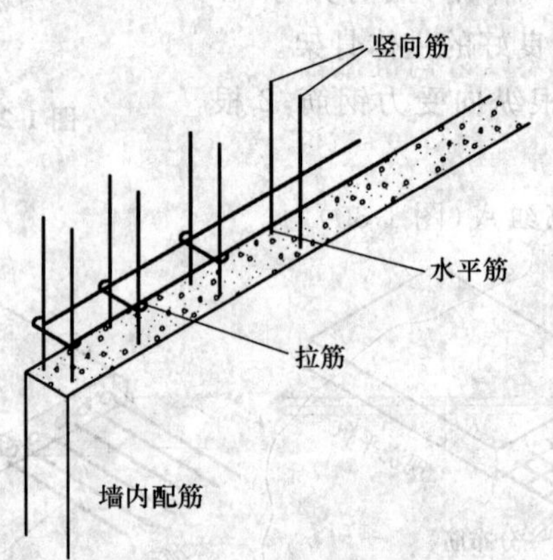

图 1-32 墙中钢筋组成示意图

第二章 构件配筋的相关规定

第一节 钢筋的锚固

受力钢筋的机械锚固形式有如下三种，其中由于末端弯钩的形式变化多样，和量度方法的不同会产生较大误差，因此主要以弯钩机械锚固为主。

一、弯钩锚固可以有 90°、135°两种形式（图 2-1）

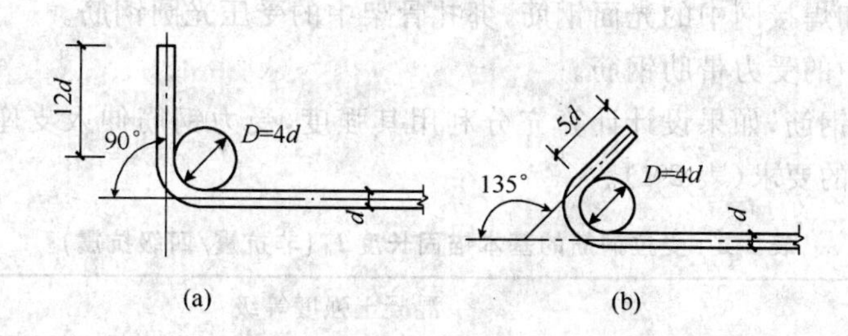

图 2-1 弯钩锚固形式

(a)末端带 90°弯钩锚固；(b)末端带 135°弯钩锚固

二、末端与钢板穿孔角焊（图 2-2）

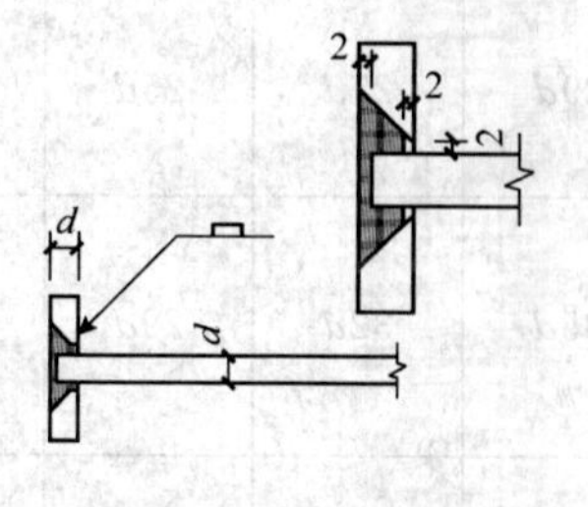

图 2-2 末端与钢板穿孔角焊

三、末端两侧(或一侧)贴焊锚筋(图 2-3)

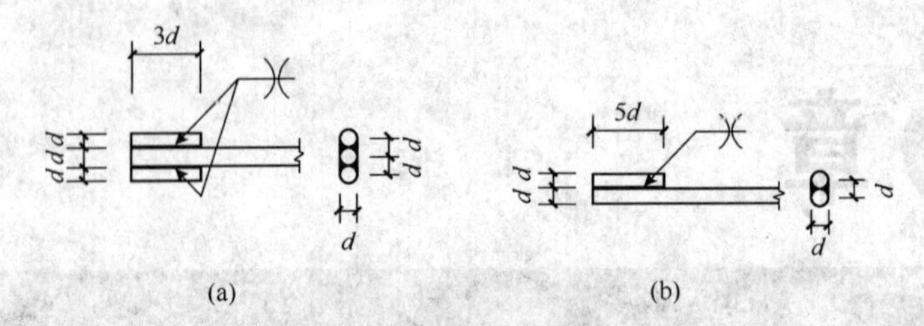

图 2-3 末端两侧贴焊锚筋和末端一侧贴焊锚筋

(a)末端两侧贴焊锚筋;(b)末端一侧贴焊锚筋

四、末端带螺栓锚头(图 2-4)

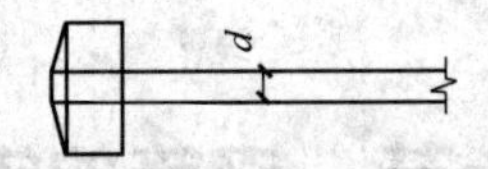

图 2-4 钢筋末端弯钩示意图

对于钢筋的末端做弯钩,弯钩形式应符合设计要求,当设计无具体要求时,HPB235 级钢筋制作的箍筋,其弯钩的圆弧直径应大于受力钢筋直径,且不小于箍筋直径的 2.5 倍;弯钩平直部分长度,一般结构不小于箍筋直径的 5 倍,对有抗震要求的结构,不应小于箍筋直径的 10 倍。下列钢筋可不做弯钩:

(1)焊接骨架和焊接网中的光面钢筋,绑扎骨架中的受压光圆钢筋。

(2)钢筋骨架中的受力带肋钢筋。

对于纵向受力钢筋,如果设计计算充分利用其强度,受力钢筋伸入支座的锚固长度 l_{ab} 应符合基本锚固长度的要求(表 2-1)。

表 2-1 受拉钢筋的基本锚固长度 l_{ab}(非抗震/四级抗震)

钢筋种类	混凝土强度等级								
	C20	C25	C30	C35	C40	C45	C50	C55	≥C60
HPB235	31d	27d	24d	22d	20d	—	—	—	—
HPB300	39d	34d	30d	28d	25d	24d	23d	22d	21d
HRB335 HRBF335	38d	33d	29d	27d	25d	23d	22d	21d	21d
HRB400 HRBF400 RRB400	—	40d	35d	32d	29d	28d	27d	26d	25d
HRB500 HRBF500	—	48d	43d	39d	36d	34d	32d	31d	30d

（续表）

<table>
<tr><th>受拉钢筋锚固长度 l_a</th><th colspan="4">受拉钢筋锚固长度修正系数 ζ_a</th></tr>
<tr><td rowspan="4">$l_a=\zeta_a l_{ab}$</td><td colspan="2">锚固条件</td><td>ζ_a</td><td rowspan="4">—</td></tr>
<tr><td colspan="2">带肋钢筋的公称直径大于 25 mm</td><td>1.10</td></tr>
<tr><td colspan="2">环氧树脂涂层带肋钢筋</td><td>1.25</td></tr>
<tr><td colspan="2">施工过程中易受扰动的钢筋</td><td>1.10</td></tr>
<tr><td rowspan="2">注：
1. 锚固长度修正系数 ζ_a 按表右取用，当多余一项时，可按连乘计算，但不应小于 0.6。
2. l_a 不应小于 200</td><td rowspan="2">锚固区保护层厚度</td><td>$3d$</td><td>0.80</td><td rowspan="2">注：中间时按内插值。d 为锚固钢筋直径</td></tr>
<tr><td>$5d$</td><td>0.70</td></tr>
</table>

注：1. HPB235 级和 HPB300 级钢筋在受拉时，其末端应做成 180°弯钩。弯钩平直段长度不应小于 $3d$。当为受压时，可不做弯钩。

2. 当锚固钢筋的保护层厚度不大于 $5d$，锚固钢筋长度范围内应设置横向构造钢筋，其直径不应小于 $d/4$（d 为锚固钢筋的最大直径）；梁、柱等构件间距不应大于 $5d$，板、墙等构件不应大于 $10d$，且均不应大于 100（d 为锚固钢筋的最小直径）。

五、钢筋锚固长度计算

钢筋锚固长度计算，取决于钢筋强度及混凝土抗拉强度，并与钢筋外形有关。当计算中充分利用钢筋的抗拉强度时，受拉钢筋的锚固长度，可按下式计算：

$$l_a=\alpha\frac{f_y}{f_t}\cdot d \tag{2-1}$$

式中，l_a——受拉钢筋的锚固长度（mm）；

f_t——混凝土轴心抗拉强度设计值（N/mm²）：当混凝土强度等级高于 C40 时，按 C40 取值；

f_y——普通钢筋的抗拉强度设计值（N/mm²）；

d——钢筋的公称直径（mm）；

α——钢筋的外形系数，光圆钢筋为 0.16，带肋钢筋为 0.14，刻痕钢丝为 0.19，螺旋肋钢丝为 0.13。

式（2-1）使用时，尚应将计算的基本锚固长度按以下锚固条件进行修正：

（1）当 HRB335 级、HRB400 级和 RRB400 级钢筋直径大于 25 mm 时，其锚固长度应乘以修正系数 1.1。

（2）当钢筋在混凝土施工过程中易受扰动（如滑模施工）时，其锚固长度应乘以修正系数 1.1。

（3）当 HRB335 级、HRB400 级和 RRB 级钢筋在锚固区的混凝土保护层厚度大于钢筋直径的 3 倍且配有箍筋时，其锚固长度可乘以修正系数 0.8。

【例 2-1】 某箱型基础底板纵向受拉钢筋采用 HRB335 级直径为 28 mm 的钢筋，钢筋抗

拉强度设计值 $f_y=300\ \text{N/mm}^2$，底板混凝土采用C25级，轴心抗拉强度设计值 $f_t=1.27\ \text{N/mm}^2$，试求所需锚固长度。

解：

取 $\alpha=0.14$，由式(2-1)得：

$$l_a=\alpha\frac{f_y}{f_t}\times d=0.14\times\frac{300}{1.27}\times d\approx 40d$$

所以纵向受拉钢筋锚固长度为 $40d$。

第二节　钢筋的接头

在施工过程中，定尺钢筋的使用往往需要在适当的部位对钢筋进行接头，以满足不同长度钢筋的使用要求，接头形式主要有绑扎接头、焊接接头。不管是何种形式的接头，它的使用范围及接头的加工都应遵守如下规定：

一、钢筋接头的使用范围

(1)钢筋连接可采用绑扎搭接、机械连接或焊接。钢筋的接头首先考虑使用焊接形式，钢筋焊接接头的类型及质量应符合现行《混凝土结构工程施工质量验收规范》(GB 50204—2002)(2011版)要求。

(2)混凝土结构中受力钢筋的连接接头宜设置在受力较小处。在同一根受力钢筋上宜少设接头。在结构的重要构件和关键传力部位，纵向受力钢筋不宜设置连接接头。

(3)轴心受拉及小偏心受拉杆件的纵向受力钢筋不得采用绑扎搭接；其他构件中的钢筋采用绑扎搭接时，受拉钢筋直径不宜大于25 mm，受压钢筋直径不宜大于28 mm。

(4)同一构件中相邻纵向受力钢筋的绑扎搭接接头宜互相错开。钢筋绑扎搭接接头连接区段的长度为1.3倍搭接长度，凡搭接接头中点位于该连接区段长度内的搭接接头均属于同一连接区段(图2-5)。同一连接区段内纵向受力钢筋搭接接头面积百分率为该区段内所有搭接接头的纵向受力钢筋与全部纵向受力钢筋截面面积的比值。当直径不同的钢筋搭接时，按直径较小的钢筋计算。

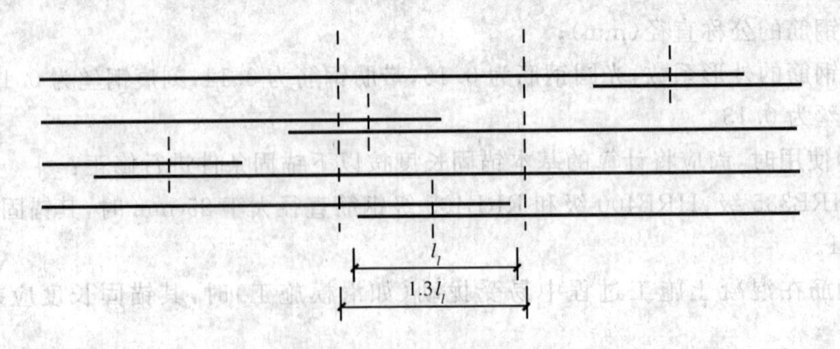

图2-5　同一连接区段内纵向受拉钢筋的绑扎搭接接头

注：图中所示同一连接区段内的搭接接头钢筋为两根，当钢筋直径相同时，钢筋搭接接头面积百分率为50%。

位于同一连接区段内的受拉钢筋搭接接头面积百分率：对于梁类、板类及墙类构件，不宜大于25%；对于柱类构件，不宜大于50%。当工程中确有必要增大受拉钢筋搭接接头面积百分率时，对于梁类构件，不宜大于50%；对于板、墙、柱及预制构件的拼接处，可根据实际情况放宽。

并筋采用绑扎搭接连接时，应按每根单筋错开搭接的方式连接。接头面积百分率应按同一连接区段内所有的单根钢筋计算。并筋中钢筋的搭接长度应按单筋分别计算。

二、绑扎搭接的接头长度

(1)采用绑扎搭接接头的纵向受拉钢筋，搭接接头的搭接长度应根据位于同一连接区段内的钢筋搭接接头面积百分率按公式(2-2)计算：

$$l_{lE}=\zeta_l l_a\text{(抗震)} \quad \text{或} \quad l_l=\zeta_l l_a\text{(非抗震)} \tag{2-2}$$

式中，l_{lE}、l_l——纵向受拉钢筋的搭接长度；

ζ_l——纵向受拉钢筋搭接长度修正系数(表2-2)；

l_a——纵向受拉钢筋的最小锚固长度。

注：1. l_{lE}、l_l 按直径较小的钢筋计算。

2. 纵向受拉钢筋绑扎搭接接头的搭接长度任何情况下不应小于300 mm。

3. 当纵向钢筋搭接接头百分率为表的中间值时，ζ_l 可按内插取值。

表2-2　纵向受拉钢筋搭接长度修正系数

纵向受拉钢筋搭接接头面积百分率(%)	≤25	50	100
ζ_l	1.2	1.4	1.6

(2)当构件中的纵向受压钢筋采用搭接连接时，其受压搭接长度不应小于纵向受拉钢筋搭接长度的70%，且不应小于200 mm。

(3)当受压钢筋直径大于25 mm时，应在搭接接头两个端面外100 mm的范围内各设置两道箍筋。

(4)纵向受力钢筋的机械连接接头宜相互错开。钢筋机械连接区段的长度为35d，d为连接钢筋的较小直径。凡接头中点位于该连接区段长度内的机械连接接头均属于同一连接区段。

位于同一连接区段内的纵向受拉钢筋接头面积百分率不宜大于50%；但对于板、墙、柱及预制构件的拼接处，可根据实际情况放宽。纵向受压钢筋的接头百分率可不受限制。

机械连接套筒的保护层厚度宜满足有关钢筋最小保护层厚度的规定。机械连接套筒的横向净间距不宜小于25 mm；套筒处箍筋的间距仍应满足相应的构造要求。

直接承受动力荷载结构构件中的机械连接接头，除应满足设计要求的抗疲劳性能外，位于同一连接区段内的纵向受力钢筋接头面积百分率不应大于50%。

(5)细晶粒热轧带肋钢筋以及直径大于28 mm的带肋钢筋，其焊接应经试验确定；余热处理钢筋不宜焊接。

纵向受力钢筋的焊接接头应相互错开。钢筋焊接接头连接区段的长度为35d且不小于500 mm，d为连接钢筋中的较小直径，凡接头中点位于该连接区段长度内的焊接接头均属于同一连接区段。

纵向受拉钢筋的接头面积百分率不宜大于50%，但在预制构件的拼接处，可根据实际情况放宽。纵向受压钢筋的接头百分率可不受限制。

(6)需进行疲劳验算的构件，其纵向受拉钢筋不得采用绑扎搭接接头，也不宜采用焊接接头，除端部锚固外不得在钢筋上焊有附件。

三、纵向受力钢筋的最小配筋率

(1)钢筋混凝土结构构件中纵向受力钢筋的配筋百分率ρ_{min}不应小于表2-3规定的数值。

表2-3　纵向受力钢筋的最小配筋百分率ρ_{min}　(%)

受力类型			最小配筋百分率
受压构件	全部纵向钢筋	强度等级500 MPa	0.50
		强度等级400 MPa	0.55
		强度等级300 MPa、335 MPa	0.60
	一侧纵向钢筋		0.20
受弯构件、偏心受拉、轴心受拉构件一侧的受拉钢筋			0.2和$45f_t/f_y$中的最大值

注：1. 受压构件全部纵向钢筋最小配筋百分率，当采用C60以上强度等级的混凝土时，应按表中规定增加0.10。

2. 板类受弯构件(不包括悬臂板)的受拉钢筋，当采用强度等级400 MPa、500 MPa的钢筋时，其最小配筋百分率允许采用0.15和$45f_t/f_y$中的较大值。

3. 偏心受拉构件中的受压钢筋，应按受压构件一侧纵向钢筋考虑。

4. 受压构件的全部纵向钢筋和一侧纵向钢筋的配筋率以及轴心受拉构件和小偏心受拉构件一侧受拉钢筋的配筋率均应按构件的全截面面积计算。

5. 受弯构件、大偏心受拉构件一侧受拉钢筋的配筋率应按全截面面积扣除受压翼缘面积$(b'_f-b)h'_f$后的截面面积计算。

6. 当钢筋沿构件截面周边布置时，“一侧纵向钢筋”系指沿受力方向两个对边中一边布置的纵向钢筋。

(2)卧置于地基上的混凝土板，板中受拉钢筋的最小配筋率可适当降低，但不应小于0.15%。

(3)结构中次要的钢筋混凝土受弯构件，当构造所需截面高度远大于承载的需求时，其纵向受拉钢筋的配筋率可按公式(2-3)、(2-4)计算：

$$\rho_s \geqslant \frac{h_{cr}}{h}\rho_{min} \tag{2-3}$$

$$h_{cr}=1.05\sqrt{\frac{M}{\rho_{min}f_y b}} \tag{2-4}$$

式中，ρ_s——构件按全截面计算的纵向受拉钢筋的配筋率；

ρ_{min}——纵向受力钢筋的最小配筋率；

h_{cr}——构件截面的临界高度，当小于$h/2$时取$h/2$；

h——构件截面的高度；

b——构件的截面宽度；

M——构件的正截面受弯承载力设计值。

第三节 柱钢筋的基础规定

柱是承受压力和弯矩的构件，根据所配置的钢筋不同，柱可分为两种基本形式：普通箍筋柱和螺旋箍筋柱。

配有纵向钢筋及箍筋的柱叫做普通箍筋柱；配有纵向钢筋及螺旋箍筋或焊环箍筋的柱叫做螺旋箍筋柱。柱的配筋构造可从以下几个方面叙述：

一、柱中的纵向钢筋

1. 钢筋的直径及圆柱的构造要求

(1)纵向受力钢筋直径不宜小于 12 mm，全部纵向钢筋的配筋率不宜大于 5%。

(2)柱中纵向钢筋的净间距不应小于 50 mm，且不宜大于 300 mm。

(3)偏心受压柱的截面高度不小于 600 mm 时，在柱的侧面应设置直径不小于 10 mm 的纵向构造钢筋，并相应设置复合箍筋或拉筋。

(4)圆柱中纵向钢筋不宜少于 8 根，不应少于 6 根，且宜沿周边均匀布置。

(5)在偏心受压柱中，垂直于弯矩作用平面的侧面上的纵向受力钢筋以及轴心受压柱中各边的纵向受力钢筋，其中距不宜大于 300 mm。

2. 柱中纵向钢筋的接头

柱中纵向钢筋的接头，应优先采用焊接或机械连接。接头宜设置在柱的弯矩较小区段，并应符合下列规定：

(1)柱每边钢筋不多于 4 根时，可在同一水平面上进行搭接；柱每边钢筋为 5～8 根时，可在两个水平面上进行搭接，如图 2-6(a)、(b)、(c)、(d)所示。

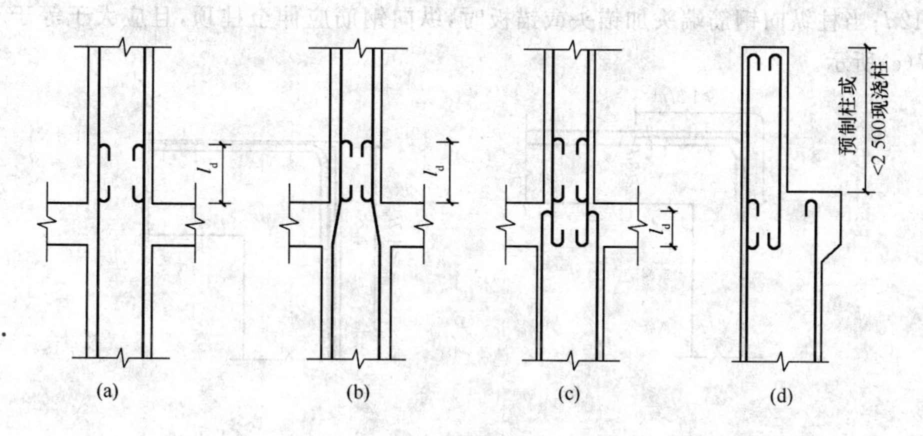

图 2-6 柱中纵向钢筋接头示意图

(a)上下柱钢筋搭接；(b)下柱钢筋弯折伸入上柱；(c)加插筋搭接；(d)上柱钢筋伸入下柱

(2)下柱伸入上柱搭接钢筋的根数及直径应满足上柱受力的要求；当上下柱(图 2-7)内钢筋直径不同时，搭设长度应按上柱内钢筋直径计算。

(3)下柱伸入上柱的钢筋折角坡度不大于 1∶6 时，下柱钢筋可不切断而弯伸至上柱搭接；否则应设置插筋或将上柱钢筋锚在下柱内。

3. 框架顶层柱中纵向钢筋锚固

框架顶层端节点处，可将柱外侧纵向钢筋的相应部分弯入梁内作梁上部纵向钢筋使用，也可将梁上部纵向钢筋与柱外侧纵向钢筋在顶层端节点及其附近部位搭接。搭接可采用下列方式：

(1)搭接接头可沿顶层端节点外侧及梁端顶部布置，搭接长度不应小于 $1.5l_a$，其中，伸入梁内的外侧柱纵向钢筋截面面积不宜小于外侧柱纵向钢筋全部截面面积的 65%，梁宽范围以外的外侧柱纵向钢筋宜沿节点顶部伸到柱内边，当柱纵向钢筋位于柱顶第一层时，至柱内边宜向下弯折不小于 $8d$ 后截断；当柱纵向钢筋位于柱顶第二层时，可向下弯折。当有现浇板且板厚不小于 100 mm、混凝土强度等级不低于 C20 时，梁宽范围以外的外侧柱纵向钢筋也可伸入现浇板内，其长度与伸入梁内的柱纵向钢筋相同。当外侧柱纵向钢筋配筋率大于 1.2%时，伸入梁内的柱纵向钢筋应满足以上规定，且宜分两批截断，其截断点之间的距离不宜小于 $20d$。梁上部纵向钢筋应伸到节点外侧并向下弯至梁下边缘高度后截断。此处，d 为柱外侧纵向钢筋的直径，如图 2-7(a)所示。

(2)搭接接头也可沿柱顶外侧布置。此时，搭接长度竖直段不应小于 $1.7l_a$。当梁上部纵向钢筋的配筋率大于 1.2%时，弯入柱外侧的梁上部纵向钢筋应满足以上规定，且宜分两批截断，其截断点之间的距离不宜小于 $20d$，d 为梁上部纵向钢筋的直径，如图 2-7(b)所示。

(3)顶层中间节点的柱纵向钢筋及顶层端节点的内侧柱纵向钢筋可用直线方式锚入顶层节点，其自梁底标高算起的锚固长度不应小于 l_a，且柱纵向钢筋必须伸至柱顶。当顶层节点处梁截面高度不足时，柱纵向钢筋应伸至柱顶并向节点内水平弯折；当柱顶有现浇板且板厚不小于 80 mm、混凝土度等级不低于 C20 时，柱纵向钢筋也可向外弯折，弯折段的水平投影长度不宜小于 $12d$；当柱纵向钢筋端头加锚头或锚板时，纵向钢筋应伸至柱顶，且应大于等于 $0.5l_{ab}$，如图 2-7(c)所示。

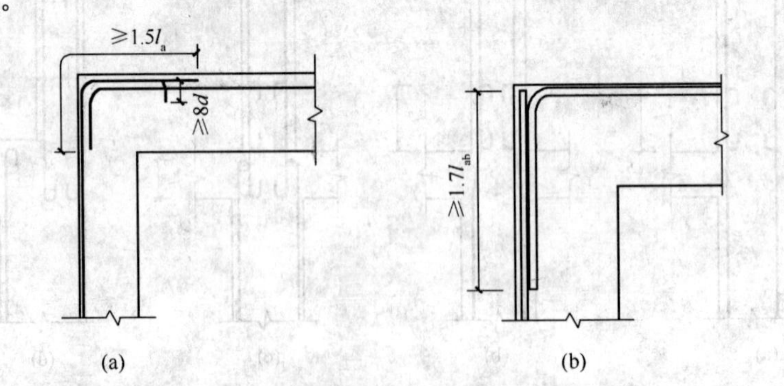

图 2-7 框架顶层柱中纵向钢筋锚固(一)

(a)位于节点外侧和梁端顶部的弯折搭接接头；(b)位于柱顶外侧的直线搭接接头

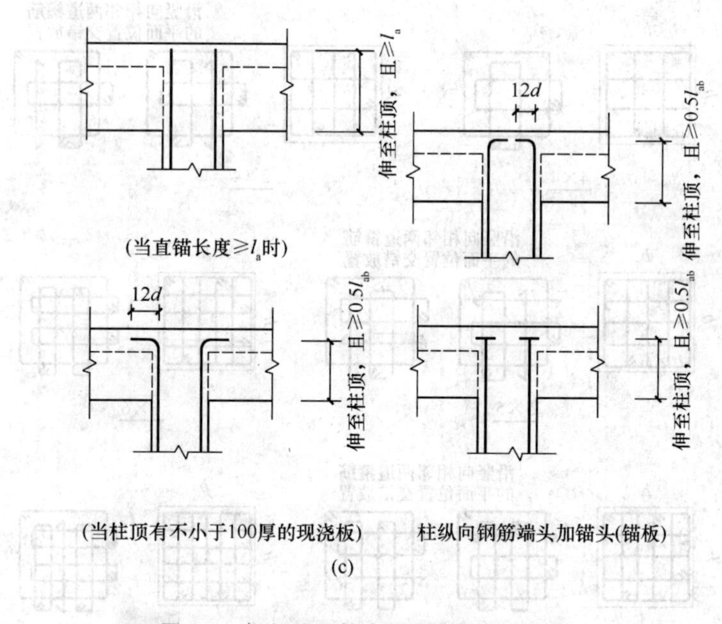

图 2-7　框架顶层柱中纵向钢筋锚固(二)

(c)柱纵向钢筋伸至顶板内的构造形式

二、柱中的箍筋

1. 箍筋的形式

柱及其他受压构件中的箍筋应做成封闭式；对圆柱中的箍筋，搭接长度不应小于锚固长度l_a，且末端应做135°弯钩，弯钩末端平直段长度不应小于箍筋直径的5倍。

2. 箍筋的间距

箍筋间距不应大于400 mm及构件截面的短边尺寸，且不应大于15d，d为纵向受力钢筋的最小直径。

3. 箍筋的直径

箍筋直径不应小于$d/4$，且不应小于6 mm，d为纵向钢筋的最大直径。

4. 复合箍筋

当柱截面短边尺寸大于400 mm且各边纵向钢筋多于3根时，或柱截面短边尺寸不大于400 mm但各边纵向钢筋多于4根时，应设置复合箍筋，其箍筋类型，如图2-8所示。

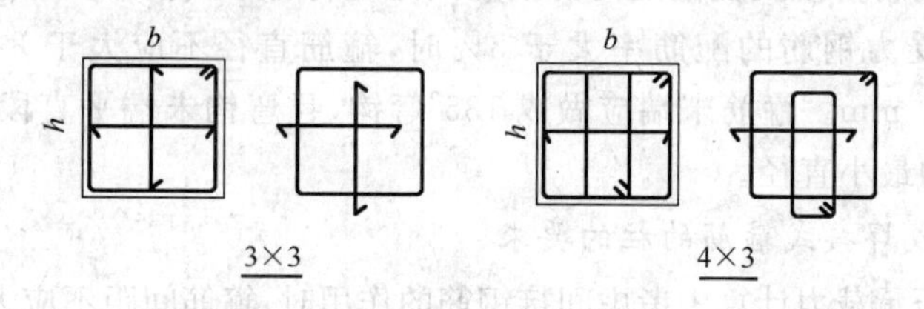

图 2-8　矩形箍筋复合方式(一)

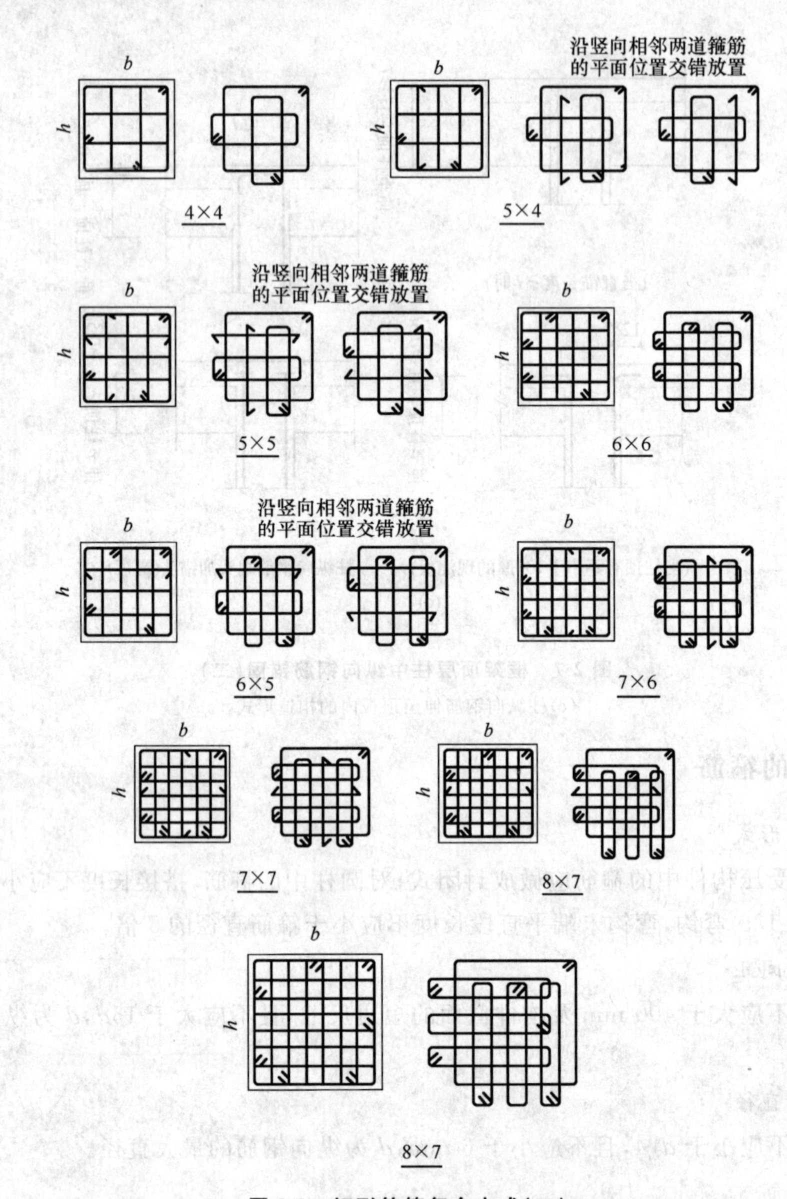

图 2-8 矩形箍筋复合方式(二)

5. 箍筋间距加密

柱中纵向受力钢筋搭接长度范围内的箍筋间距应符合下列要求：

柱中全部纵向受力钢筋的配筋率大于 3% 时，箍筋直径不应大于 8 mm，间距不应大于 $10d$，且不应大于 200 mm。箍筋末端应做成 135°弯钩，且弯钩末端平直段长度不应大于 $10d$，d 为纵向受力钢筋的最小直径。

6. 配有螺旋式或焊接式箍筋的柱的要求

如在正截面受压承载力计算中考虑间接钢筋的作用时，箍筋间距不应大于 80 mm 及 $d_{cor}/5$，且不宜小于 40 mm，d_{cor} 为按箍筋内表面确定的核心截面直径。

第四节　梁钢筋的基础规定

钢筋混凝土梁是受弯构件。其梁内钢筋根据形式不同，一般可分为纵向受力钢筋、弯起钢筋、箍筋等几种。

一、纵向受力钢筋

1. 纵向受力钢筋的直径

当梁高 $h \geqslant 300$ mm 时，不应小于 10 mm；当梁高 $h <$ 300 mm 时，不宜小于 8 mm。

2. 纵向受力钢筋的净距

梁上部钢筋水平方向的净间距不应小于 30 mm 和 1.5d，如图 2-9 所示。梁下部钢筋水平方向的净间距不应小于 25 mm 和 d。当下部钢筋多于 2 层时，2 层以上钢筋水平方向的中距应比下面 2 层的中距增大一倍；各层钢筋之间的净间距不应小于 25 mm 和 d，d 为钢筋的最大直径。

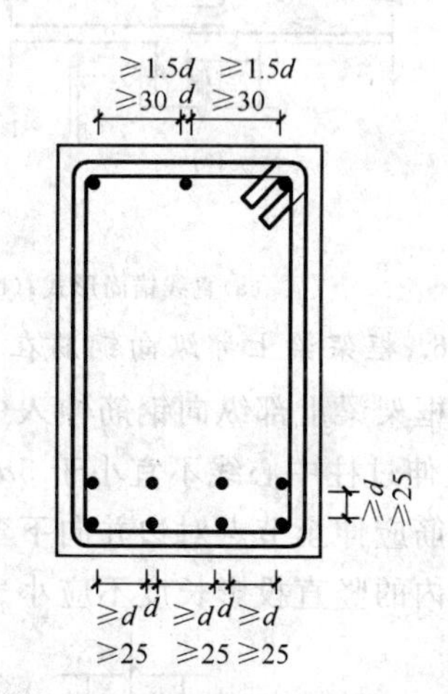

图 2-9　梁中钢筋的净距图（单位：mm）

3. 纵向受力钢筋伸入支座支承范围内的数量

伸入梁支座范围的钢筋不应少于 2 根。

4. 简支梁的下部纵向受力钢筋伸入支座的锚固长度 l_a

当梁中混凝土能担负全部剪力时，$l_a \geqslant 5d$。

当梁中混凝土不能担负全部剪力时，对于带肋钢筋，$l_a \geqslant 12d$；光圆钢筋 $l_a \geqslant 15d$。

当下部钢筋伸至梁端尚不足 l_a 时，必须采取专门锚固措施（例如，使梁端纵向受力钢筋上弯，加焊锚固钢筋或锚固钢板，将钢筋端部焊接在支座的预埋件上等），如图 2-10 所示。

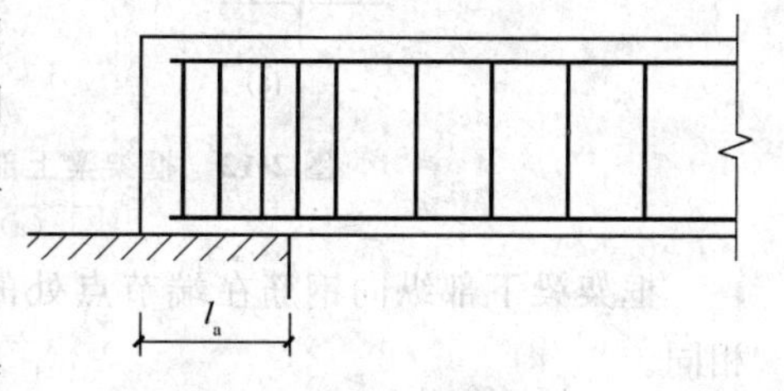

图 2-10　梁端钢筋构造图

支承在砌体结构上的钢筋混凝土独立梁，在纵向受力钢筋的锚固长度 l_a 范围内应配置不少于 2 个箍筋，其直径不宜小于纵向受力钢筋最大直径的 0.25 倍，间距不宜大于纵向受力钢筋最小直径的 10 倍；当采取机械锚固措施时，箍筋间距不宜大于纵向受力钢筋最小直径的 5 倍。

5. 连续梁或框架梁的纵向钢筋

上部纵向钢筋应贯穿其中间节点或中间支座范围。该钢筋自节点或支座边缘伸向跨中的截断位置应满足受弯承载力与锚固的要求。

下部纵向钢筋应伸入中间支座或中间节点。

（1）当计算中不利用其强度时，对于带肋钢筋，其伸入的锚固长度 $l_a \geqslant 12d$；光圆钢筋 $l_a \geqslant 15d$。

（2）当计算中充分利用钢筋的抗拉强度时，下部纵向钢筋锚固在节点或支座内，此时，可采用直线锚固形式，如图 2-11(a)所示，钢筋的锚固长度不应小于受拉钢筋锚固长度 l_a；下部纵向钢筋也可采用带 90°弯折的锚固形式，如图 2-11(b)所示，其中，竖直段应向上弯折，锚固端的水平投影长度不应小于 $0.4l_a$，竖直投影长度不应小于 $15d$；下部纵向钢筋也可伸过节点或支座范围，并在梁中弯矩较小处设置搭接接头，如图 2-11(c)所示，其搭接长度不应小于 l_l。

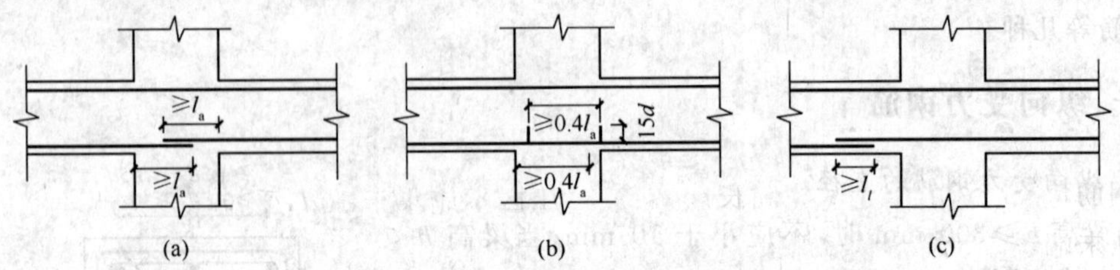

图 2-11 梁内纵向钢筋锚固形式

(a)直线锚固形式；(b)带 90°弯折的锚固形式；(c)在梁中弯矩较小处设置搭接接头

6. 框架梁上部纵向钢筋在中间层端节点处的锚固

框架梁上部纵向钢筋伸入中间层端节点的锚固长度，在采用直线锚固形式时，不应小于 l_a，且伸过柱中心线不宜小于 $5d$，d 为梁上部纵向钢筋的直径。当截面尺寸不足时，梁上部纵向钢筋应伸至节点对边并向下弯折，其包含弯弧段在内的水平投影长度不应小于 l_a，包含弯弧段在内的竖直投影长度不应小于 $15d$，如图 2-12 所示。

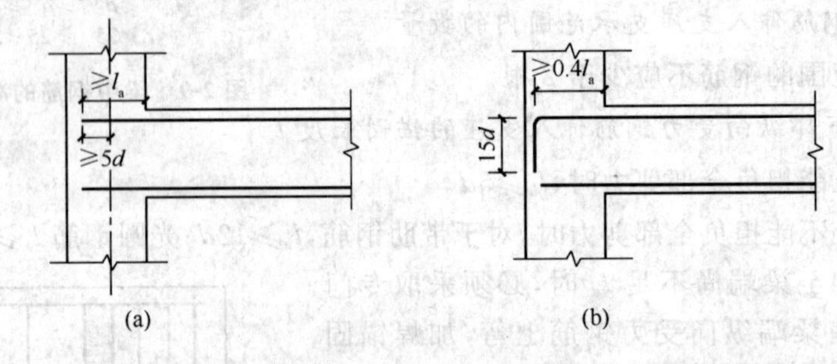

图 2-12 框架梁上部纵向钢筋在中间层端节点处的锚固图

(a)直线锚固；(b)弯折锚固

框架梁下部纵向钢筋在端节点处的锚固要求与中间节点处梁下部纵向钢筋的锚固要求相同。

7. 钢筋混凝土悬臂梁的钢筋锚固

在钢筋混凝土悬臂梁中，当直锚长度不小于 l_a 且不小于 $0.5h_c+5d$ 时，可不必往下弯锚；当直锚伸到支座对边仍不足 l_a 时，其锚固应伸至柱对边(柱纵筋内侧)且不应小于 $0.4l_a$，并向下弯折 $15d$ 截断，应有不少于两根上部钢筋伸至悬臂梁外端，并向下弯折不少于 $12d$。其余纵筋伸至悬臂梁外端向下弯折，平直段长度不应小于 $10d$，当 $L \leqslant 4h_b$ 时可不将钢筋在端部弯下；梁下部钢筋伸至支座内的锚固长度不应小于 $12d$，当为光圆钢筋时，其锚固长度不应小于 $15d$；其配筋构造如图 2-13 所示。

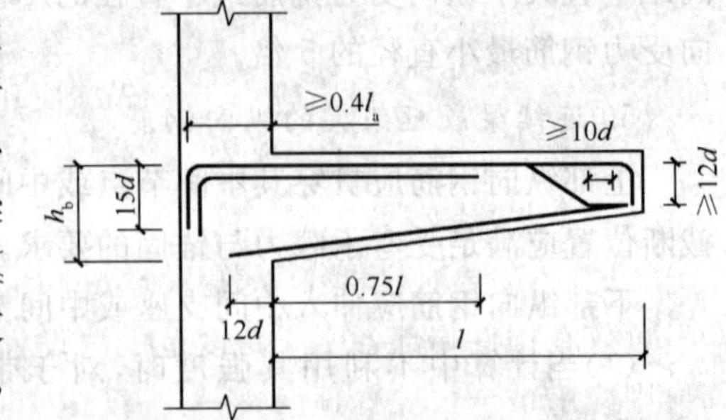

图 2-13 钢筋混凝土悬臂梁的钢筋锚固示意图

8. 受扭钢筋

沿截面周边布置的受扭钢筋的间距不应大于 200 mm 或梁截面短边长度；除应在梁截面四角设置受扭钢筋外，其余受扭钢筋宜沿截面周边均匀对称布置。受扭纵向钢筋应按受拉钢筋锚固在支座内。

二、弯起钢筋

梁中弯起钢筋的角度一般为 45°；当梁高大于 800 mm 时，宜用 60°。

钢筋弯起后应有一定的锚固长度，一般受压区不应小于 $10d$，受拉区不应小于 $20d$；光圆钢筋在末端还应设有弯钩，如图 2-14(a)、(b)所示。梁底层钢筋中的角部钢筋不应弯起，顶层钢筋中的角部钢筋不应弯下。

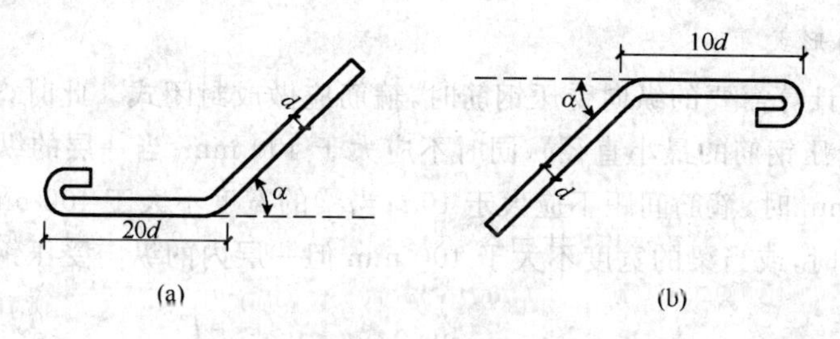

图 2-14　弯起钢筋端部构造图

(a)受拉区；(b)受压区

对于单梁中的弯起钢筋，规范规定：前一排钢筋的弯起点至后一排钢筋的弯终点的距离不应大于箍筋的最大间距。第一排弯起钢筋的弯终点距支座边缘的距离应大于 50 mm，如图 2-15 所示。

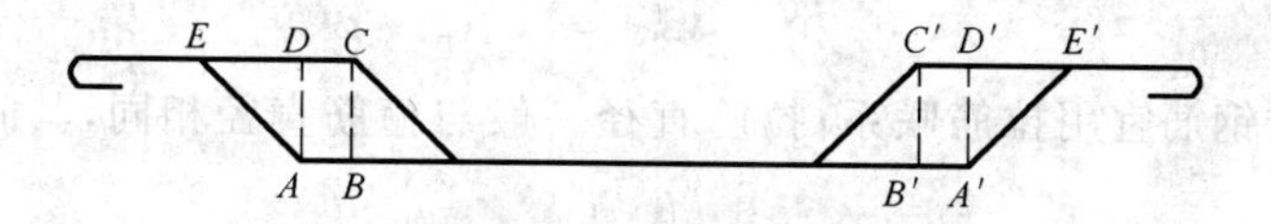

图 2-15　弯起钢筋示意图

三、箍筋

1. 梁中箍筋的直径

对于高度大于 800 mm 的梁，梁中箍筋的直径不应小于 8 mm；对于高度不大于 800 mm 的梁，梁中箍筋的直径不应小于 6 mm；梁中配有计算需要的纵向受压钢筋时，不宜小于 $1/4d$（d 为受压钢筋的最大直径）。

2. 梁中箍筋的设置

计算不需要时，当梁高大于 300 mm 时，仍应沿梁全长设置箍筋；当梁高度为 150～300 mm 时，可仅在构件端部各 1/4 跨度范围内设置箍筋，但当在构件中部 1/2 跨度范围内有集中荷载时，则应沿梁全长设置箍筋；而对高度为 150 mm 以下的梁，可不设置箍筋。

3. 梁中箍筋的最大间距(表 2-4)

表 2-4 梁中箍筋的最大间距 (单位:mm)

项次	梁高	按计算配置箍筋	按构造配置箍筋
1	$150<h\leqslant300$	150	200
2	$300<h\leqslant500$	200	300
3	$500<h\leqslant800$	250	350
4	$h>800$	300	400

4. 梁中箍筋的形式

当梁中配有按计算需要的纵向受压钢筋时,箍筋应做成封闭式。此时,箍筋的间距不应大于 15*d*(*d* 为纵向受压钢筋的最小直径),同时不应大于 400 mm;当一层的纵向受压钢筋多于 5 根且直径大于 18 mm 时,箍筋间距不应大于 10*d*;当梁的宽度不大于 400 mm 且一层内的纵向受压钢筋多于 3 根时,或当梁的宽度不大于 400 mm 但一层内的纵向受压钢筋多于 4 根时,应设置复合箍筋。

四、纵向构造钢筋

1. 架立钢筋

当梁的跨度小于 4 m 时,架立钢筋的直径不宜小于 8 mm;跨度为 4～6 m 时,不宜小于 10 mm;跨度大于 6 m 时,不宜小于 12 mm。

2. 拉筋

梁侧纵向构造钢筋宜用拉筋联系,拉筋直径一般与箍筋直径相同,其间距为箍筋间距的 2 倍。

第五节 板钢筋的基础规定

一、受力钢筋

1. 受力钢筋的间距

板中受力钢筋的间距一般不小于 100 mm;当板厚小于或等于 150 mm 时,不应大于 200 mm;当板厚大于 150 mm 时,不应大于板厚的 1.5 倍,且不应大于 250 mm。板中受力钢筋一般距墙或梁边缘 50～100 mm 开始配置。

2. 伸入支座的锚固长度 l_a

简支板或连续板的下部纵向受力钢筋伸入支座的锚固长度 l_a 不应小于 5*d*(*d* 为受力钢筋直径),且宜伸过支座中心线。当连续板内温度、收缩应力较大时,伸入支座的长度宜适当增加,如图 2-16(a)所示。

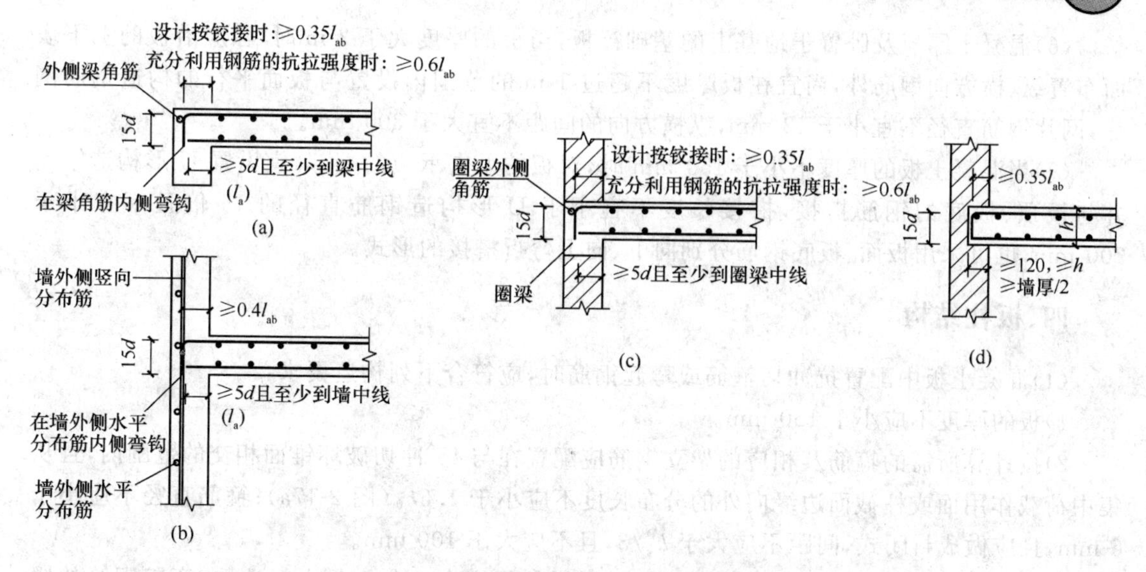

图 2-16 板在端部支座的锚固构造

(a)端部支座为梁；(b)端部支座为剪力墙（当用于屋面处，板上部钢筋锚固要求与图示不同时由设计明确）
(c)端部支座为砌体墙的圈梁；(d)端部支座为砌体墙

二、分布钢筋

当按单向板设计时，应在垂直于受力的方向布置分布钢筋，单位宽度内的配筋不宜少于单位宽度上的受力钢筋的15%，且配筋率不宜小于0.15%；分布钢筋直径不宜小于6 mm，间距不宜大于250 mm；当集中荷载较大时，分布钢筋的配筋面积应适当增加，且间距不宜大于200 mm。

三、构造钢筋

梁、墙整体浇筑或嵌固在砌体墙内时，应设置板面构造钢筋，并符合下列要求：

(1)钢筋直径不宜小于8 mm，间距不宜大于200 mm，且单位宽度内的配筋面积不宜小于跨中相应方向板底钢筋截面面积的1/3。与混凝土梁、混凝土墙整体浇筑单向板的非受力方向，钢筋截面面积不宜小于受力方向跨中板底钢筋截面面积的1/3。

(2)钢筋从混凝土梁边、柱边、墙边伸入板内的长度不宜小于$l_0/4$，砌体墙支座处钢筋伸入板内的长度不宜小于$l_0/7$，其中计算跨度l_0对单向板按受力方向考虑，对双向板按短边方向考虑。

(3)在楼板角部，宜沿两个方向以正交、斜向平行或放射状布置附加钢筋。

(4)钢筋应在梁内、墙内或柱内可靠锚固。

(5)在温度变化、收缩应力较大的现浇板区域，应在板的表面双向配置防裂构造钢筋。配筋率均不宜小于0.10%，间距不宜大于200 mm。防裂构造钢筋可利用原有钢筋贯通布置，也可另行设置钢筋并与原有钢筋按受拉钢筋的要求搭接或在周边构件中锚固。

楼板平面的瓶颈部位宜适当增加板厚和配筋。沿板的洞边、凹角部位宜加配防裂构造钢筋，并采取可靠的锚固措施。

(6)混凝土厚板及卧置于地基上的基础筏板，当板的厚度大于 2 m 时，除应沿板的上下表面布置纵、横方向钢筋外，尚宜在板厚度不超过 1 m 的范围内设置与板面平行的构造钢筋网片，网片钢筋直径不宜小于 12 mm，纵横方向的间距不宜大于 300 mm。

(7)当混凝土板的厚度不小于 150 mm 时，对板的无支承边的端部，宜设置 U 形构造钢筋并与板顶、板底的钢筋搭接，搭接长度不宜小于 U 形构造钢筋直径的 15 倍且不宜小于 200 mm；也可采用板面、板底钢筋分别向下、向上弯折搭接的形式。

四、板柱结构

(1)混凝土板中配置抗冲切箍筋或弯起钢筋时，应符合下列构造要求：

1)板的厚度不应小于 150 mm。

2)按计算所需的箍筋及相应的架立钢筋应配置在与 45°冲切破坏锥面相交的范围内，且从集中荷载作用面或柱截面边缘向外的分布长度不应小于 $1.5h_0$(图 2-17a)；箍筋直径不应小于 6 mm，且应做成封闭式，间距不应大于 $h_0/3$，且不应大于 100 mm。

3)按计算所需弯起钢筋的弯起角度可根据板的厚度在 30°～45°之间选取；弯起钢筋的倾斜段应与冲切破坏锥面相交(图 2-17b)，其交点应在集中荷载作用面或柱截面边缘以外(1/2～2/3)h 的范围内。弯起钢筋直径不宜小于 12 mm，且每一方向不宜少于 3 根。

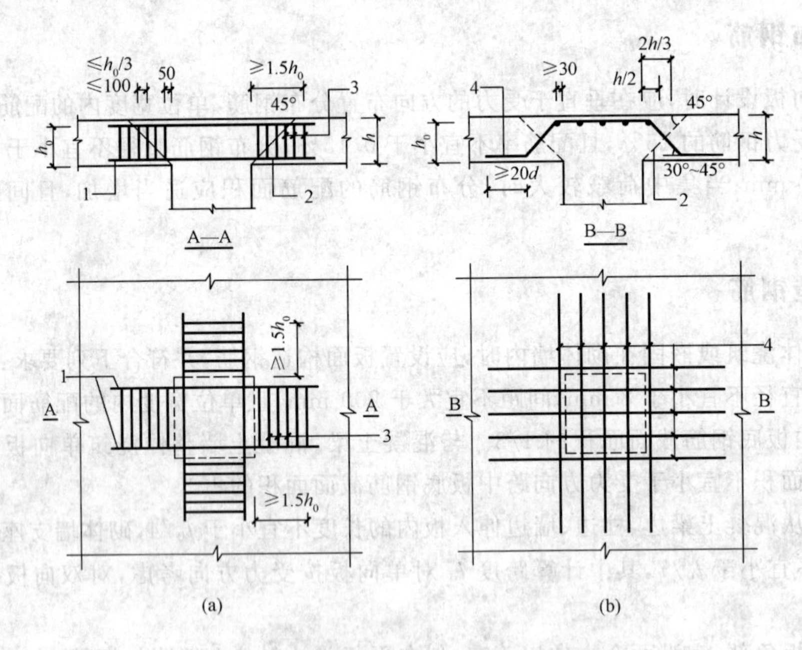

图 2-17 板中抗冲切钢筋布置(单位:mm)

(a)用箍筋做抗冲切钢筋；(b)用弯起钢筋做抗冲切钢筋

1—架立钢筋；2—冲切破坏锥面；3—箍筋；4—弯起钢筋

(2)板柱节点可采用带柱帽或托板的结构形式。板柱节点的形状、尺寸应包容 45°的冲切破坏锥体，并应满足受冲切承载力的要求。

柱帽的高度不应小于板的厚度 h；托板的厚度不应小于 $h/4$。柱帽或托板在平面两个方向上的尺寸均不宜小于同方向上柱截面宽度 b 与 $4h$ 的和(图 2-18)。

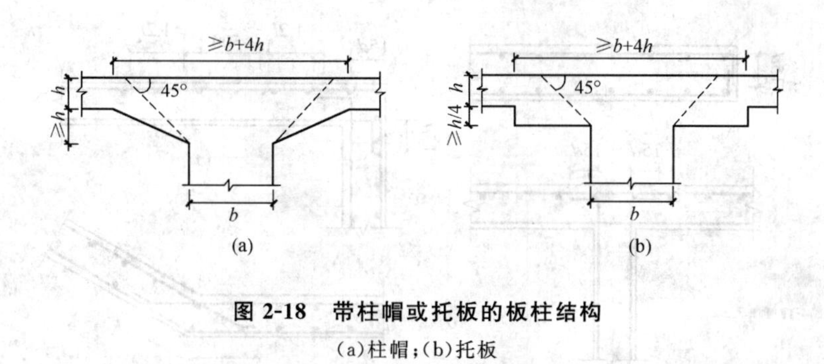

图 2-18　带柱帽或托板的板柱结构

(a)柱帽;(b)托板

第六节　剪力墙钢筋的基础规定

现浇钢筋混凝土剪力墙常用于剪力墙结构及框架——剪力墙结构中,钢筋混凝土剪力墙的厚度不应小于 140 mm;对于剪力墙结构,墙的厚度不宜小于楼层高度的 1/25;对于框架——剪力墙结构,墙的厚度不宜小于楼层高度的 1/20。

当构件截面长边(长度)大于其短边(厚度)的 4 倍时,宜按墙的要求进行设计。

剪力墙的配筋构造要求如下:

一、剪力墙墙肢竖向受力钢筋

剪力墙墙肢两端应配置竖向受力钢筋,每端的竖向受力钢筋不宜少于 4 根直径为 12 mm 的钢筋或 2 根直径为 16 mm 的钢筋;沿该竖向钢筋方向宜配置直径不小于 6 mm,间距为 250 mm的拉筋。

二、剪力墙水平和竖向分布钢筋

钢筋混凝土剪力墙水平和竖向分布钢筋的直径不应小于 8 mm,间距不应大于 300 mm。

剪力墙水平分布钢筋应伸至墙端,并向内水平弯折 15d 后截断,其中 d 为水平分布钢筋的直径。

当剪力墙端部有翼墙或转角墙时,内墙两侧的水平分布钢筋和外墙内侧的水平分布钢筋应伸到翼墙或转角墙外边,并分别向两侧水平弯折后截断,其水平弯折长度不宜小于 15d。在转角墙处,外墙外侧的水平分布钢筋应在墙端外角处弯入翼墙,并与翼墙外侧水平分布钢筋搭接。

当剪力墙厚度大于 160 mm 时,应配置双排分布钢筋;结构中重要部位的剪力墙,当其厚度不大于 160 mm 时,也宜配置双排分布钢筋。

双排分布钢筋应沿墙的两个侧面布置,且应采用拉筋联系;拉筋直径不应小于 6 mm,间距不应大于 600 mm。

三、剪力墙水平分布钢筋的搭接长度

剪力墙水平分布钢筋的搭接长度不应小于 $1.2l_a$。同排水平分布钢筋的搭接接头之间以及上、下相邻水平分布钢筋的搭接接头之间沿水平方向的净间距不应小于 500 mm,如图 2-19 所示。

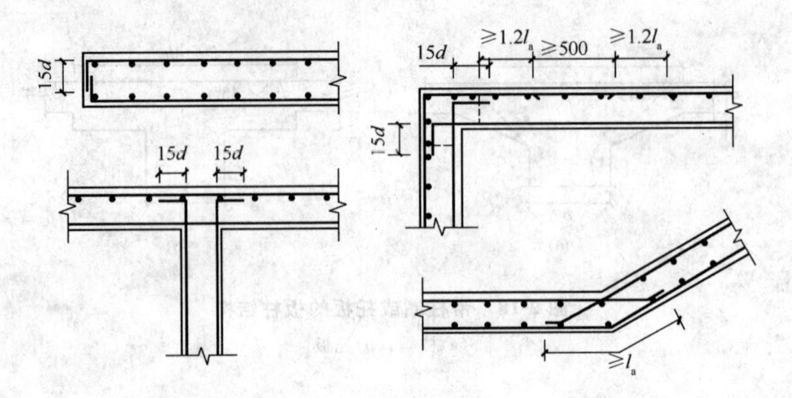

图 2-19 水平钢筋的搭接与锚固图(单位:mm)

四、剪力墙竖向分布钢筋

剪力墙竖向分布钢筋可在同一部位进行搭接,搭接长度不应小于 $1.2l_a$。

五、剪力墙洞口处的补强钢筋

(1)当矩形洞口的洞宽、洞高均不大于 800 mm 时,洞口每边配置 2 根加强钢筋,其直径不小于 12 mm,且其截面积不小于同向被切断钢筋总面积的 50%。补强钢筋自洞口边伸入墙内的长度不应小于受拉钢筋的锚固长度,如图 2-20(a)所示。

(2)当矩形洞口的洞口宽度大于 800 mm 时,在洞口的上、下均需设置 400 mm 高的补强暗梁,其钢筋配置,如图 2-20(b)所示。

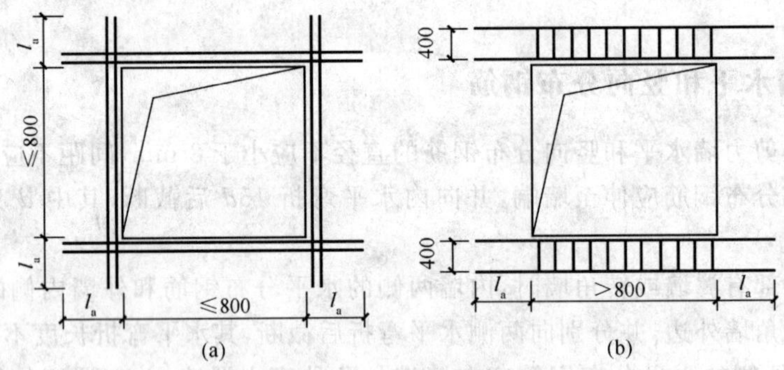

图 2-20 剪力墙洞口处的补强钢筋配置示意图(单位:mm)

六、剪力墙洞口连梁配筋要求

剪力墙洞口连梁应在洞口宽度范围内配置箍筋,箍筋直径不宜小于 6 mm,间距不宜大于 150 mm,自洞口边缘 50 mm 起开始布置。

在顶层洞口连梁纵向钢筋伸入墙内的锚固长度范围内,应设置间距不大于 150 mm 的箍筋,箍筋直径与该连梁跨内箍筋直径相同。同时,门窗洞边的竖向钢筋应满足受拉钢筋锚固长度的要求。

墙洞口上、下两边的水平钢筋除应满足洞口连梁正截面受弯承载力的要求外，应有不少于2根直径不小于12 mm的钢筋。对于计算分析中可忽略的洞口，洞边钢筋截面面积分别不宜小于洞口截断的水平分布钢筋总截面面积的一半。纵向钢筋自洞口边伸入墙内的长度不应小于受拉钢筋的锚固长度。

第七节　筏形基础钢筋的基础规定

筏形基础混凝土主梁、次梁和地基板组成，又因其布置于建筑物下，所以也称“满堂红基础”。筏形基础由梁顶与板顶一平(即高板位)、梁底与板底一平(即低板位)和板在梁的中部(即中板位)三种不同的位置组成。常用的有梁板式筏形基础和平板式筏形基础两种类型。

梁板式筏形基础，梁的底部纵横两个方向的通长筋不应小于底部受力钢筋总截面面积的1/3。当跨中所注根数少于箍筋肢数时，需要在跨中加设架立筋。顶部钢筋按计算配筋全部贯通。

基础主梁与基础次梁的底部贯通纵筋，可在跨中1/3跨度范围内采用搭接连接、机械连接或对焊连接。

基础主梁的顶部贯通纵筋，可在距柱根1/4跨度范围内采用搭接连接，或在柱根附近采用机械连接或对焊连接(均应严格控制接头百分率)。

基础次梁的顶部贯通纵筋，每跨两端应锚入基础主梁内，或在距中间支座(基础主梁)1/4跨度范围内采用机械连接或对焊连接(均应严格控制接头百分率)。

基础主梁侧面纵向构造钢筋，当梁腹板高度 $h \geqslant 450$ mm时，应在梁的两个侧面配置纵向构造钢筋。

纵横两个方向基础主梁相交的柱下区域，应有一向截面较高的基础主梁按梁端箍筋全面贯通配置。

第三章 钢筋下料的基本公式

第一节 差值的相关概述

结构施工图上所标注的钢筋长度尺寸，与钢筋加工下料的长度尺寸之间的差，叫做“差值”。差值通常是负值，但是，有时也是正值。差值分为外皮差值和内皮差值两种。

下料尺寸，就是计算钢筋的中心线尺寸。但在实际操作中，钢筋的中心线尺寸在弯折时不是直角，而是弧角，这就需要计算中心线中的弧角长度，因此就涉及弧长的计算公式及前面提到的量度差值的计算公式。

一、外皮差值

图 3-1 是结构施工图上 90°弯折处的钢筋，它是沿外皮（XY＋YZ）衡量尺寸的；而图 3-2 弯曲处的钢筋，则是沿钢筋的中和轴（钢筋被弯曲后，既不伸长也不缩短的钢筋中心轴线）弧线 AB 衡量尺寸的。因此，折线长度（XY＋YZ）与弧线的弧长 AB 之间的差值，称为“外皮差值”，XY＋YZ＞AB。外皮差值通常用于受力主筋弯曲加工下料计算。

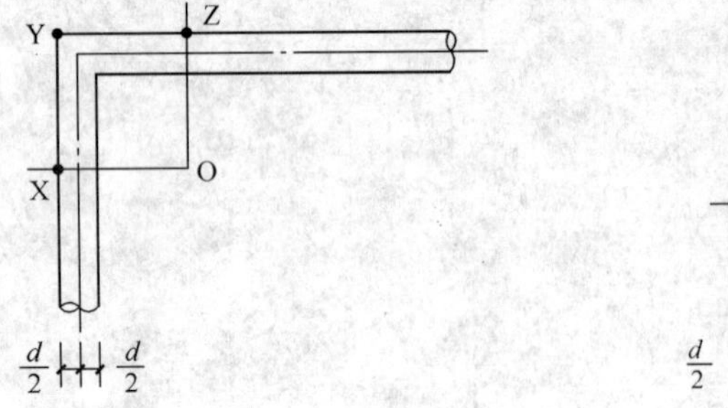

图 3-1 结构施工图上 90°弯折处的钢筋　　图 3-2 沿钢筋的中和轴弧线 AB 的弧长

二、内皮差值

图 3-3 是结构施工图上 90°弯折处的钢筋，它是沿内皮（XY＋YZ）衡量尺寸的；而图 3-4 弯曲处的钢筋，则是沿钢筋的中和轴弧线 AB 衡量尺寸的。因此，折线长度（XY＋YZ）与弧线的

弧长 AB 之间的差值，称为“内皮差值”，XY＋YZ＞AB。内皮差值通常用于箍筋弯曲加工下料计算，即 90°内皮折线（XY＋YZ）仍然比弧线 AB 长。

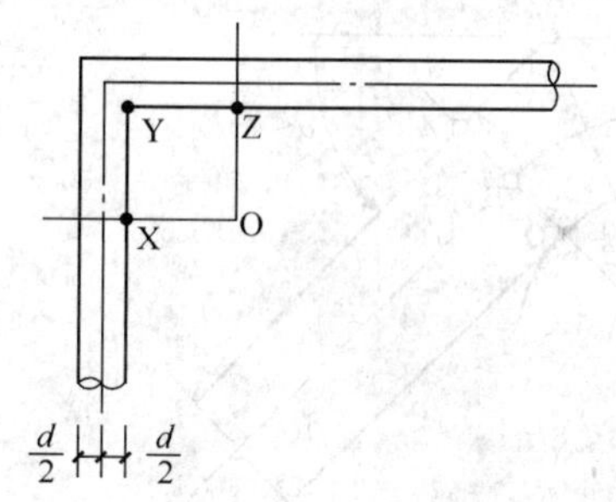

图 3-3　结构施工图上 90°弯折处的钢筋

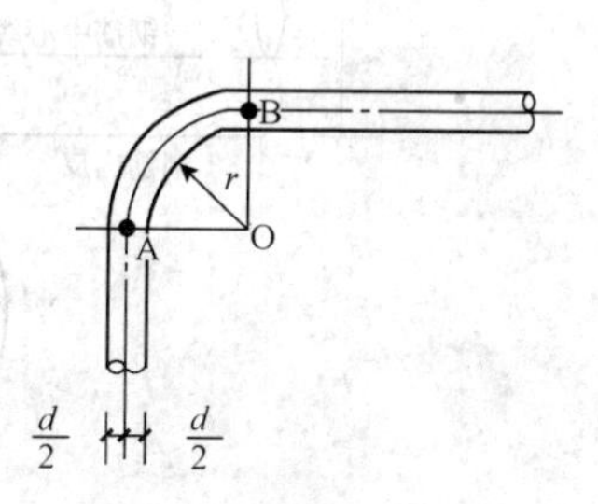

图 3-4　弯曲处的钢筋

第二节　外皮差值公式

一、角度基准

钢筋弯曲前的原始状态——笔直的钢筋，弯折以前为零度。这个零度的钢筋轴线，就是“角度基准”。

如图 3-5 所示，部分弯折后，钢筋轴线与弯折以前的钢筋轴线（点划线）所夹的角度就是加工弯曲角度。

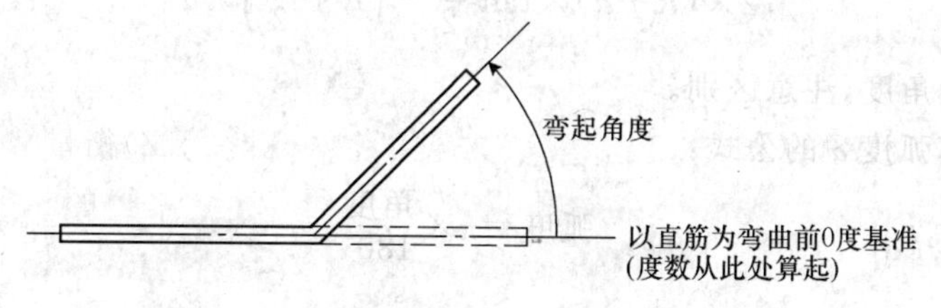

图 3-5　加工弯曲角度

二、小于或等于 90°钢筋弯曲外皮差值计算公式

图 3-6 是推导等于或小于 90°弯曲加工钢筋时，计算差值的例子。钢筋的直径大小为 d；钢筋弯曲的加工半径为 R。钢筋加工弯曲后，钢筋内皮 P、Q 间弧线就是以 R 为半径的弧线。

题设钢筋弯折的角度为 $\alpha°$。

解：

自 O 点引线垂直交水平钢筋外皮线于 X 点，再从 O 点引线垂直交倾斜钢筋外皮线于 Z 点。∠XOZ 等于 $\alpha°$。OY 平分∠XOZ，得到两个 $\alpha°/2$。

前面讲过，钢筋加工弯曲后，钢筋中心线的长度是不会改变的。XY 加 YZ 之和的展开长度，同弧线展开的长度之差，就是所求的差值。

钢筋弯折角度差值的计算公式推导

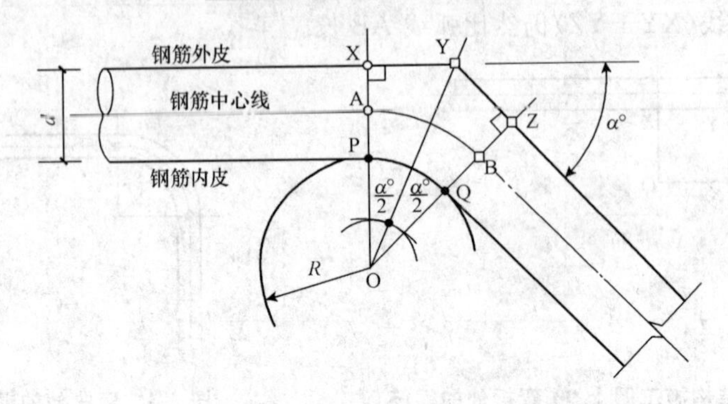

图 3-6 推导等于或小于 90°弯曲加工钢筋

$$\overline{XY}=\overline{YZ}=(R+d)\times\tan\frac{\alpha^\circ}{2}$$

$$\overline{XY}+\overline{YZ}=2\times(R+d)\times\tan\frac{\alpha^\circ}{2}$$

$$\widehat{AB}=\left(R+\frac{d}{2}\right)\times\alpha$$

$$\overline{XY}+\overline{YZ}-\widehat{AB}=2\times(R+d)\times\tan\frac{\alpha^\circ}{2}-\left(R+\frac{d}{2}\right)\times\alpha$$

以角度 α°、弧度 α 和 R 为变量计算外皮差值公式：

$$2\times(R+d)\times\tan\frac{\alpha^\circ}{2}-\left(R+\frac{d}{2}\right)\times\alpha \tag{3-1}$$

α 为弧度，α°为角度，注意区别。

用角度 α°换算弧度 α 的公式：

$$弧度=\pi\times\frac{角度}{180^\circ} \tag{3-2}$$

即

$$\alpha=\pi\times\frac{\alpha^\circ}{180^\circ}$$

公式(3-1)中也可以包含把弧度换算成角度公式，如公式(3-3)：

$$2\times(R+d)\times\tan\frac{\alpha^\circ}{2}-\left(R+\frac{d}{2}\right)\times\pi\times\frac{\alpha^\circ}{180^\circ} \tag{3-3}$$

三、钢筋加工弯曲半径的设定(表 3-1)

表 3-1 常用钢筋加工弯曲半径(*R*)表

钢筋用途	钢筋加工弯曲半径 R
HPB235 级① 箍筋、拉筋	2.5 倍箍筋直径 d，且>主筋直径/2
HPB235 级① 主筋	≥1.25 倍钢筋直径 d
HRB335 级① 主筋	≥2 倍钢筋直径 d
HRB400 级① 主筋	≥2.5 倍钢筋直径 d

（续表）

钢筋用途	钢筋加工弯曲半径 R
平法框架主筋直径 $d \leqslant 25$ mm	4 倍钢筋直径 d
平法框架主筋直径 $d > 25$ mm	6 倍钢筋直径 d
平法框架顶层节点主筋直径 $d \leqslant 25$ mm	6 倍钢筋直径 d
平法框架顶层节点主筋直径 $d < 25$ mm	8 倍钢筋直径 d
轻骨料混凝土结构构件 HPB235 级主筋	$\geqslant 3.5$ 倍钢筋直径 d

【例 3-1】 图 3-7 为钢筋表中的简图。并且已知钢筋是非框架结构构件 HPB235 级主筋，直径 $d=22$ mm。求钢筋加工弯曲前，所需备料切下的实际长度。

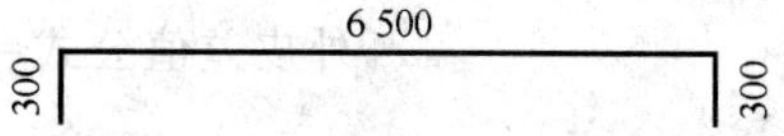

解：

6 500
300　300

图 3-7　例 3-1 示意图（单位：mm）

(1)查表 3-1，得知钢筋加工弯曲半径 $R=1.25$ 倍钢筋直径，$d=22$ mm；

(2)由图 3-7 知，$\alpha°=90°$；

(3)计算与 $\alpha°=90°$ 相对应的弧度值 $\alpha=\pi\times90°/180°=1.57$；

(4)将 $R=1.25d$、$d=22$、角度 $\alpha°=90°$ 和弧度 $\alpha=1.57$ 代入公式(3-1)中，求一个 90°弯钩的差值为：

$$2\times(1.25\times22+22)\times\tan\frac{90°}{2}-\left(1.25\times22+\frac{22}{2}\right)\times1.57$$

$$=99\times1-60.445$$

$$=38.555(\text{mm})$$

(5)下料长度为：

$$6\,500+300+300-2\times38.555$$

$$=7\,022.89(\text{mm})$$

四、用外皮差值公式求 60°、45°、30°、135°、180°弯曲钢筋外皮差值和系数

下面我们用外皮差值公式求 60°、45°、30°、135°、180°弯曲钢筋外皮差值的系数：

(1)根据图 3-6 原理，当 $R=1.25d$ 时，60°弯曲钢筋的外皮差值系数公式为：

$$\text{外皮差值公式}=2\times\tan\frac{\alpha°}{2}\times(R+d)-\left(R+\frac{d}{2}\right)\times\pi\times\frac{\alpha°}{180°}$$

将 $R=1.25d$，$\alpha=60°$代入上式：

$$60°\text{外皮差值}=2\times\tan\frac{60°}{2}\times(1.25d+d)-\left(1.25d+\frac{d}{2}\right)\times\pi\times\frac{60°}{180°}$$

$$=2\times\tan30°\times2.25d-1.75d\times\pi\times\frac{1}{3}$$

$$=2\times0.577\times2.25d-0.583d\times3.14$$

$$=0.766d$$

所以 $0.766d$ 就是 60°外皮差值的系数。

(2)根据图 3-6 原理，当 $R=1.25d$ 时，45°弯曲钢筋的外皮差值系数公式为：

$$外皮差值公式=2\times\tan\frac{\alpha^\circ}{2}\times(R+d)-\left(R+\frac{d}{2}\right)\times\pi\times\frac{\alpha^\circ}{180^\circ}$$

将 $R=1.25d$，$\alpha=45°$代入上式：

$$\begin{aligned}45^\circ外皮差值&=2\times\tan\frac{45^\circ}{2}\times(1.25d+d)-\left(1.25d+\frac{d}{2}\right)\times\pi\times\frac{45^\circ}{180^\circ}\\&=2\times0.414\times2.25d-1.75d\times3.14\times0.25\\&=0.49d\end{aligned}$$

所以 $0.49d$ 就是 45°外皮差值的系数。

(3)根据图 3-6 原理，当 $R=1.25d$ 时，30°弯曲钢筋的外皮差值系数公式为：

$$外皮差值公式=2\times\tan\frac{\alpha^\circ}{2}\times(R+d)-\left(\frac{R+d}{2}\right)\times\pi\times\frac{\alpha^\circ}{180^\circ}$$

将 $R=1.25d$，$\alpha=30°$代入上式：

$$\begin{aligned}30^\circ外皮差值&=2\times\tan\frac{30^\circ}{2}\times(1.25d+d)-\left(1.25d+\frac{d}{2}\right)\times\pi\times\frac{30^\circ}{180^\circ}\\&=2\times\tan15^\circ\times2.25d-1.75d\times\pi\times\frac{1}{6}\\&=2\times0.268\times2.25d-0.292d\times3.14\\&=0.29d\end{aligned}$$

所以 $0.29d$ 就是 30°外皮差值的系数。

(4)根据图 3-6，求 $R=1.25$ 时，135°弯曲钢筋的外皮差值系数，在此我们可以把 135°看作是 90°+45°。

上面我们已求出 90°钢筋的外皮差值系数为 $1.751d$，45°钢筋的外皮差值系数为 $0.49d$。所以 135°钢筋的外皮差值系数为：$1.751d+0.49d=2.24d$。

(5)根据图 3-6，求 $R=1.25$ 时，180°弯曲钢筋的外皮差值系数，在此我们可以把 180°看作是 90°+90°。

我们已知道 90°钢筋的外皮差值系数为 $1.751d$，所以 180°钢筋的外皮差值系数为：$1.751d\times2=3.502d$

【例 3-2】 如图 3-8 所示，试计算钢筋的下料长度。

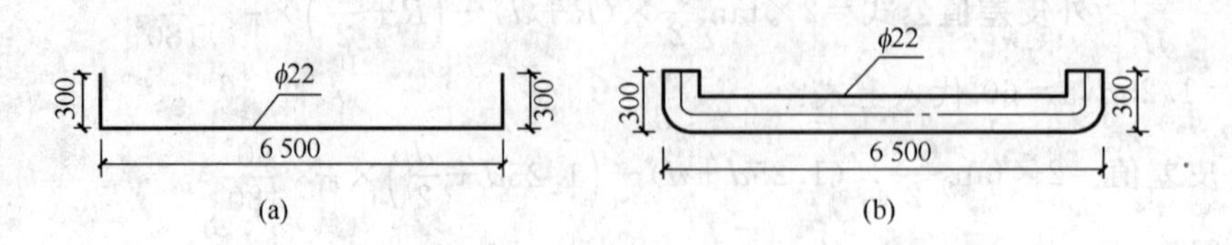

图 3-8 例 3-2 示意图(单位：mm)

(a)钢筋结构图；(b)钢筋弯折实样图

分析：图 3-8(a)是钢筋结构图，从图 3-8(b)可以看出钢筋长度尺寸标到了外皮。

已知：$R=1.25d$，为 HPB235 级钢筋，$\phi=22$ mm。查表可知 90°弯钩的外皮尺寸差值为 $1.751d$。

解：

钢筋的下料长度＝6.5＋0.3×2－2×1.751×0.022＝7.02(m)。

第三节　内皮差值公式

一、小于或等于 90°钢筋弯曲内皮差值计算公式(图 3-9)

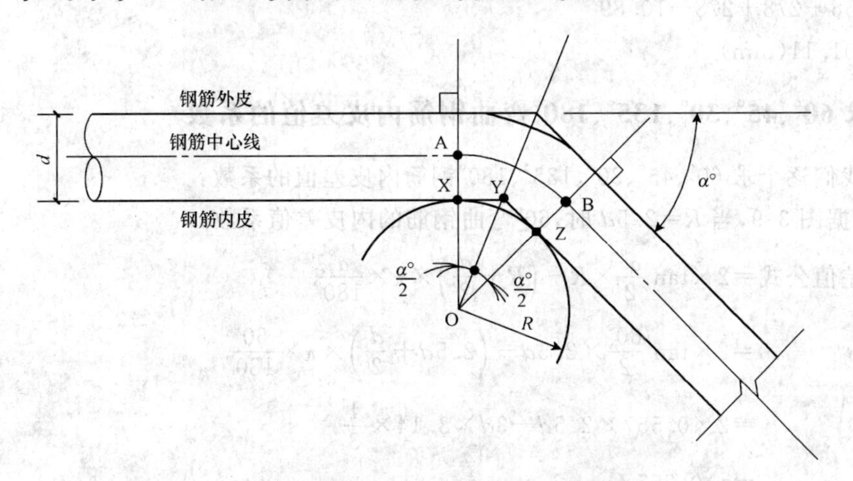

图 3-9　小于或等于 90°钢筋弯曲内皮差值示意图

折线的长度：

$$\overline{XY}=\overline{YZ}=R\times\tan\frac{\alpha^\circ}{2}$$

两折线之和的展开长度：

$$\overline{XY}+\overline{YZ}=2\times R\times\tan\frac{\alpha^\circ}{2}$$

弧线展开长度：

$$\widehat{AB}=\left(R+\frac{d}{2}\right)\times\pi\times\frac{\alpha^\circ}{180^\circ}$$

以角度 α 和 R 为变量计算内皮差值公式：

$$\overline{XY}+\overline{YZ}-\widehat{AB}=2\times R\times\tan\frac{\alpha^\circ}{2}-\left(R+\frac{d}{2}\right)\times\pi\times\frac{\alpha^\circ}{180^\circ}\tag{3-4}$$

【例 3-3】　图 3-10 为钢筋表中的简图。并且已知钢筋是非框架结构构件 HPB235 级主筋，直径 d＝22 mm。求钢筋加工弯曲前，所需备料切下的实际长度。

解：

278　6 456　278

图 3-10　例 3-3 示意图(单位：mm)

(1)查表 3-1，得知钢筋加工弯曲半径 R＝1.25 倍钢筋直径，d＝22 mm；

(2)由图 3-10 知，α°＝90°；

(3)计算：α 的弧度值＝90°×π/180°＝1.57；

(4)将 R＝1.25d、d＝22、α°＝90°和弧度 α＝1.57 代入公式 3-4 中求一个 90°弯钩的差值：

$2\times1.25d\times\tan(90°/2)-(1.25d+d/2)\times1.57$

$=2.5d-1.75d\times1.57$

$=55-38.5\times1.57$

$=-5.445$(mm)

(5)下料长度为：

$6\,456+278+278-2\times5.445$

$=6\,456+278+278-10.89$

$=7\,001.11$(mm)

二、求60°、45°、30°、135°、180°弯曲钢筋内皮差值的系数

下面我们逐个求60°、45°、30°、135°、180°钢筋内皮差值的系数：

(1)根据图3-9，当$R=2.5d$时，60°弯曲钢筋的内皮差值系数：

$$\text{内皮差值公式}=2\times\tan\frac{\alpha^\circ}{2}\times R-\left(R+\frac{d}{2}\right)\times\pi\times\frac{\alpha^\circ}{180^\circ}$$

$$=2\times\tan\frac{60^\circ}{2}\times2.5d-\left(2.5d+\frac{d}{2}\right)\times\pi\times\frac{60^\circ}{180^\circ}$$

$$=2\times0.557\times2.5d-3d\times3.14\times\frac{1}{3}$$

$$=-0.255d$$

所以$-0.255d$就是60°内皮差值的系数。

(2)根据图3-9，当$R=2.5d$时，45°弯曲钢筋的内皮差值系数：

$$\text{内皮差值公式}=2\times\tan\frac{\alpha^\circ}{2}\times R-\left(R+\frac{d}{2}\right)\times\pi\times\frac{\alpha^\circ}{180^\circ}$$

$$=2\times\tan\frac{45^\circ}{2}\times2.5d-\left(2.5d+\frac{d}{2}\right)\times\pi\times\frac{45^\circ}{180^\circ}$$

$$=2\times0.414\times2.5d-3d\times3.14\times0.25$$

$$=-0.285d$$

所以$-0.285d$就是45°内皮差值的系数。

(3)根据图3-9，当$R=2.5d$时，30°弯曲钢筋的内皮差值系数：

$$\text{内皮差值公式}=2\times\tan\frac{\alpha^\circ}{2}\times R-\left(R+\frac{d}{2}\right)\times\pi\times\frac{\alpha^\circ}{180^\circ}$$

$$=2\times\tan\frac{30^\circ}{2}\times2.5d-\left(2.5d+\frac{d}{2}\right)\times\pi\times\frac{30^\circ}{180^\circ}$$

$$=2\times\tan15^\circ\times2.5d-3d\times\pi\times\frac{1}{6}$$

$$=2\times0.268\times2.5d-3d\times3.14\times\frac{1}{6}$$

$$=-0.23d$$

所以$-0.23d$就是30°内皮差值的系数。

(4)根据图3-9，当$R=2.5$时，对于135°弯曲钢筋的内皮差值系数，在这里我们把135°看

作是 90°＋45°。

90°与 45°的内皮差值我们已经求出，即 90°钢筋的内皮差值系数为 0.288d，45°钢筋的内皮差值系数为－0.285d。

所以 135°钢筋的内皮差值系数为：0.288d－0.285d＝0.003d

(5)根据图 3-9，当 R＝2.5 时，对于 180°弯曲钢筋的内皮差值系数，我们在这里把 180°看作是 90°＋90°。

因为 90°钢筋的内皮差值系数为 0.288d。

所以 180°钢筋的内皮差值系数为：0.288d×2＝0.576d。

第四节　中心线法计算弧线展开长度

一、180°弯钩弧长

180°弯钩的展开弧线长度，也可以把它看成是由两个 90°弯钩组合而成。

如图 3-11 所示，仍可以按照外皮法计算，结果是一样的。相当于把图 3-11(a)和图 3-11(b)加起来。它们都是：

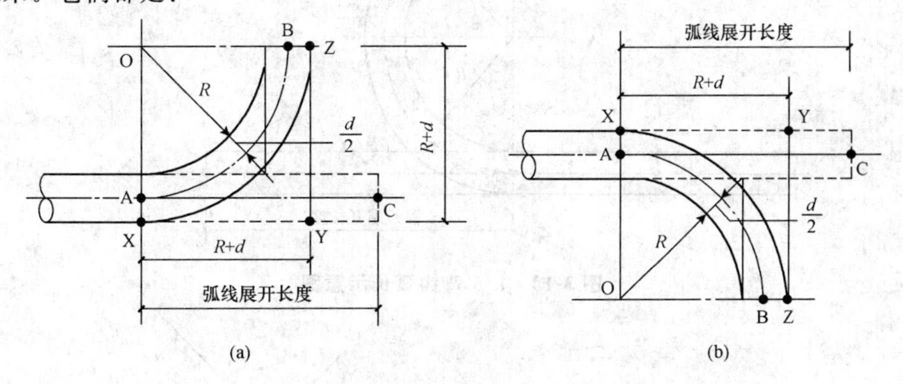

图 3-11　180°弯钩尺寸图

$$外皮法\ 180°弯钩弧长 = 4\times(R+d) - 2\times 差值 \tag{3-5}$$

如图 3-12 所示，用中心线法计算 180°弯钩的钢筋长度时，则

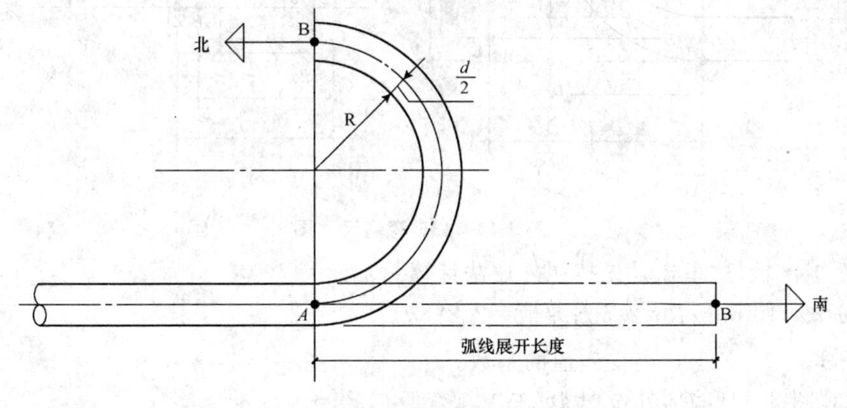

图 3-12　180°弯钩弧长示意图

$$\text{中心线法 } 180°\text{弯钩弧长} = (R + d/2) \times \pi \tag{3-6}$$

验算：设 $d=100$ mm；$R=2.5d$；差值 $=2.288d$。试用公式(3-5)、(3-6)分别计算。

公式(3-5)外皮差值法：

$$4\times(2.5\times10+10)-2\times2.288\times10=94.24(\text{mm})$$

公式(3-6)中心线法：

$$(2.5\times10+10/2)\times\pi=94.24(\text{mm})$$

结果是一样。

计算结果证明两法一致。

二、135°弯钩弧长

135°弯钩的展开弧线长度，也可以把它看成是由一个 90°弯钩和一个 45°弯钩的展开弧线长度组合而成。如图 3-13 所示，仍可以按照外皮法计算，结果是一样的。相当于把图 3-14(a)和图 3-14(b)加起来。

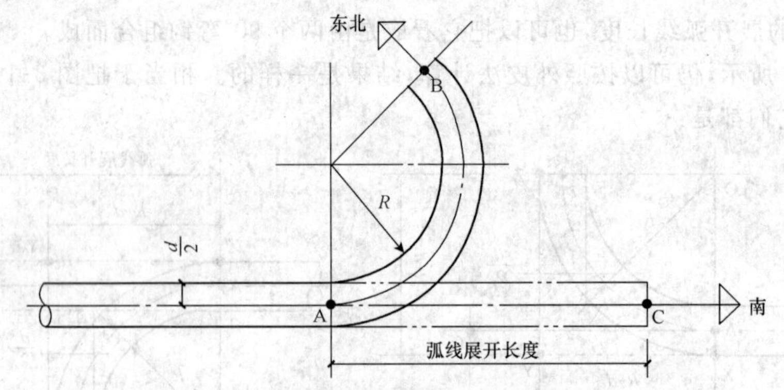

图 3-13　135°弯钩弧长示意图

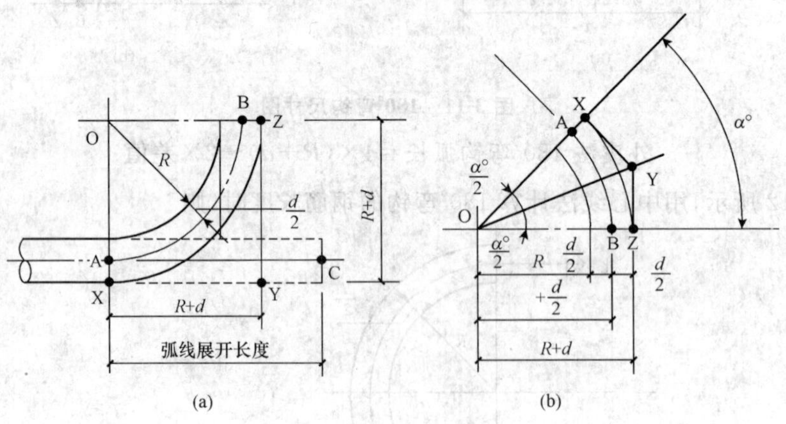

图 3-14　135°弯钩尺寸图

为了便于比较，这里还是先按照外皮法计算。

设箍筋 $d=10$ mm；$R=2.5d$；差值 $=2.288d$。

外皮法：

(1)计算图 3-14(a)部分，$\alpha°=45°$。

$2\times(R+d)\times\tan(\alpha°/2)-0.543d$

$=2\times(2.5\times10+10)\times\tan(45°/2)-0.543\times10$

$=70\times0.414-5.43$

$=23.55$(mm)

(2)计算图 3-14 (b)部分，$\alpha°=90°$。

$2\times(R+d)\times\tan(90°/2)-2.288d$

$=2\times(2.5\times10+10)\times1-2.288\times10$

$=70-22.88$

$=47.12$(mm)

(3)23.55＋47.12＝70.67(mm)

中心线法：

$(R+d/2)\times\pi\times135°/180°$

$=(2.5\times10+10/2)\times\pi\times3/4$

$=70.68$(mm)

135°弯钩的展开弧线长度的中心线法公式：

$$中心线法\ 135°弯钩弧长=(R+d/2)\times\pi\times3/4 \tag{3-7}$$

三、90°弯钩的展开弧线长度的中心线法公式

由图 3-15 可得：

$$中心线法\ 90°弯钩弧长=(R+d/2)\times\pi/2 \tag{3-8}$$

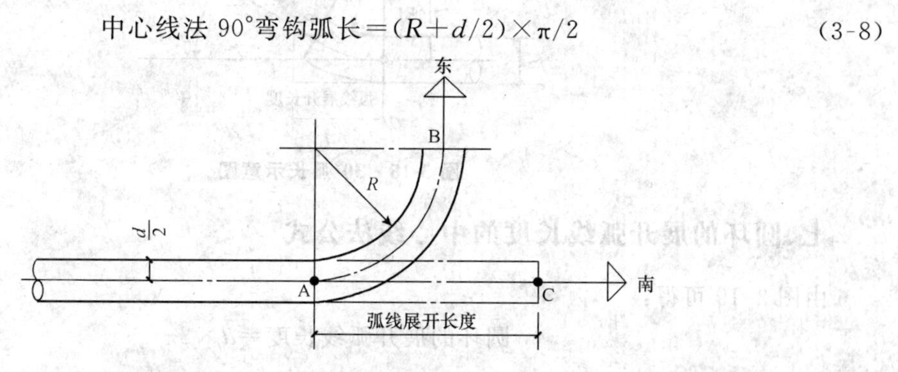

图 3-15　90°弯钩弧长示意图

四、60°弯钩的展开弧线长度的中心线法公式

由图 3-16 可得：

$$中心线法\ 60°弯钩弧长=(R+d/2)\times\pi/3 \tag{3-9}$$

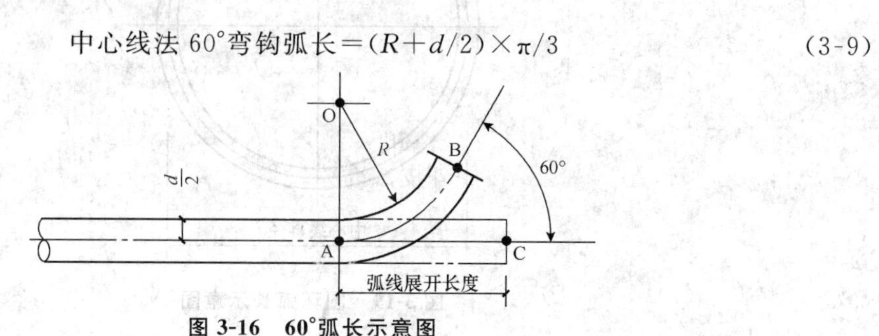

图 3-16　60°弧长示意图

五、45°弯钩的展开弧线长度的中心线法公式

由图 3-17 可得：

$$45°弯钩的展开弧线长度=(R+d/2)\times\pi/4 \tag{3-10}$$

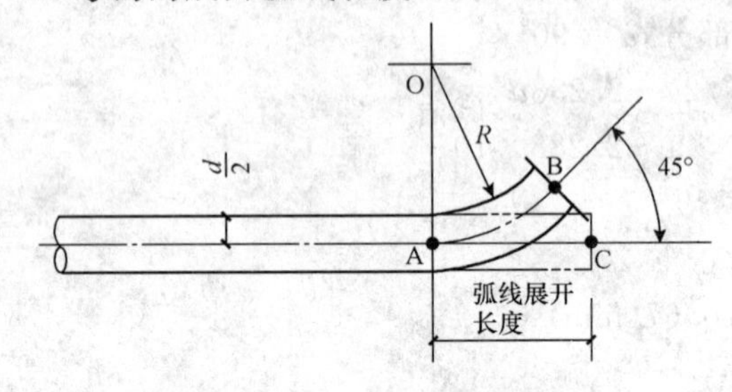

图 3-17 45°弧长示意图

六、30°弯钩的展开弧线长度的中心线法公式

由图 3-18 可得：

$$30°弯钩的展开弧线长度=(R+d/2)\times\pi/6 \tag{3-11}$$

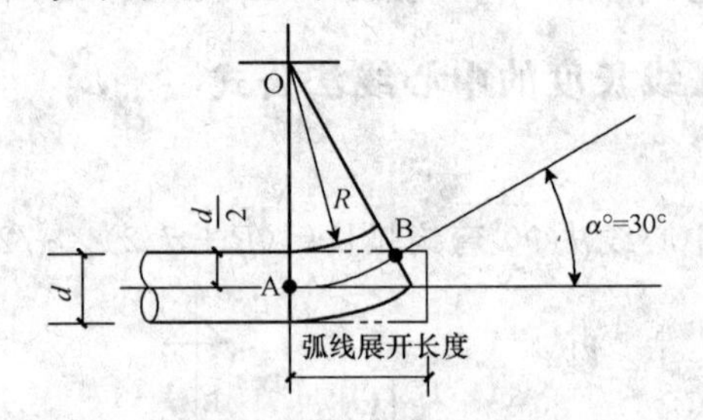

图 3-18 30°弧长示意图

七、圆环的展开弧线长度的中心线法公式

由图 3-19 可得：

$$圆环的展开弧线长度=d\times 2\pi \tag{3-12}$$

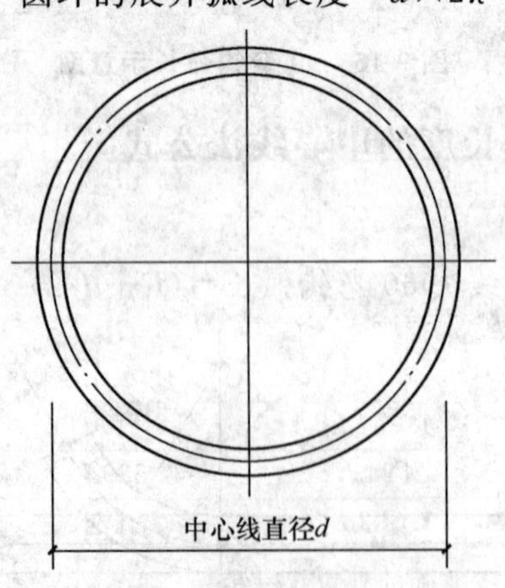

图 3-19 圆环弧长示意图

【例 3-4】　试分别用外皮法和中心线法计算，当钢筋直径 $d=12$ mm，$R=1.25d$，弯曲角度为 180°的弯钩，求 HPB235 级钢筋的弯钩长度。

解：

①用外皮法计算。

从图 3-12 中可以得出：

$$\text{外皮法 }180°\text{弯钩弧长}=4\times(R+d)-2\times\text{外皮差值}=4\times(1.25d+d)-3.502d=5.498d$$

故

$$\text{弯钩长度}=5.498\times0.012=0.066(\text{m})$$

②用中心线法计算。

180°弯钩端部中心线长度计算公式为：

$$180°\text{弯钩端部中心线长度}=\pi\times\left(R+\frac{d}{2}\right) \quad (3\text{-}13)$$

$$180°\text{弯钩中心线长度}=\pi\times\left(R+\frac{d}{2}\right)=3.14\times\left(1.25d+\frac{d}{2}\right)=3.14\times1.75d=5.495d$$

故

$$\text{弯钩长度}=5.495d=5.495\times0.012=0.066(\text{m})$$

从例中可以看出，用外皮法和中心线法算出的结果是一样的。

第五节　弯曲钢筋差值表

一、标注钢筋外皮尺寸的差值表（表 3-2 和表 3-3）

外皮尺寸的差值，均为负值。

表 3-2　钢筋外皮尺寸的差值表之一

弯曲角度	箍筋	HPB235 级钢筋	平法框架主筋		
	$R=2.5d$	$R=1.25d$	$R=4d$	$R=6d$	$R=8d$
30°	$0.305d$	$0.29d$	$0.323d$	$0.348d$	$0.373d$
45°	$0.543d$	$0.49d$	$0.608d$	$0.694d$	$0.78d$
60°	$0.9d$	$0.766d$	$1.061d$	$1.276d$	$1.491d$
90°	$2.288d$	$1.751d$	$2.931d$	$3.79d$	$4.648d$
135°	2.831	$2.24d$	$3.539d$	$4.484d$	$5.428d$
180°	$4.576d$	$3.502d$			

注：1. 135°和 180°的差值必须具备准确的外皮尺寸值；

2. 平法框架主筋 $d\leqslant25$ mm 时，$R=4d(6d)$；$d>25$ mm 时，$R=6d(8d)$。括号内为顶层边节点要求。

根据表 3-2 中 HPB235 级主筋 180°外皮尺寸的差值，回过头来把例 3-1 的图 3-7 验算一下。它的下料尺寸应为：

$$6\ 500+300+300-3.502\times22=7\ 022.956(\text{mm})$$

结果与例 3-1 的计算答案误差为 0.066，由于保留小数所致。

表 3-3 钢筋外皮尺寸的差值表之二

弯曲角度	HPB335 级主筋	HPB400 级主筋	轻骨料中 HPB235 级主筋
	$R=2d$	$R=2.5d$	$R=1.75d$
30°	$0.299d$	$0.305d$	$0.296d$
45°	$0.522d$	$0.543d$	$0.511d$
60°	$0.846d$	$0.9d$	$0.819d$
90°	$2.073d$	$2.288d$	$1.966d$
135°	$2.595d$	$2.831d$	$2.477d$
180°	$4.146d$	$4.576d$	$3.932d$

注：135°和 180°的差值必须具备准确的外皮尺寸值。

135°的弯曲差值，要画出它的外皮线。如图 3-20 所示，外皮线的总长度为 WX＋XY＋YZ，下料长度为 WX＋XY＋YZ－135°的差值。

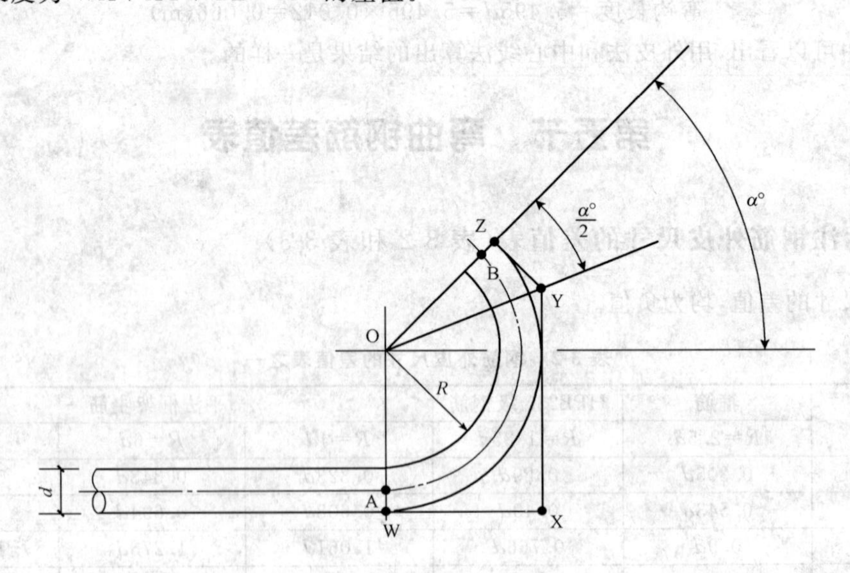

图 3-20 135°弯曲差值示意图

如按图 3-20 推导算式时，则

$$135°\text{弯钩的展开弧线长}=2\times(R+d)+2\times(R+d)\times\tan(\alpha°/2)-135°\text{的差值} \quad (3\text{-}14)$$

在推导135°弯钩弧长公式时，仍设箍筋直径 $d=10$ mm；$R=2.5d$；$\alpha°=45°$；差值＝2.831×d。则有：

$2\times(2.5\times10+10)+2\times(2.5\times10+10)\times\tan22.5°-28.31$

$=70+70\times0.414-28.31$

$=70.67(\text{mm})$

与前面例子计算的结果基本一致。误差为0.01 mm，由保留小数所致。

二、标注钢筋内皮尺寸的差指标

通常箍筋标注内皮尺寸(表3-4)。

表3-4　钢筋内皮尺寸的差值表

弯曲角度	箍筋差值
$R=2.5d$	
30°	$-0.231d$
45°	$-0.285d$
60°	$-0.255d$
90°	$-0.288d$
135°	$+0.003d$
180°	$+0.576d$

第六节　钢筋端部弯钩尺寸

钢筋端部弯钩，系指大于90°的弯钩。

一、135°钢筋端部弯钩尺寸标注方法

如图3-21(a)所示，AB弧线展开长度是AB′。BC是钩端的直线部分。从A点起弯起，向上一直到直线上端C点。展开以后，就是AC′线段。L'是钢筋的水平部分；$R+d$是钢筋弯曲部分外皮的水平投影长度。图3-22(b)是施工图上简图尺寸注法。钢筋两端弯曲加工后，外皮间尺寸就是L_1。两端以外剩余的长度AB＋BC－($R+d$)就是L_2。

钢筋弯曲加工后的外皮的水平投影长度为：

$$L_1=L'+2(R+d) \tag{3-15}$$

$$L_2=\text{AB}+\text{BC}-(R+d) \tag{3-16}$$

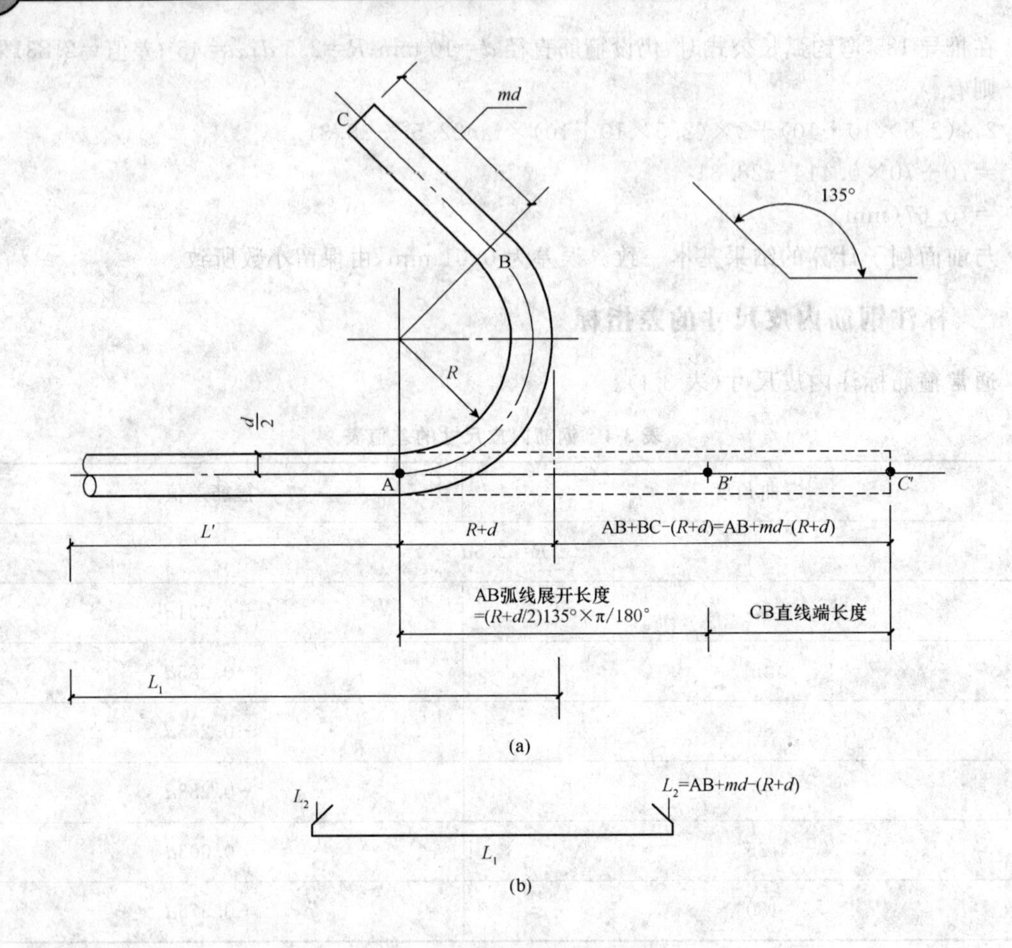

图 3-21 135°钢筋端部弯钩尺寸标注方法

二、180°钢筋端部弯钩尺寸标注方法

如图 3-22(a)所示,AB 弧线展开长度是 AB′。BC 是钩端的直线部分。从 A 点起弯起,向上一直到直线上端 C 点。展开以后,就是 AC′线段。L'是钢筋的水平部分;$R+d$ 是钢筋弯曲部分外皮的水平投影长度。图 3-22(b)是施工图上简图尺寸注法。钢筋两端弯曲加工后,外皮间尺寸就是 L_1。两端以外剩余的长度 AB+BC-($R+d$)就是 L_2。

钢筋弯曲加工后的外皮的水平投影长度为:

$$L_1 = L' + 2(R + d)$$

$$L_2 = \mathrm{AB} + \mathrm{BC} - (R + d)$$

与 135°钢筋弯曲加工后的外皮的水平投影长度公式相同。

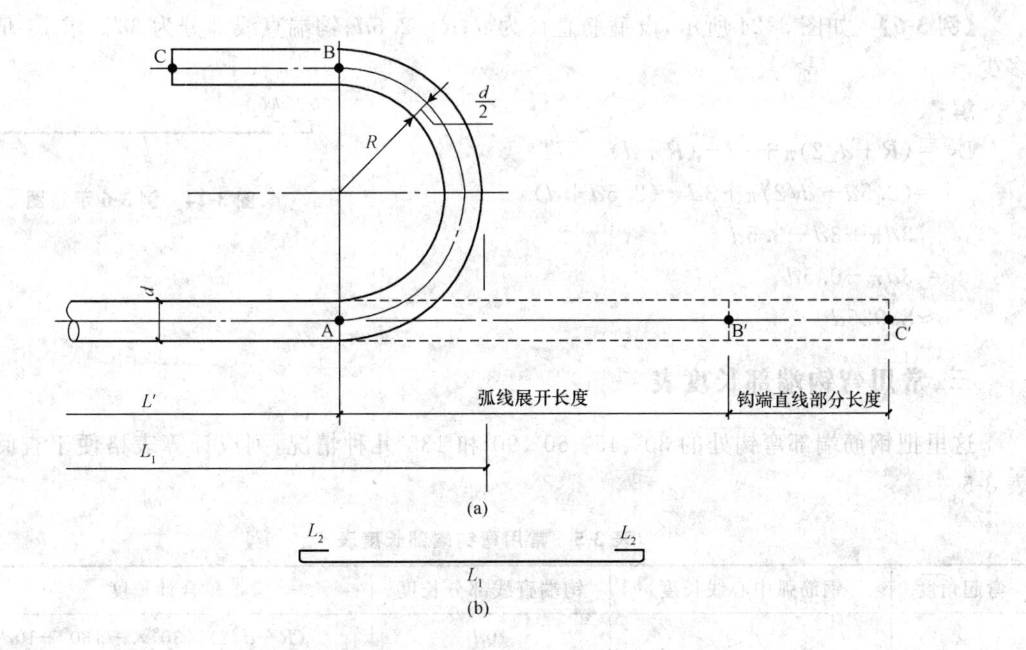

图 3-22　180°钢筋端部弯钩尺寸标注方法

【例 3-5】　如图 3-23 所示。

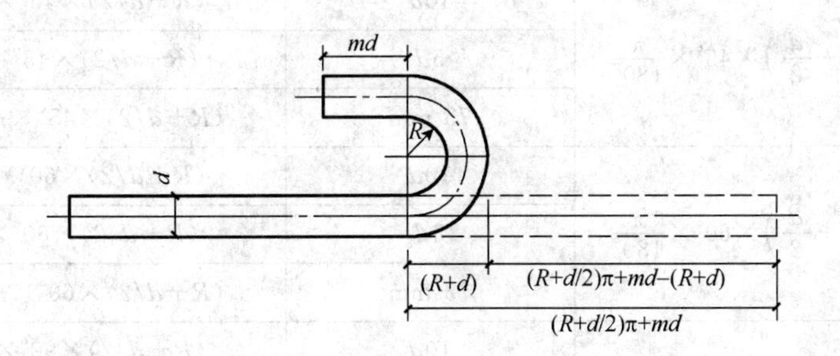

图 3-23　例 3-5 示意图

设纵向受力钢筋直径为 d，加工 180°端部弯钩；$R=1.25d$；钩端直线部分为 md。当 $m=3$ 时，问在施工图上，L_2 值等于多少。

解：

$L_2=(R+d/2)\pi+md-(R+d)$

代入 m、R 值，则

$(1.25d+d/2)\pi+3d-(1.25d+d)$

$=1.75d\pi+3d-2.25d$

$\approx 6.25d$

钢筋弯曲加工后的 180°端部弯钩标注尺寸，也就是大家都知道的 6.25d。如图 3-24 所示。

【例 3-6】 如图 3-24 所示，设箍筋直径为 d；$R=2.5d$；钩端直线部分为 $3d$。求 L_2 值等于多少。

解：

$L_2=(R+d/2)\pi+3d-(R+d)$

$=(2.5d+d/2)\pi+3d-(2.5d+d)$

$=3d\pi+3d-3.5d$

$=3d\pi-0.5d$

$\approx 8.925d$

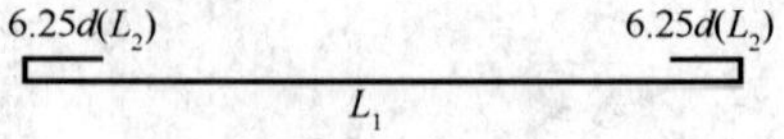

6.25d(L2)　　6.25d(L2)

L1

图 3-24　例 3-6 示意图

三、常用弯钩端部长度表

这里把钢筋端部弯钩处的 30°、45°、60°、90°和 135°几种情况，列成计算表格便于查阅。见表 3-5。

表 3-5　常用弯钩端部长度表

弯起角度	钢筋弧中心线长度	钩端直线部分长度	合计长度
30°	$\left(R+\frac{d}{2}\right)\times 30°\times\frac{\pi}{180°}$	$10d$	$(R+d/2)\times 30°\times\pi/180°+10d$
		$5d$	$(R+d/2)\times 30°\times\pi/180°+5d$
		75 mm	$(R+d/2)\times 30°\times\pi/180°+75$ mm
45°	$\left(R+\frac{d}{2}\right)\times 45°\times\frac{\pi}{180°}$	$10d$	$(R+d/2)\times 45°\times\pi/180°+10d$
		$5d$	$(R+d/2)\times 45°\times\pi/180°+5d$
		75 mm	$(R+d/2)\times 45°\times\pi/180°+75$ mm
60°	$\left(R+\frac{d}{2}\right)\times 60°\times\frac{\pi}{180°}$	$10d$	$(R+d/2)\times 60°\times\pi/180°+10d$
		$5d$	$(R+d/2)\times 60°\times\pi/180°+5d$
		75 mm	$(R+d/2)\times 60°\times\pi/180°+75$ mm
90°	$\left(R+\frac{d}{2}\right)\times 60°\times\frac{\pi}{180°}$	$10d$	$(R+d/2)\times 90°\times\pi/180°+10d$
		$5d$	$(R+d/2)\times 90°\times\pi/180°+5d$
		75 mm	$(R+d/2)\times 90°\times\pi/180°+75$ mm
135°	$\left(R+\frac{d}{2}\right)\times 135°\times\frac{\pi}{180°}$	$10d$	$(R+d/2)\times 135°\times\pi/180°+10d$
		$5d$	$(R+d/2)\times 135°\times\pi/180°+5d$
		75 mm	$(R+d/2)\times 135°\times\pi/180°+75$ mm
180°	$\left(R+\frac{d}{2}\right)\times\pi$	$10d$	$(R+d/2)\times\pi+10d$
		$5d$	$(R+d/2)\times\pi+5d$
		75 mm	$(R+d/2)\times\pi+75$ mm
		$3d$	$(R+d/2)\times\pi+35d$

【例 3-7】 图 3-25 所示是具有标注外皮尺寸的 HPB235 级主筋 135°弯钩，试求它的展开实长。

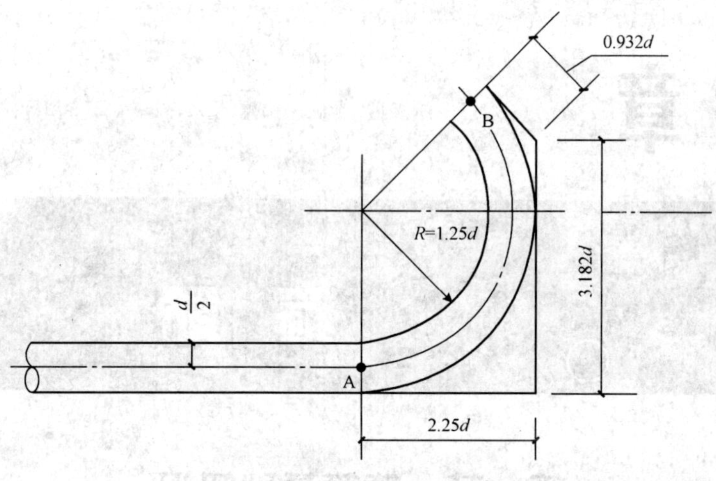

图 3-25　例 3-7 示意图

解：

利用三个外皮尺寸的和，减去外皮差值。查表 3-2 知外皮差值为 2.24d。

AB ＝2.25d＋3.182d＋0.932d－2.24d

　＝4.124d

从表 3-5 中 135°钢筋弧中心线长度栏得知，验证是正确的。

【例 3-8】 图 3-26 所示是具有标注外皮尺寸的 HPB235 级主筋 180°弯钩，试求钩处标注尺寸。

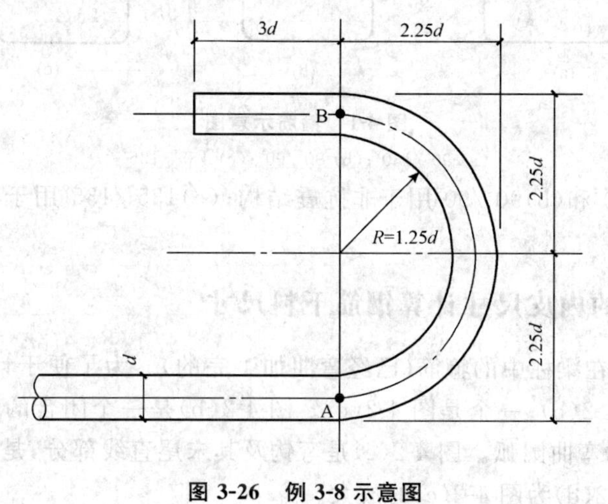

图 3-26　例 3-8 示意图

解：

先算出 A 点以外的展开长度，减去 2.25d 和两个外皮差值（查表 3-2 知外皮差值）2×1.751d，再加上 3d。即

$$3\times 2.25d-2\times 1.751d+3d\approx 6.25d$$

这就是大家所熟悉的 6.25d，验证是正确的。

第四章 箍筋

第一节 箍筋基础知识

一、箍筋概念

过去箍筋的样式有三种，现在施工图上多采用图 4-1(c)。

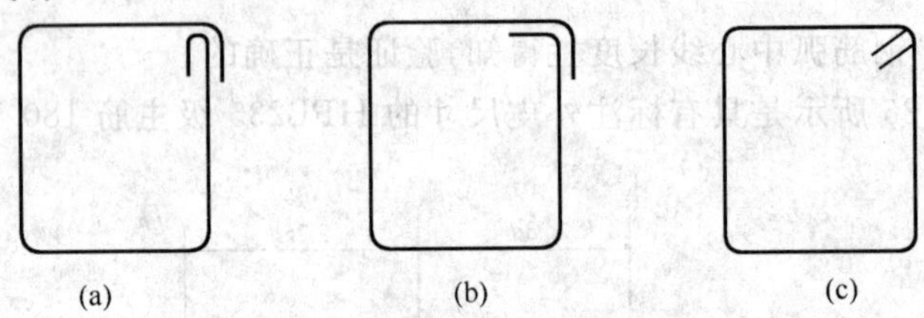

图 4-1 箍筋示意图

(a) 90°/180°；(b) 90°/90°；(c) 135°/135°

图 4-1(a)90°/180°和(b)90°/90°用于非抗震结构；(c)135°/135°用于平法框架抗震结构或非抗震结构中。

二、根据箍筋的内皮尺寸计算钢筋下料尺寸

图 4-2(a)是绑扎在梁柱中的箍筋(已经弯曲加工完的)。为了便于计算，假想它是由两个部分组成：一个是图 4-2(b)；一个是图 4-2(c)。图 4-2(b)是一个闭合的矩形，但是，四个角是以 $R=2.5d$ 为半径的弯曲圆弧。图 4-2(c)是弯钩及其末尾直线部分，是由一个半圆和两条相等的直线组成。图 4-2(d)为图 4-2(c)的放大。

下面根据图 4-2(b)和图 4-2(c)，分别计算，加起来就是箍筋的下料长度。

图 4-2(b)部分的计算如下：

长度＝内皮尺寸－4×差值

$=2(h-2\text{bhc})+2(b-2\text{bhc})-4\times0.288d$

$=2h+2b-8\text{bhc}-1.152d$

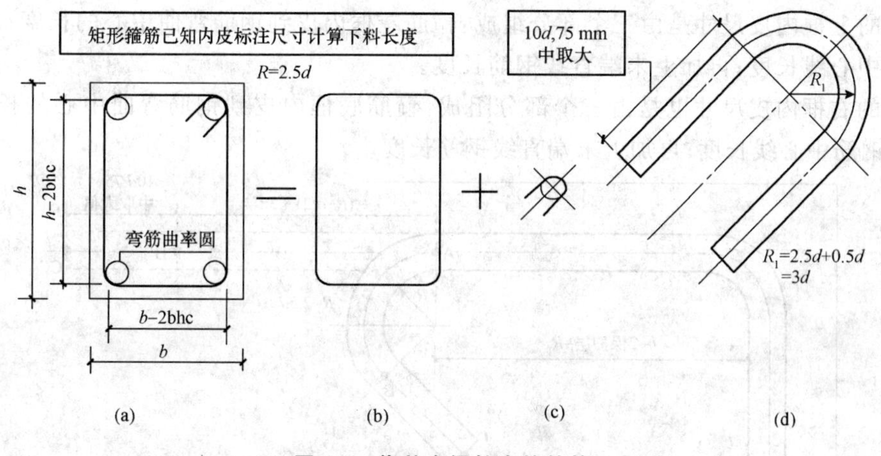

图 4-2 绑扎在梁柱中的箍筋

图 4-2(c)部分的计算如下：

半圆中心线长：$3d\pi \approx 9.424d$；

端钩的弧线和直线段长度：

当 $10d > 75$ mm 时，$9.424d + 2 \times 10d = 29.424d$；

当 75 mm$>10d$ 时，$9.424d + 2 \times 75$。

因为箍筋下料长度＝图 4-2(b)部分＋图 4-2(c)部分，所以：

当 $10d > 75$ mm 时：

$$\text{箍筋下料长度} = 2h + 2b - 8\text{bhc} + 28.272d \tag{4-1}$$

当 75 mm$>10d$ 时：

$$\text{箍筋下料长度} = 2h + 2b - 8\text{bhc} + 8.272d + 150 \tag{4-2}$$

式中，bhc 代表保护层。

图 4-2(b)是带有圆角的矩形，四边的内部尺寸，减去内皮法的钢筋弯曲加工的 90°差值就是这个矩形的长度。

图 4-2(c)是由半圆和两段直筋组成。半圆圆弧的展开长度，是由它的中心线的展开长度来决定的。中心线的圆弧半径为 $R+d/2$，半圆圆弧的展开长度是$(R+d/2)$乘以 π。箍筋的下料长度，要注意钩端的直线长度的规定，是 $10d$ 大？还是 75 mm 大？可由公式(4-1)及公式(4-2)判断。

对上面两个公式，进行进一步分析推导，发现因箍筋直径大小不同，当直径为 6.5 mm 时，采用公式(4-2)；直径大于或等于 8 mm 的钢筋，采用公式(4-1)。也就是

$$10 \times 8\ \text{mm} > 75\ \text{mm}$$
$$75\ \text{mm} > 10 \times 6.5\ \text{mm}$$

公式(4-1)、公式(4-2)，是用来进行钢筋下料的。下面讲一下箍筋各段尺寸的标注。

图 4-3 和图 4-4 是放大了的部分箍筋图。由于是内皮尺寸，所以混凝土的保护层里侧界线就是箍筋的内皮尺寸界线。箍筋的四个框尺寸中，左框的内皮尺寸和底框的内皮尺寸易标注，因为它们就是根据保护层间的距离来标注的。

箍筋的上框内皮尺寸是由三个部分组成：箍筋左框内皮到钢筋弯曲中心的长度；加上135°弯曲钢筋中心线长度；再加上末端直线钢筋长度。

箍筋的右框内皮尺寸也是由三个部分组成：箍筋底框内皮到钢筋弯曲中心的长度；加上135°弯曲钢筋中心线长度；再加上末端直线钢筋长度。

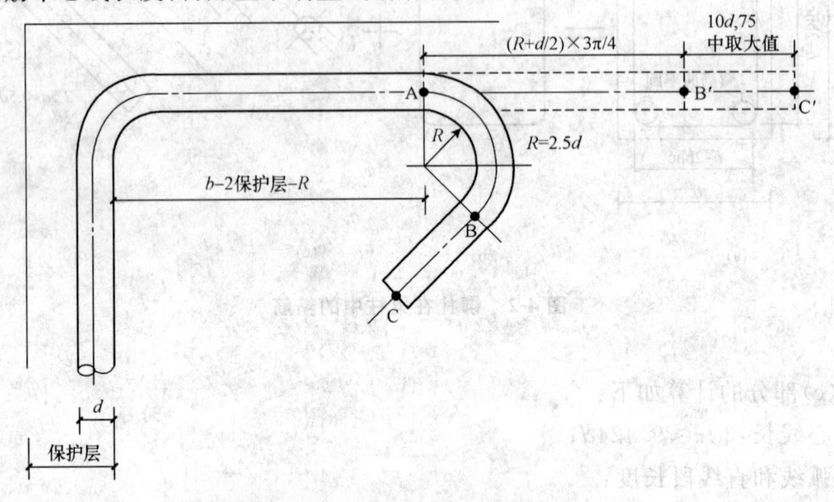

图 4-3　放大了的部分箍筋图(一)

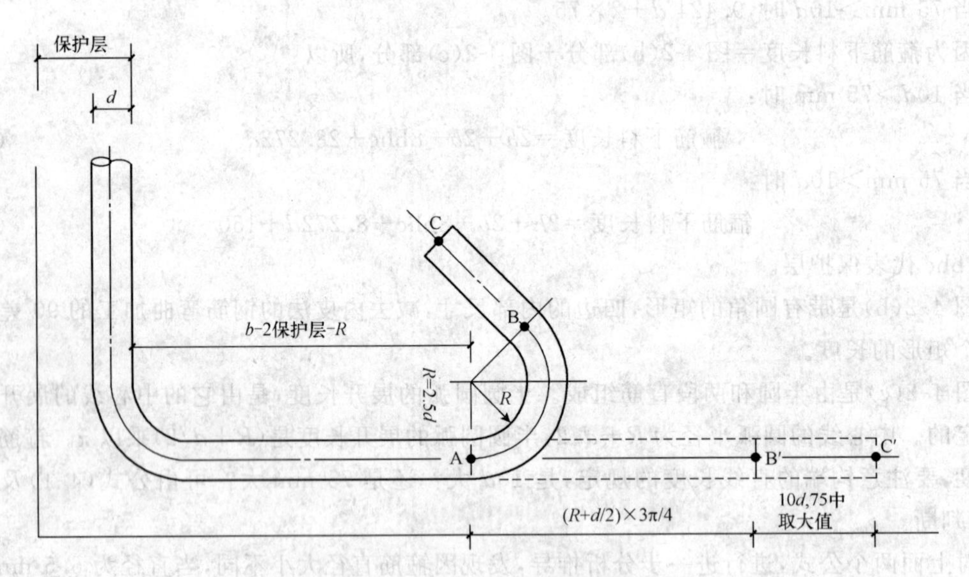

图 4-4　放大了的部分箍筋图(二)

由图 4-3 和图 4-4 得知，可以把箍筋的四个框内皮尺寸的算法，归纳如下。

$$箍筋左框\ L_1=h-2\mathrm{bhc} \tag{4-3}$$

$$箍筋底框\ L_2=b-2\mathrm{bhc} \tag{4-4}$$

$$箍筋右框\ L_3=h-2\mathrm{bhc}-R+(R+d/2)3\pi/4+10d\ 用于\ 10d>75 \tag{4-5}$$

$$箍筋右框\ L_3=h-2\mathrm{bhc}-R+(R+d/2)3\pi/4+75\ 用于\ 75>10d \tag{4-6}$$

箍筋上框 $L_4=b-2\text{bhc}-R+(R+d/2)3\pi/4+10d$ 用于 $10d>75$ (4-7)

箍筋上框 $L_4=b-2\text{bhc}-R+(R+d/2)3\pi/4+75$ 用于 $75>10d$ (4-8)

式中，bhc——保护层；

R——弯曲半径；

d——钢筋直筋；

h——梁柱截面高度；

b——梁柱截面宽度。

现在再把公式(4-5)～公式(4-8)整理一下。

箍筋右框 $L_3=h-2\text{bhc}+14.568d$ 用于 $10d>75$ (4-9)

箍筋右框 $L_3=h-2\text{bhc}+4.568d+75$ 用于 $75>10d$ (4-10)

箍筋上框 $L_4=b-2\text{bhc}+14.568d$ 用于 $10d>75$ (4-11)

箍筋上框 $L_4=b-2\text{bhc}+4.568d+75$ 用于 $75>10d$ (4-12)

如图 4-5 所示，箍筋的内皮尺寸标注法，是写在箍筋简图的里侧的。下面验算一下箍筋下料公式(4-1)、公式(4-2)是否与公式(4-3)～公式(4-8)一致。

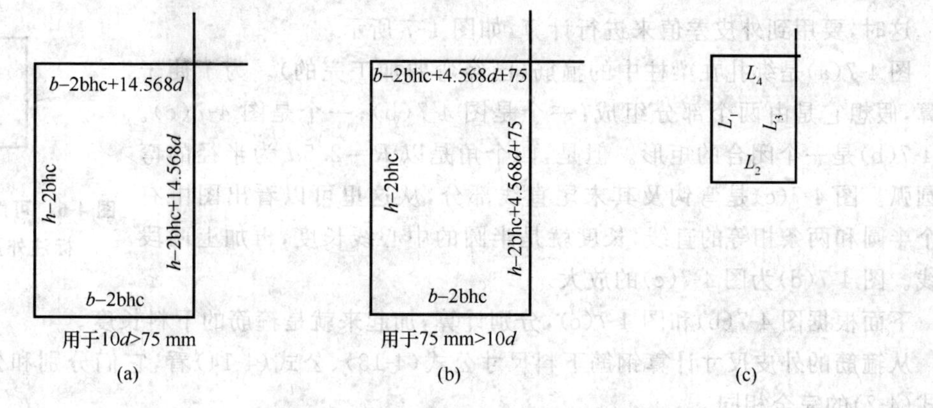

图 4-5 箍筋的内皮尺寸标注法

现在先把公式(4-3)～公式(4-5)和公式(4-7)加起来，减去三个角的内皮差值，看看是不是等于箍筋下料公式(4-1)。

箍筋下料长度等于：

$h-2\text{bhc}+b-2\text{bhc}+h-2\text{bhc}-R+(R+d/2)3\pi/4+10d+b-2\text{bhc}-R+(R+d/2)3\pi/4+10d-3\times0.288d$

$=2h+2b-8\text{bhc}-2R+2(R+d/2)3\pi/4+20d-0.864d$

因为，$R=2.5d$，所以，代入式中得

下料长度 $=2h+2b-8\text{bhc}-5d+2(2.5d+d/2)3\pi/4+20d-0.864d$

$=2h+2b-8\text{bhc}-5d+18d\pi/4+20d-0.864d$

$=2h+2b-8\text{bhc}+29.173d-0.864d$

$\approx2h+2b-8\text{bhc}+28.273d$

计算结果与公式(4-1)一致。公式(4-3)～公式(4-5)和公式(4-7)是用作钢筋弯曲加工；而公式(4-1)是用作钢筋下料的，各有用处。但是，它们的用料必须一致。

现在再把公式(4-3)、公式(4-4)、公式(4-6)和公式(4-8)加起来，减去三个角的差值，看看是不是等于箍筋下料公式(4-2)。

箍筋下料长度等于：

$h-2\text{bhc}+b-2\text{bhc}+h-2\text{bhc}-R+(R+d/2)3\pi/4+75+b-2\text{bhc}-R+(R+d/2)3\pi/4+75-3\times0.288d$

因为，$R=2.5d$，所以，代入式中得

$$\text{下料长度}=2h+2b-8\text{bhc}-5d+2(2.5d+d/2)3\pi/4+150-0.864d$$
$$\approx2h+2b-8\text{bhc}+8.273d+150$$

结果与公式(4-2)一致。

三、根据箍筋的外皮尺寸计算钢筋下料尺寸

施工图上的个别情况，也可能遇到箍筋标注外皮尺寸，如图 4-6 所示。

这时，要用到外皮差值来进行计算，如图 4-7 所示。

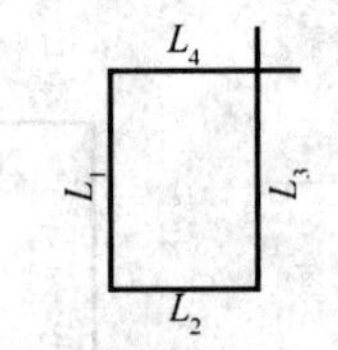

图 4-6 可能遇到箍筋标注外皮尺寸

图 4-7(a)是绑扎在梁柱中的箍筋(已经弯曲加工完的)。为了便于计算，假想它是由两个部分组成：一个是图 4-7(b)；一个是图 4-7(c)。图 4-7(b)是一个闭合的矩形。但是，四个角是以 $R=2.5d$ 为半径的弯曲圆弧。图 4-7(c)是弯钩及其末尾直线部分，从这里可以看出图中有一个半圆和两条相等的直线，长度就是半圆的中心线长度，再加上两段直线。图 4-7(d)为图 4-7(c)的放大。

下面根据图 4-7(b)和图 4-7(c)，分别计算，加起来就是箍筋的下料长度。

从箍筋的外皮尺寸计算钢筋下料尺寸公式(4-13)、公式(4-14)看，它们分别和公式(4-1)、公式(4-2)的完全相同。

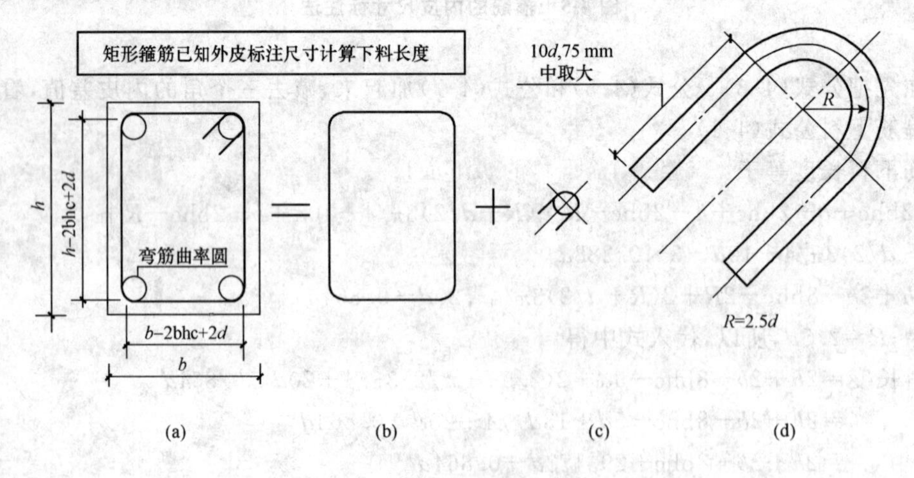

图 4-7 绑扎在梁柱中的箍筋

图 4-7(b)部分的计算如下：

长度＝外皮尺寸－4×差值

$=2(h-2\text{bhc}+2d)+2(b-2\text{bhc}+2d)-4\times 2.288d$

$=2h-2b-8\text{bhc}+d-9.152d$

$=2h-2b-8\text{bhc}-1.152d$

图 4-7(c)部分的计算如下：

半圆中心线长：

$$3d\pi\approx 9.424d$$

端钩的弧线和直线段长度：

当 $10d>75$ mm 时，$9.424d+2\times 10d=28.424d$

当 75 mm$>10d$ 时，$9.424d+2\times 75=9.424d\times 150$

因为

箍筋长度＝图 4-7(b)部分＋图 4-7(c)部分

所以，当 10 $d>75$ mm 时，

$$\text{箍筋下料长度}=2h+2b-8\text{bhc}+28.272d \tag{4-13}$$

当 75 mm$>10\ d$ 时，

$$\text{箍筋下料长度}=2h+2b-8\text{bhc}+8.272d+150 \tag{4-14}$$

式中 bhc 代表保护层。

图 4-7(b)是带有圆角的矩形，四边的外部尺寸，减去外皮法的钢筋弯曲加工的 90°差值就是这个矩形的长度。

图 4-7(c)是由半圆和两段直筋组成。半圆圆弧的展开长度，是由它的中心线的展开长度来决定的。中心线的圆弧半径为 $R+d/2$，半圆圆弧的展开长度是$(R+d/2)$乘以 π。箍筋的下料长度，要注意钩端的直线长度的规定，区别 $10d$ 和 75 mm 的大小，从而正确选择公式。

直径为 6.5 mm 钢筋，采用公式(4-14)，直径大于或等于 8 mm 的钢筋，采用公式(4-13)。也就是：

$$10\times 8\ \text{mm}>75\ \text{mm}$$

$$75\ \text{mm}>10\times 6\ \text{mm}$$

上面两个公式，是用来进行钢筋下料的。下面讲一下箍筋各段尺寸的标注。放大了的部分箍筋图，如图 4-3 和图 4-4 所示。由于是外皮尺寸，所以混凝土的保护层往左移一个 d，就是箍筋的外皮尺寸界线。箍筋的四个框尺寸中，左框的外皮尺寸和底框的外皮尺寸易标注，因为它们就是根据保护层间的距离来标注的。

由图 4-3 可知，箍筋的上框外皮尺寸是由三个部分组成：箍筋左框外皮到钢筋弯曲中心；加上 135°弯曲钢筋中心线长度；再加上末端直线钢筋。

由图 4-4 可知，箍筋的右框外皮尺寸也是由三个部分组成：箍筋底框外皮到钢筋弯曲中心；加上 135°弯曲钢筋中心线长度；再加上末端直线钢筋。

按图 4-3 和图 4-4 所示，可以把箍筋的四个框外皮尺寸的算法，归纳如下。

$$\text{箍筋左框 } L_1=h-2\text{bhc}+2d \tag{4-15}$$

$$\text{箍筋底框 } L_2=b-2\text{bhc}+2d \tag{4-16}$$

箍筋右框 $L_3 = h - 2\text{bhc} + d - R + (R + d/2)3\pi/4 + 10d$ 用于 $10d > 75$ (4-17)

箍筋右框 $L_3 = h - 2\text{bhc} + d - R + (R + d/2)3\pi/4 + 75$ 用于 $75 > 10d$ (4-18)

箍筋上框 $L_4 = b - 2\text{bhc} + d - R + (R + d/2)3\pi/4 + 10d$ 用于 $10d > 75$ (4-19)

箍筋上框 $L_4 = b - 2\text{bhc} + d - R + (R + d/2)3\pi/4 + 75$ 用于 $75 > 10d$ (4-20)

式中，bhc——保护层；

R——弯曲半径；

d——钢筋直筋；

h——梁柱截面高度；

b——梁柱截面宽度。

下面这里验算一下箍筋下料公式(4-13)、公式(4-14)是否与公式(4-15)～公式(4-20)一致。

现在先把公式(4-15)～公式(4-17)和公式(4-19)加起来，减去三个角的外皮差值，看看是不是等于箍筋下料公式(4-13)。

箍筋下料长度等于：

$h - 2\text{bhc} + 2d + b - 2\text{bhc} + 2d + h - 2\text{bhc} + d - R + (R + d/2)3\pi/4 + 10d + b - 2\text{bhc} + d - R + (R + d/2)3\pi/4 + 10d - 3 \times 2.288d$

$= 2h + 2b - 8\text{bhc} + 6d - 2R + 2(R - d/2)3\pi/4 + 20d - 6.864d$

因为 $R = 2.5d$，所以代入上式得

长度 $= 2h + 2b - 8\text{bhc} + d + 2(2.5d + d/2)3\pi/4 + 20d - 6.864d$

$= 2h + 2b - 8\text{bhc} + d + 18d\pi/4 + 20d - 6.864d$

$\approx 2h + 2b - 8\text{bhc} + 34.137d - 6.864d$

$\approx 2h + 2b - 8\text{bhc} + 28.273d$

计算结果与公式(4-13)一致。公式(4-15)～公式(4-17)和公式(4-19)是用作钢筋弯曲加工的；而公式(4-13)是用作钢筋下料的，各有用处。但是，它们的用料必须一致。

现在再把公式(4-15)、公式(4-16)、公式(4-18)和公式(4-20)加起来，减去三个角的外皮差值，看看是不是等于箍筋下料公式(4-14)。

箍筋下料长度等于：

$h - 2\text{bhc} + 2d + b - 2\text{bhc} + 2d + h - 2\text{bhc} + d - R + (R + d/2)3\pi/4 + 75 + b - 2\text{bhc} + d - R + (R + d/2)3\pi/4 + 75 - 3 \times 2.288d$

因为 $R = 2.5d$，所以代入上式得

长度 $= 2h + 2b - 8\text{bhc} + 6d - 5d + 2(2.5d + d/2)3\pi/4 + 150 - 6.864d$

$\approx 2h + 2b - 8\text{bhc} + 8.273d + 150$

结果与公式(4-14)一致。

现在再把公式(4-17)～公式(4-20)整理一下。

箍筋右框 $L_3 = h - 2\text{bhc} + 15.568d$ 用于 $10d > 75$ (4-21)

箍筋右框 $L_3 = h - 2\text{bhc} + 5.568d + 75$ 用于 $75 > 10d$ (4-22)

箍筋上框 $L_4 = b - 2\text{bhc} + 15.568d$ 用于 $10d > 75$ (4-23)

箍筋上框 $L_4 = b - 2\text{bhc} + 5.568d + 75$ 用于 $75 > 10d$ (4-24)

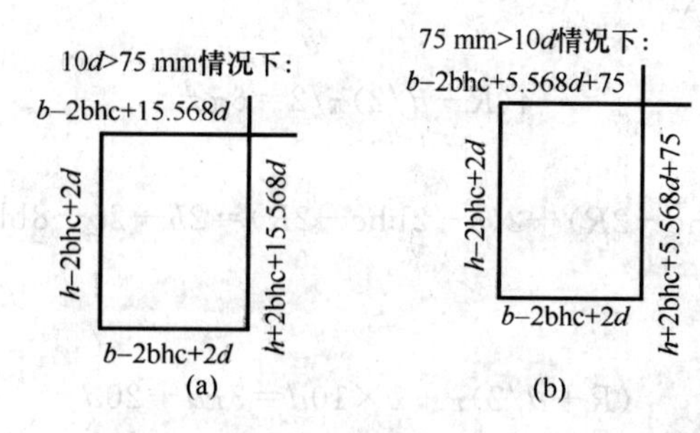

图 4-8 外皮尺寸

回过头来利用图 4-8 中的外皮尺寸,可以求出箍筋的下料尺寸。

计算图 4-8(a)的箍筋尺寸,就是利用公式(4-15)、公式(4-16)、公式(4-21)、公式(4-23)的和,减去三个 90°外皮差值便可。即:

$h-2\text{bhc}+2d+b-2\text{bhc}+2d+h-2\text{bhc}+15.568d+b-2\text{bhc}+15.568d-3\times 2.288d$

$=2h+2b-8\text{bhc}+28.272d$

答案正是公式(4-13)。

四、根据箍筋的中心线尺寸计算钢筋下料尺寸

现在要讲的方法就是对箍筋的所有线段,都用计算中心线的方法,计算箍筋的下料尺寸。如图 4-9 所示。

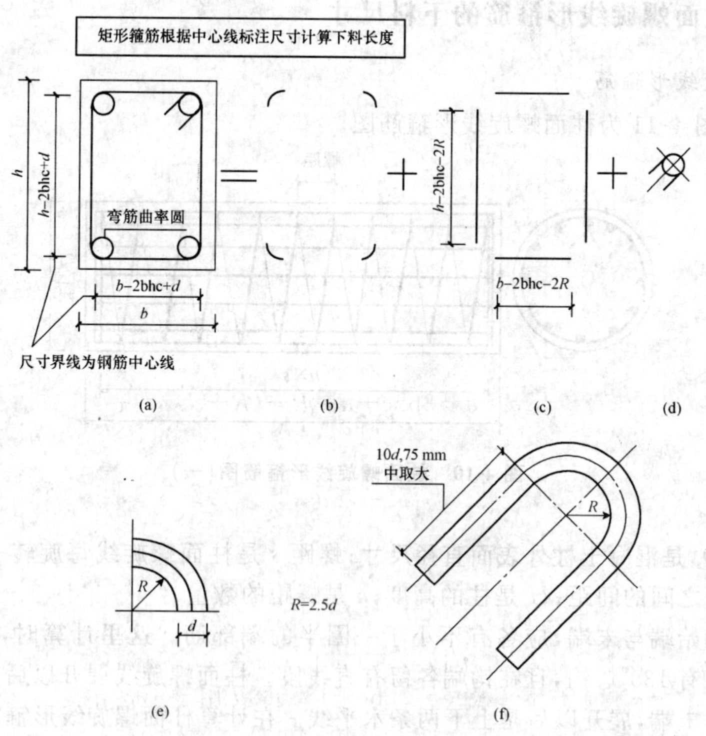

图 4-9 箍筋的下料尺寸

注:在图 4-9 中,图(e)是图(b)的放大。矩形箍筋按照它的中心线计算下料长度时,是先把图(a)分割成图(b)、图(c)、图(d)三个部分,分别计算中心线,然后,再把它们加起来,就是钢筋下料尺寸。

图 4-9(b)部分计算：

$$4(R+d/2)\pi/2=6\pi d$$

图 4-9(c)部分计算：

$$2(h-2\text{bhc}-2R)+2(b-2\text{bhc}-2R)=2h+2b-8\text{bhc}-20d$$

图 4-9(d)部分计算：

用于 $10d>75$ mm：

$$(R+d/2)\pi+2\times10d=3\pi d+20d$$

用于 75 mm$>10d$：

$$(R+d/2)\pi+2\times75=3\pi d+150$$

箍筋的下料长度：

用于 $10d>75$ mm：

$$6\pi d+2h+2b-8\text{bhc}-20d+3\pi d+20d=2h+2b-8\text{bhc}+28.274d \quad (4\text{-}25)$$

用于 75 mm$>10d$：

$$6\pi d+2h+2b-8\text{bhc}-20d+3\pi d+150=2h+2b-8\text{bhc}+8.274d+150 \quad (4\text{-}26)$$

公式(4-25)、公式(4-26)与公式(4-1)、公式(4-2)以及公式(4-13)、公式(4-14)的计算结果都是一样的。这点只说明它们的一致性，重要的是这些公式前面的计算过程。不管哪种方法，我们都是使用前面的计算过程。

五、计算柱面螺旋线形箍筋的下料尺寸

1. 柱面螺旋线形箍筋

图 4-10 和图 4-11 为柱面螺旋线形箍筋图。

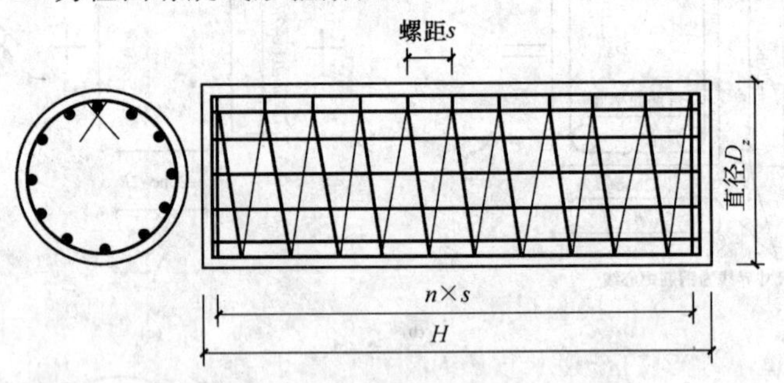

图 4-10 柱面螺旋线形箍筋图(一)

图中直径 D_z 是混凝土柱外表面直径尺寸；螺距 s 是柱面螺旋线每旋转一周的位移，也就是相邻螺旋箍筋之间的间距；H 是柱的高度；n 是螺距的数量。

螺旋箍筋的始端与末端，应各有不小于一圈半的端部筋。这里计算时，暂采用一圈半长度。两端均加工有 135°弯钩，且在钩端各留有直线段。柱面螺旋线展开以后是直线(斜向)；螺旋箍筋的始端与末端，展开以后是上下两条水平线。在计算柱面螺旋线形箍筋时，先分成三个部分来计算：柱顶部(图 4-10 左端)的一圈半箍筋展开长度即为图 4-11 中上部水平段；螺旋线形箍筋展开部分即为图 4-11 中中部斜线段；最后是柱底部(图 4-10 右端)的一圈半箍筋展开长度即为图 4-11 中下部水平段。

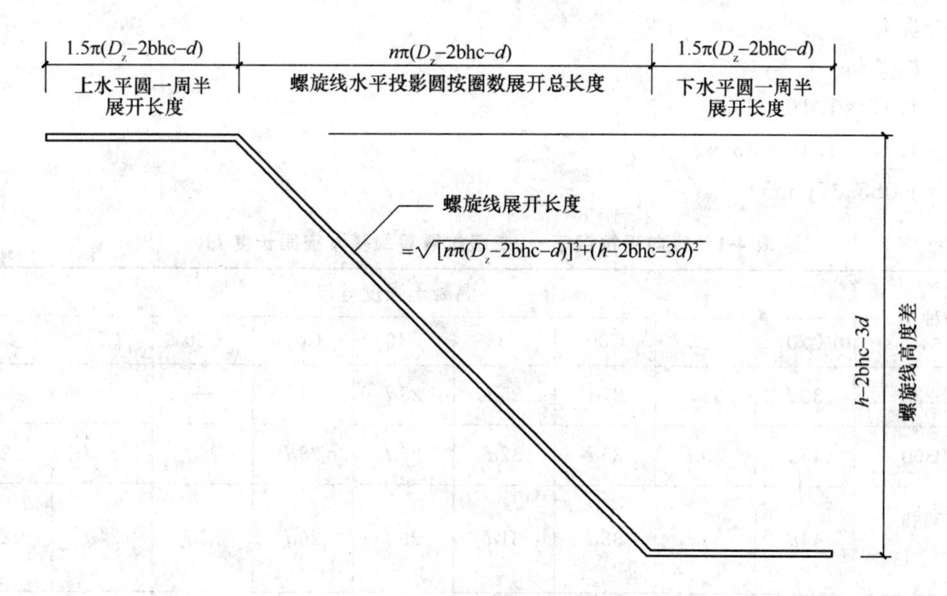

图 4-11　柱面螺旋线形箍筋图(二)

2. 螺旋箍筋计算

上水平圆一周半展开长度计算：

$$1.5\pi(D_z-2bhc-d)$$

螺旋线展开长度：

$$\sqrt{[n\pi(D_z-2bhc-d)]^2+(h-2bhc-3d)^2}$$

下水平圆一周半展开长度计算：

$$1.5\pi(D_z-2bhc-d)$$

螺旋箍筋展开长度计算：

$$2\times1.5\pi(D_z-2bhc-d)+\sqrt{[n\pi(D_z-2bhc-d)]^2+(h-2bhc-3d)^2}-2\times\text{外皮差值}+2\times\text{钩长}$$

3. 螺旋箍筋的搭接计算

螺旋箍筋的搭接部分，有搭接长度的规定。抗震结构的搭接长度，要求大于等于 l_{aE}，且大于等于 300 mm；非抗震结构的搭接长度，要求大于等于 l_{ab} 且大于等于 300 mm。搭接的弯钩钩端直线段长度也有规定，抗震结构的长度，要求为 10 倍钢箍直径；非抗震结构的长度，要求为 5 倍钢箍直径。此外，两个搭接的弯钩，必须钩在纵筋上。

纵向受拉钢筋一、二级抗震等级基本锚固长度 l_{abE} 的数据见表 4-1，纵向受拉钢筋三级抗震等级基本锚固长度 l_{abE} 的数据见表 4-2。非抗震等级基本锚固长度 l_{ab} 的数据与四级抗震等级锚固长度 l_{abE} 的数据相同，所以四级抗震等级锚固长度见表 2-1。

不同种类受拉钢筋抗震锚固长度 l_{abE} 等于受拉钢筋锚固长度 l_a 乘以受拉钢筋抗震锚固长度修正系数，详细内容见表 4-3。

举个例子，混凝土的强度等级是 C30，钢筋直径为 26 mm，使用 HRB335 级钢筋，结构抗震等级为一级。假如要求搭接长度等于锚固长度 l_{aE} 时，根据表 4-1 和表 4-3 可计算：

$$
\begin{aligned}
l_{aE} &= \zeta_{aE} l_a \\
&= \zeta_{aE} \zeta_a l_{abE} \\
&= 1.15 \times 1.10 \times 33d \\
&= 1.15 \times 1.10 \times 33 \times 26 \\
&= 1\ 085.37(\text{mm})
\end{aligned}
$$

表 4-1 纵向受拉钢筋一、二级抗震等级基本锚固长度 l_{abE}

钢筋种类	混凝土强度等级								
	C20	C25	C30	C35	C40	C45	C50	C55	≥C60
HPB235	36*d*	31*d*	27*d*	25*d*	23*d*	—	—	—	—
HPB300	45*d*	39*d*	35*d*	32*d*	29*d*	28*d*	26*d*	25*d*	24*d*
HRB335 HRBF335	44*d*	38*d*	33*d*	31*d*	29*d*	26*d*	25*d*	24*d*	24*d*
HRB400 HRBF400 RRB400	—	46*d*	40*d*	37*d*	33*d*	32*d*	31*d*	30*d*	29*d*
HRB500 HRBF500	—	55*d*	49*d*	45*d*	41*d*	39*d*	37*d*	36*d*	35*d*

表 4-2 纵向受拉钢筋三级抗震等级基本锚固长度 l_{abE}

钢筋种类	混凝土强度等级								
	C20	C25	C30	C35	C40	C45	C50	C55	≥C60
HPB235	33*d*	28*d*	25*d*	23*d*	21*d*	—	—	—	—
HPB300	41*d*	36*d*	32*d*	29*d*	26*d*	25*d*	24*d*	23*d*	22*d*
HRB335 HRBF335	40*d*	35*d*	31*d*	28*d*	26*d*	24*d*	23*d*	22*d*	22*d*
HRB400 HRBF400 RRB400	—	42*d*	37*d*	34*d*	30*d*	29*d*	28*d*	27*d*	26*d*
HRB500 HRBF500	—	50*d*	45*d*	41*d*	38*d*	36*d*	34*d*	33*d*	32*d*

表 4-3　受拉钢筋锚固长度与受拉钢筋长度锚固系数

<table>
<tr><td colspan="2">受拉钢筋锚固长度 l_a</td><td colspan="3">受拉钢筋锚固长度修正系数 ζ_a</td></tr>
<tr><td>非抗震</td><td>抗震</td><td colspan="2">锚固条件</td><td>ζ_a</td></tr>
<tr><td rowspan="2">$l_a=\zeta_a l_{ab}$</td><td rowspan="2">$l_{aE}=\zeta_{aE} l_a$</td><td colspan="2">带肋钢筋的公称直径大于 25 mm</td><td>1.10</td></tr>
<tr><td colspan="2">环氧树脂涂层带肋钢筋</td><td>1.25</td></tr>
<tr><td colspan="2" rowspan="3">注：1. l_a 不应小于 200。
2. 锚固长度修正系数 ζ_a 按右表取用，当多于一项时，可按连乘计算，但不应小于 0.6。
3. ζ_{aE} 为抗震锚固长度修正系数，对一、二级抗震等级取 1.15，对三级抗震等级取 1.05，对四级抗震等级取 1.00</td><td colspan="2">施工过程中易受扰动的钢筋</td><td>1.10</td></tr>
<tr><td rowspan="2">锚固区保护层厚度</td><td>3d</td><td>0.80（注：中间时按内插值。d 为锚固钢筋直径）</td></tr>
<tr><td>5d</td><td>0.70</td></tr>
</table>

如图 4-12 和图 4-13 所示，计算出每根钢筋搭接长度为：

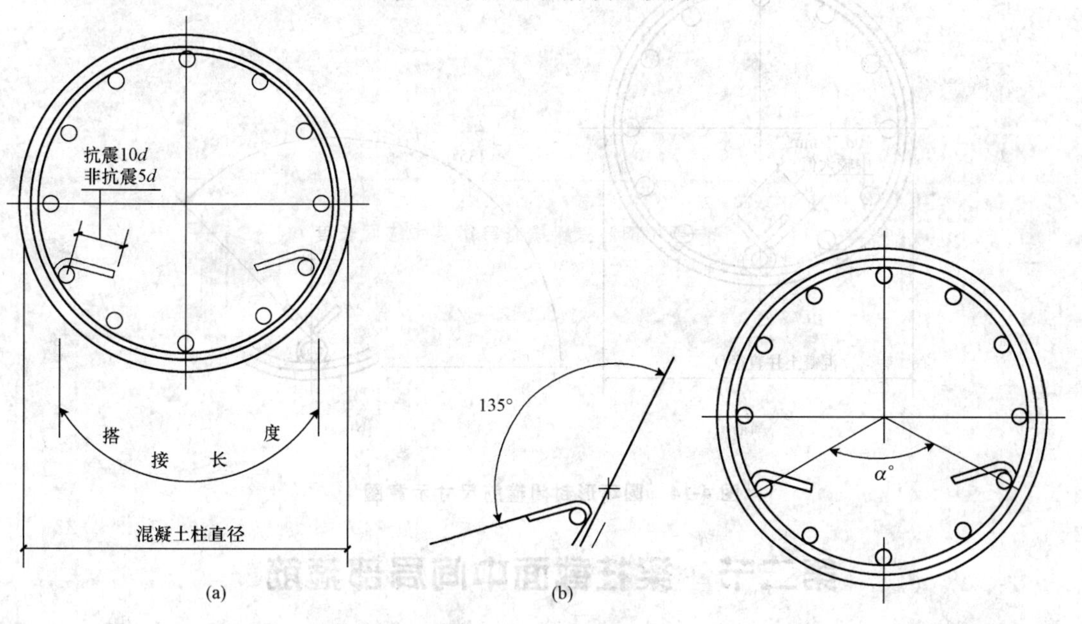

图 4-12　钢筋尺寸示意图　　图 4-13　钢筋尺寸示意图

$$\left(\frac{D_z}{2}-\text{bhc}+\frac{d}{2}\right)\times\frac{\alpha^\circ}{2}\times\frac{\pi}{180^\circ}+\left(R+\frac{d}{2}\right)\times135^\circ\times\frac{\pi}{180^\circ}+10d \tag{4-27}$$

公式(4-27)用于抗震结构。

$$\left(\frac{D_z}{2}-\text{bhc}+\frac{d}{2}\right)\times\frac{\alpha^\circ}{2}\times\frac{\pi}{180^\circ}+\left(R+\frac{d}{2}\right)\times135^\circ\times\frac{\pi}{180^\circ}+5d \tag{4-28}$$

公式(4-28)用于非抗震结构。

公式(4-27)和公式(4-28)两式的第一项,是指两筋搭接的中点到钩的切点处的长度;第二项是135°弧中心线长度和钩端直线部分长度。

六、圆环形封闭箍筋

圆环形封闭箍筋,如图4-14所示。可以把图4-14(a)看作是两部分组成:一部分是圆箍;另一部分是两个带有直线段的135°弯钩。这样一来,先求出圆箍的中心线实长,然后再查表找出带有直线段的135°弯钩长度,不要忘记,钩是一双。

设保护层为bhc;混凝土柱外表面直径为D_z;箍筋直径为d;箍筋端部两个弯钩为135°,都钩在同一根纵筋上;钩末端直线段长度为a;箍钩弯曲加工半径为R,135°箍钩的下料长度可从表3-5中查到。

$$(D_z-2\text{bhc}+d)\pi+2\times\left[\left(R+\frac{d}{2}\right)\times 135^\circ\times\frac{\pi}{180^\circ}+a\right] \tag{4-29}$$

式中,a为从$10d$和75 mm两者中取大值。

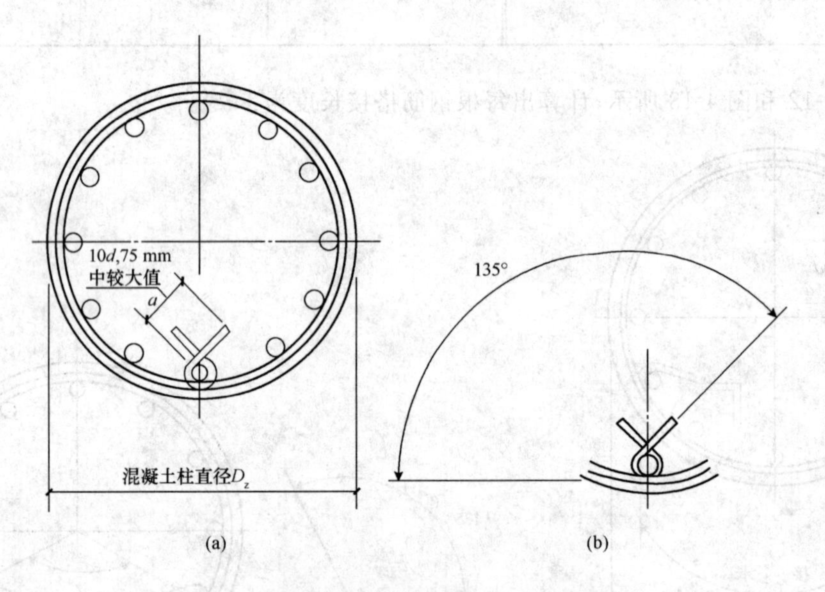

图4-14 圆环形封闭箍筋尺寸示意图

第二节 梁柱截面中间局部箍筋

一、梁柱截面中间局部箍筋的概念

梁、柱构件的截面较大时,根据构造要求,除了紧贴周边纵向受力钢筋外皮设置钢箍外,还需要设置局部箍筋。梁宽大于或等于350 mm时,需要设置四肢箍筋,或梁中纵向受力钢筋在一排中多于五根时,宜采用四肢箍筋。但是,四肢箍筋,又有两种配置方案:一种是外围箍筋加局部箍筋(图4-15和图4-16);另一种是两个局部箍筋相搭接(图4-17)。

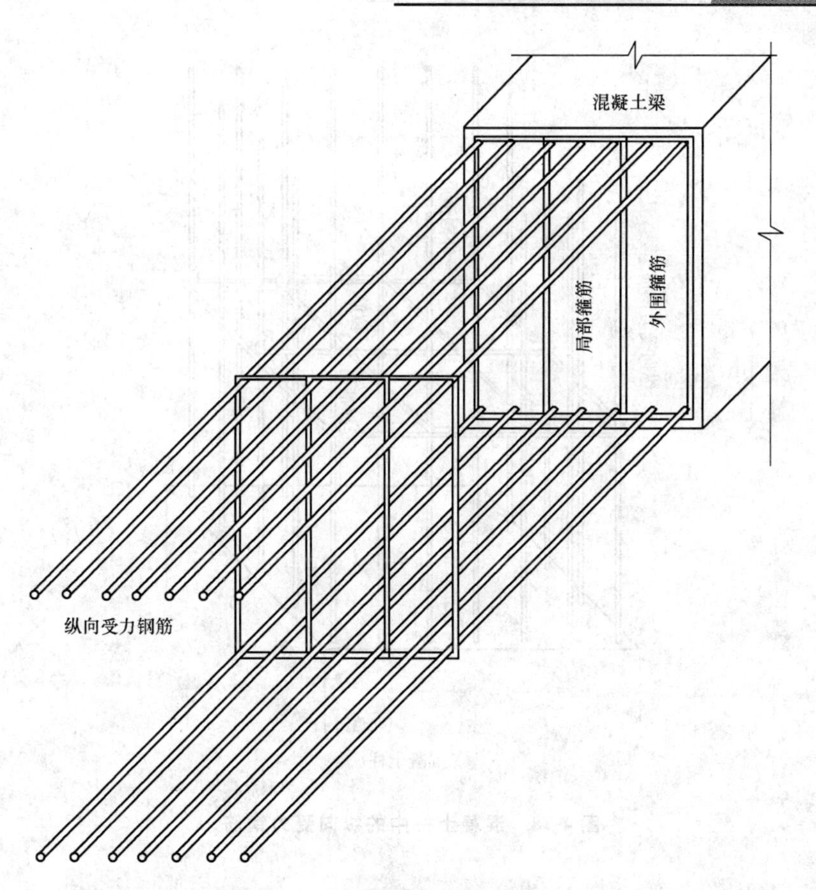

图 4-15 外围箍筋加局部箍筋(一)

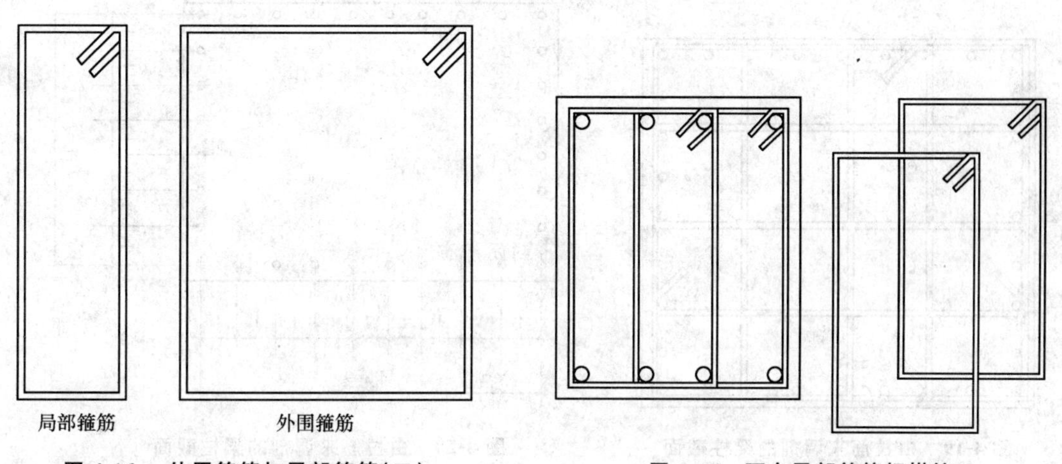

图 4-16 外围箍筋加局部箍筋(二)

图 4-17 两个局部箍筋相搭接

箍筋在梁中除了增强抵抗斜拉破坏外，它还能固定梁和柱中的纵向受力钢筋，不产生位移，以保证其力学性能要求，也利于浇筑混凝土而不致影响混凝土施工质量。

混凝土柱中的纵向受力钢筋，要求每隔一根限制自由度(位移)。经绑扎后，它不能上、下、左、右移动，如图 4-18 所示。

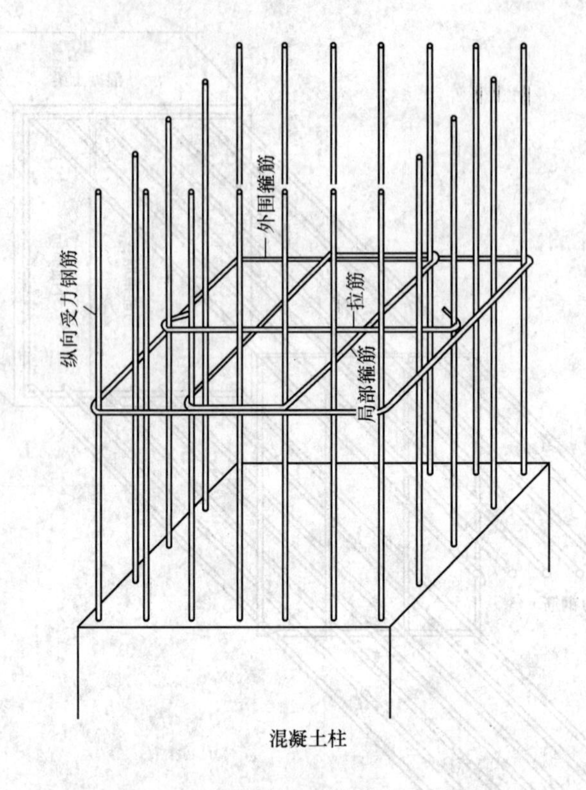

图 4-18　混凝土柱中的纵向受力钢筋

有时不宜于加双肢箍时，可以由拉筋来调剂，如图 4-19 和图 4-20 所示。

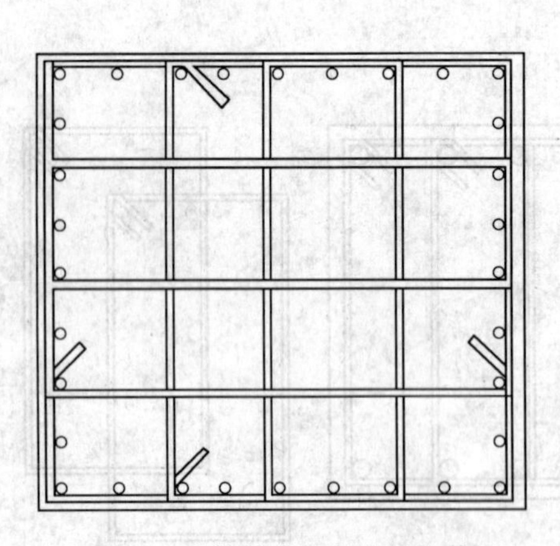

图 4-19　由拉筋来调剂的梁柱截面中间局部箍筋(一)

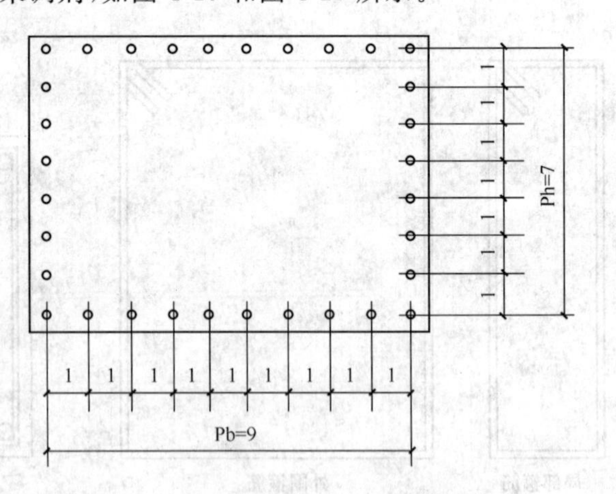

图 4-20　由拉筋来调剂的梁柱截面中间局部箍筋(二)

二、横向局部箍筋计算

横向局部箍筋的计算，是根据外围箍筋和局部箍筋之间的比例关系进行的。如图 4-20 所示，先讲一下“Pb”和“Ph”的意义。Pb 是指水平方向的纵向受力钢筋之间的空隙数。以后计算会用到它。同理，“Ph”是指竖直方向的纵向受力钢筋之间的空隙数。

如图 4-21 所示。“i”和“j”都是为以后计算局部箍筋做准备的。i 是一个横排纵向受力钢筋的总数，j 是一个竖排纵向受力钢筋的总数。右下角的那一根纵向受力钢筋，既属于横排纵向受力钢筋，又属于竖排纵向受力钢筋，是可以共用的。

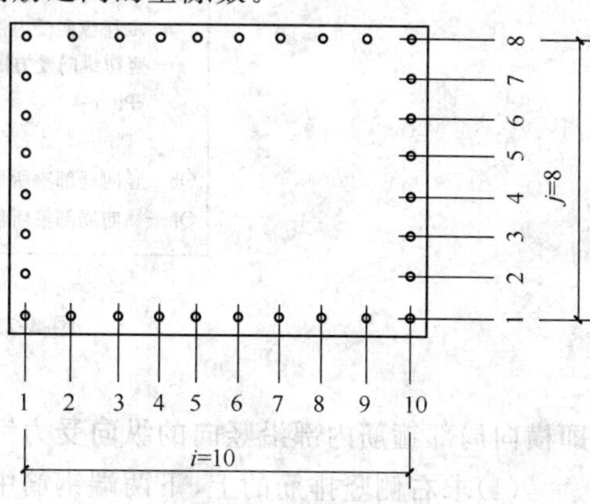

图 4-21　横向局部箍筋计算原理图

前面已经讲过，箍筋通常是标内皮尺寸的。局部箍筋的内皮尺寸如何计算呢？其前提是箍筋的间隔必须是均匀的。如横向局部箍筋计算原理图（图 4-21）所示。首先考虑竖排纵向受力钢筋的间隙数目 Ph，也即：

$$Ph = j - 1$$

再从图 4-22 中求出横向局部箍筋沿竖向的内皮尺寸。即先求

$$Qh = i - 1$$

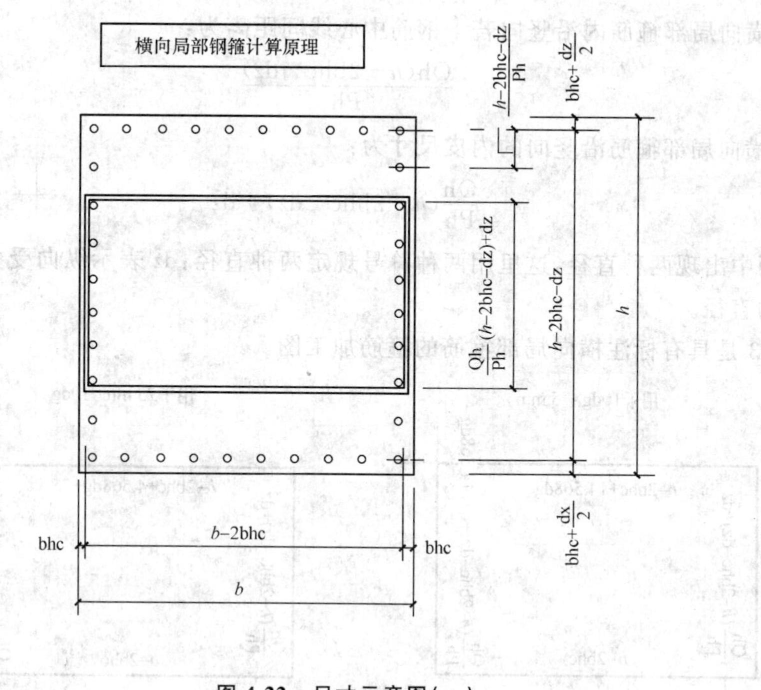

图 4-22　尺寸示意图（一）

符号注释

dz—纵向受力钢筋直径

dg—箍筋直径

Pb—截面横排纵向受力钢筋之间总空隙数

Ph—截面竖排纵向受力钢筋之间总空隙数

i—横排纵向受力钢筋数

j—竖排纵向受力钢筋数

Pb=i−1

Ph=j−1

Qb—竖向局部箍所包围横排纵向受力钢筋之间的空隙数

Qh—横向局部箍所包围竖排纵向受力钢筋之间的空隙数

图 4-22 尺寸示意图(二)

即横向局部箍筋内部沿竖向的纵向受力钢筋的间隙数目。接着,按下列步骤进行:

(1)求右侧竖排筋的上、下两端钢筋中心线间距离为:

$$h-2\text{bhc}-\text{dz}$$

(2)求相邻两筋中心线间距离为:

$$\frac{h-2\text{bhc}-\text{dz}}{\text{Ph}}$$

(3)求横向局部箍筋内沿竖向若干钢筋中心线间距离为:

$$\frac{\text{Qh}(h-2\text{bhc}-\text{dz})}{\text{Ph}}$$

(4)求横向局部箍筋沿竖向的内皮尺寸为:

$$\frac{\text{Qh}}{\text{Ph}}(h-2\text{bhc}-\text{dz})+\text{dz} \tag{4-30}$$

因为图中出现两种直径,这里用两种符号规定两种直径:dz 表示纵向受力钢筋的直径;dg 表示箍筋的直径。

图 4-23 是具有标注横向局部箍筋的箍筋加工图。

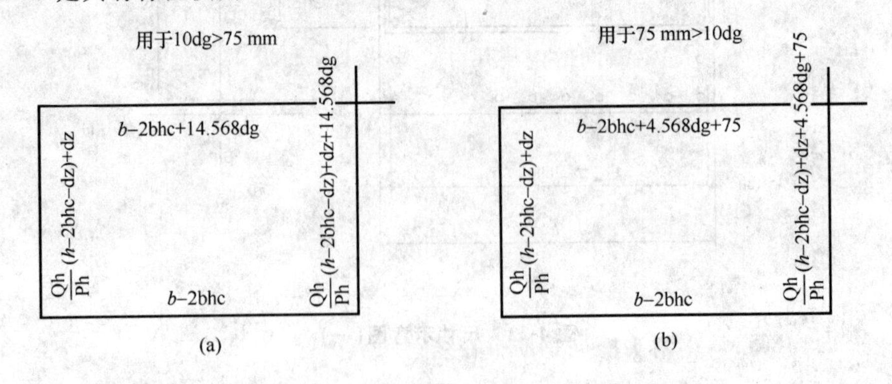

图 4-23 具有标注横向局部箍筋的箍筋加工图

三、竖向局部箍筋计算

上面说的横向局部箍筋，只是在柱中使用。而竖向局部箍筋，既可以在柱中使用，又可以在梁中使用。竖向局部箍筋的计算和横向局部箍筋计算的方法基本上是一样的。如图 4-17 的双竖向局部箍筋，有时用在梁中，它通常是不在柱中使用的。

1. 竖向局部箍筋计算原理

图 4-24 为竖向局部箍筋计算的原理图。

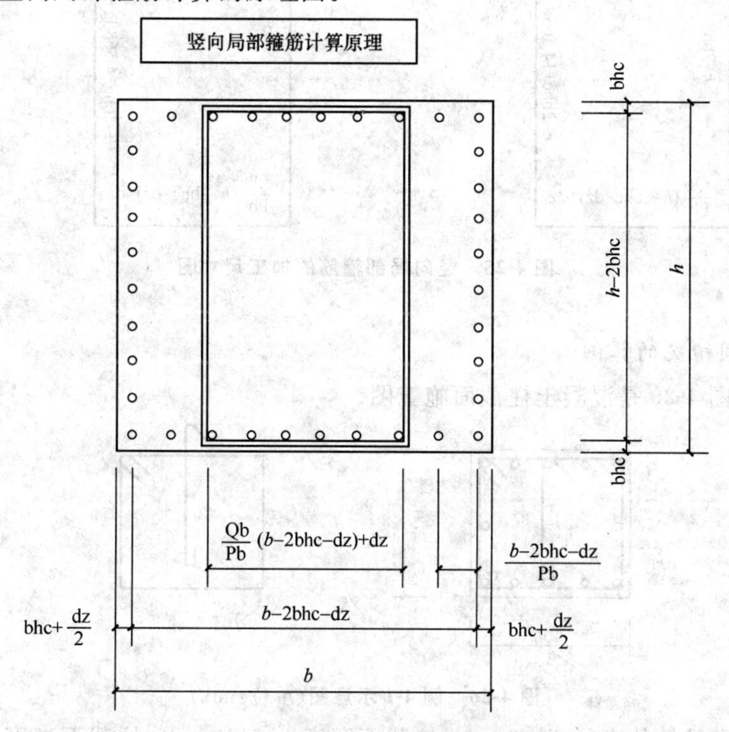

图 4-24　竖向局部箍筋计算的原理图

首先考虑一个横排纵向受力钢筋的间隙数目 Pb 等于多少？可以按 Pb＝$i-1$ 计算。再看图中如何求出竖向局部箍筋沿横向的内皮尺寸。先求 Qb，即竖向局部箍筋内部沿横向的纵向受力钢筋的间隙数目。接着，按下列步骤进行：

(1)求底部横排筋的左、右两筋中心线间距离为：

$$b-2\text{bhc}-\text{dz}$$

(2)求相邻两筋中心线间距离为：

$$\frac{b-2\text{bhc}-\text{dz}}{\text{Pb}}$$

(3)求竖向局部箍筋内两头横向钢筋中心线间距离为：

$$\frac{\text{Qb}(b-2\text{bhc}-\text{dz})}{\text{Pb}}$$

(4)求竖向局部箍筋沿横向的内皮尺寸为：

$$\frac{Qb}{Pb}(b-2bhc-dz)+dz$$

图 4-25 是竖向局部箍筋的加工尺寸图。

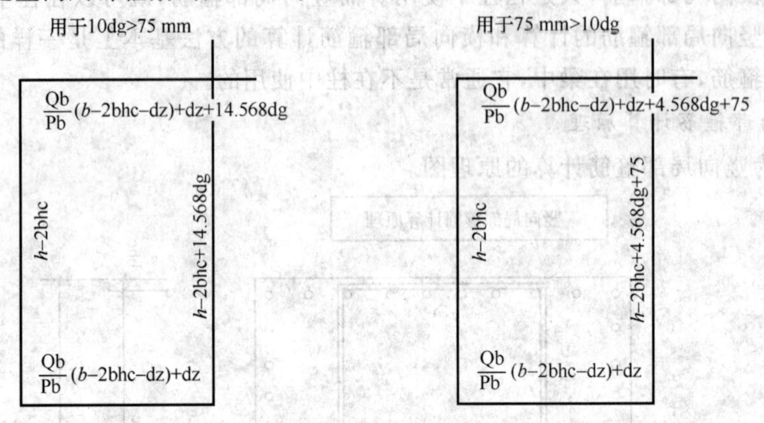

图 4-25 竖向局部箍筋的加工尺寸图

2. 各种不同情况的算例

【例 4-1】 图 4-26 是混凝土柱截面施工图。

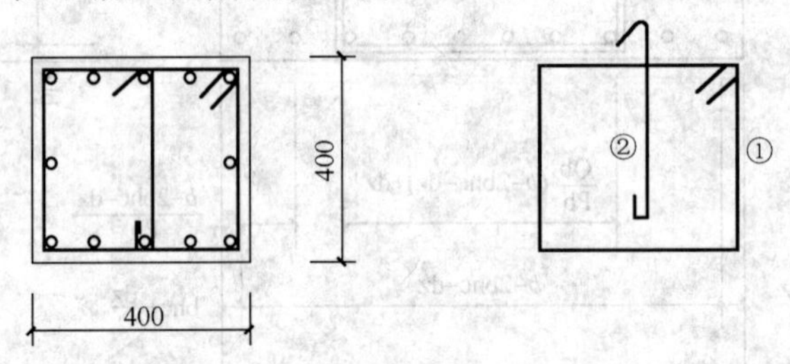

图 4-26 例 4-1 示意图(单位:mm)

已知:箍筋和拉筋的直径 $d=6$ mm;柱截面宽度 $b=400$ mm;柱截面高度 $h=400$ mm;箍筋端钩角度=135°;拉筋端钩角度=135°、180°各一;保护层 bhc=30 mm;箍筋和拉筋的弯曲半径 $R=2.5d$。

求 L_1、L_2、L_3、L_4 和下料长度。

解:

(1)计算箍筋①。

1)箍筋宽度内皮尺寸为:

$$L_1=h-2bhc=400-60=340(\text{mm})$$

2)箍筋高度内皮尺寸为:

$$L_2=b-2bhc=400-60=340(\text{mm})$$

3)箍筋右翼筋沿内皮尺寸展开长度为:

$$L_3=h-2bhc+4.568d+75=400-60+27.408+75\approx442(\text{mm})$$

4)箍筋上翼筋沿内皮尺寸展开长度为:

$$L_4=b-2bhc+4.568d+75=400-60+27.408+75\approx442(\text{mm})$$

5)箍筋下料长度为：

$$L_1+L_2+L_3+L_4-3\times0.288d=1564-5.184\approx1\,559(\text{mm})$$

(2)计算拉筋②。

1)拉筋外皮长度：

$L_1=h-2\text{bhc}+2d=400-60+12=352(\text{mm})$

$L_2=5.924d+75\approx111(\text{mm})$(180°钩部分，图 4-27)

$L_3=3.568d+75\approx96(\text{mm})$(135°钩部分，图 4-28)

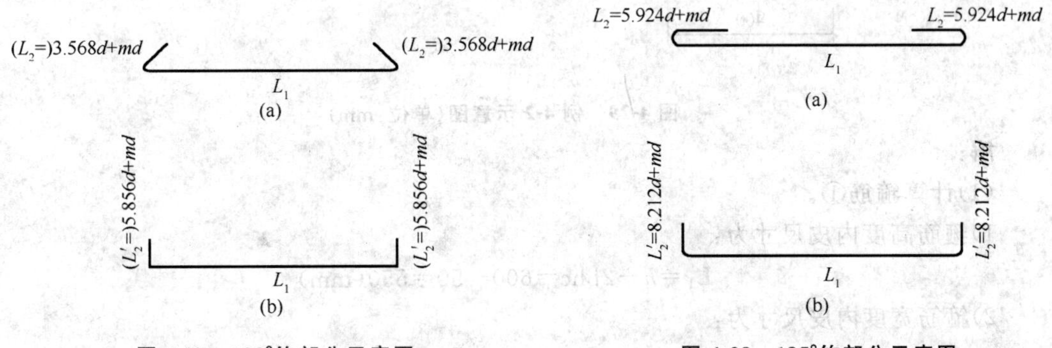

图 4-27 180°钩部分示意图　　图 4-28 135°钩部分示意图

表 4-4 钢筋材料明细表 (单位：mm)

钢筋编号	简图	规格	下料长度	数量
①	442；340；442；340	ϕ6	1 559	22 根
②	111；96；352	ϕ6	559	22 根

2)拉筋下料长度：

$$L_1+L_2+L_3=559(\text{mm})$$

把具有答案的简图，放入在表 4-4 中。

【例 4-2】 图 4-29 是混凝土梁截面施工图。

已知：梁截面有两个箍筋：①外围箍筋；②竖向局部箍筋。

还知道：箍筋的直径 $d=6$ mm；纵向受力钢筋的直径 dz=22 mm；梁截面宽度 $b=400$ mm；梁截面高度 $h=600$ mm；箍筋端钩角度=135°；保护层 bhc=25 mm；箍筋的弯曲半径 $R=2.5d$；$i=4$，Pb=$i-1=3$；Qb=1。

求两个箍筋各自的 L_1、L_2、L_3、L_4 和下料长度。

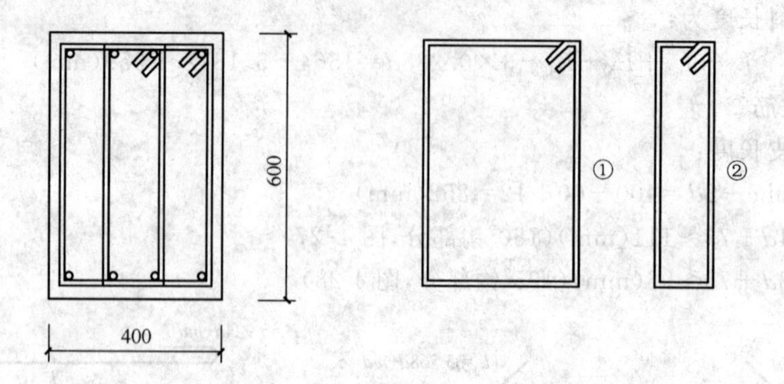

图 4-29 例 4-2 示意图(单位:mm)

解:

(1)计算箍筋①。

1)箍筋高度内皮尺寸为:

$$L_1 = h - 2\text{bhc} = 600 - 50 = 550(\text{mm})$$

2)箍筋宽度内皮尺寸为:

$$L_2 = b - 2\text{bhc} = 400 - 50 = 350(\text{mm})$$

3)箍筋右翼筋沿内皮尺寸展开长度为:

$$L_3 = h - 2\text{bhc} + 4.568d + 75 = 600 - 50 + 27.408 + 75 \approx 652(\text{mm})$$

4)箍筋上翼筋沿内皮尺寸展开长度为:

$$L_4 = b - 2\text{bhc} + 4.568d + 75 = 400 - 50 + 27.408 + 75 \approx 452(\text{mm})$$

5)箍筋下料长度为:

$$L_1 + L_2 + L_3 + L_4 - 3 \times 0.288d = 2004 - 5.184 \approx 1\ 999(\text{mm})$$

(2)计算竖向局部箍筋②。

1)箍筋高度内皮尺寸为:

$$L_1 = h - 2\text{bhc} = 600 - 50 = 550(\text{mm})$$

2)箍筋宽度内皮尺寸为:

$$L_2 = \frac{\text{Qb}}{\text{Pb}}(b - 2\text{bhc} - \text{dz}) + \text{dz} = \frac{1}{3}(400 - 50 - 22) + 22 \approx 131(\text{mm})$$

3)箍筋右翼筋沿内皮尺寸展开长度为:

$$L_3 = h - 2\text{bhc} + 4.568d + 75 = 600 - 50 + 27.408 + 75 \approx 652(\text{mm})$$

4)箍筋上翼筋沿内皮尺寸展开长度为:

$$L_4 = \frac{\text{Qb}}{\text{Pb}}(b - 2\text{bhc} - \text{dz}) + \text{dz} + 4.568d + 75 = \frac{1}{3}(400 - 50 - 22) + 22 + 27.408 + 75 \approx 234(\text{mm})$$

5)箍筋下料长度为:

$$L_1 + L_2 + L_3 + L_4 - 3 \times 0.288d = 550 + 131 + 652 + 234 - 5.184 = 1\ 562(\text{mm})$$

把具有答案的简图,放入在表 4-5 中。

表 4-5 钢筋材料明细表 （单位：mm）

钢筋编号	简图	规格	下料长度	数量
①	452 550 652 350	ϕ6	1 999	22 根
②	234 550 652 131	ϕ6	1 562	22 根

【例 4-3】 图 4-30 是混凝土梁截面施工图。

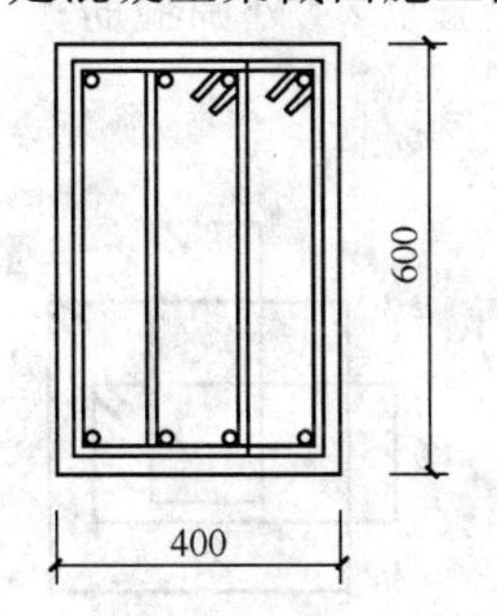

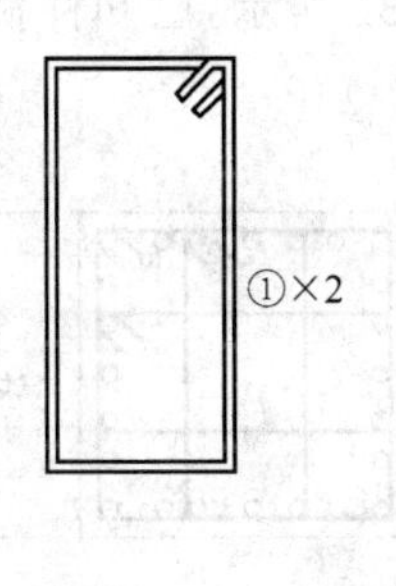

图 4-30 例 4-3 示意图（单位：mm）

已知：梁截面有两个箍筋，是形状和尺寸完全相同的竖向局部箍筋。

还知道：箍筋的直径 d=8 mm；纵向受力钢筋的直径 dz=22 mm；梁截面宽度 b=400 mm；梁截面高度 h=600 mm；箍筋端钩角度=135°；保护层 bhc=25 mm；箍筋的弯曲半径 R=2.5d；i=4；Pb=i−1=3；Qb=2。

因为两个箍筋是形状和尺寸完全相同的竖向局部箍筋，所以，求一个箍筋的 L_1、L_2、L_3、L_4 和下料长度就可以了。

解：

计算竖向局部箍筋①如下：

（1）箍筋高度内皮尺寸为：

$$L_1 = h - 2\text{bhc} = 600 - 50 = 550(\text{mm})$$

（2）箍筋宽度内皮尺寸为：

$$L_2 = \frac{\text{Qb}}{\text{Pb}}(b - 2\text{bhc} - \text{dz}) + \text{dz} = \frac{2}{3}(400 - 50 - 22) + 22 \approx 241(\text{mm})$$

（3）箍筋右翼筋沿内皮尺寸展开长度为：

$$L_3 = h - 2\text{bhc} + 14.568d = 600 - 50 + 116.544 \approx 667(\text{mm})$$

（4）箍筋上翼筋沿内皮尺寸展开长度为：

$$L_4 = \frac{\text{Qb}}{\text{Pb}}(b - 2\text{bhc} - \text{dz}) + \text{dz} + 14.568 \times 8 = \frac{2}{3}(400 - 50 - 22) + 22 + 116.544 \approx 358(\text{mm})$$

(5)箍筋下料长度为：

$$L_1+L_2+L_3+L_4-3\times0.288\times8=550+241+667+358-6.912\approx1\ 809(\text{mm})$$

把具有答案的简图，放入在表 4-6 中。

表 4-6　钢筋材料明细表　　　　(单位：mm)

钢筋编号	简图	规格	下料长度	数量
①	358 550 667 241	$\phi8$	1 809	44 根

【例 4-4】 如图 4-31 所示，已知柱截面有三个箍筋：①外围箍筋；②竖向局部箍筋；③横向局部箍筋。

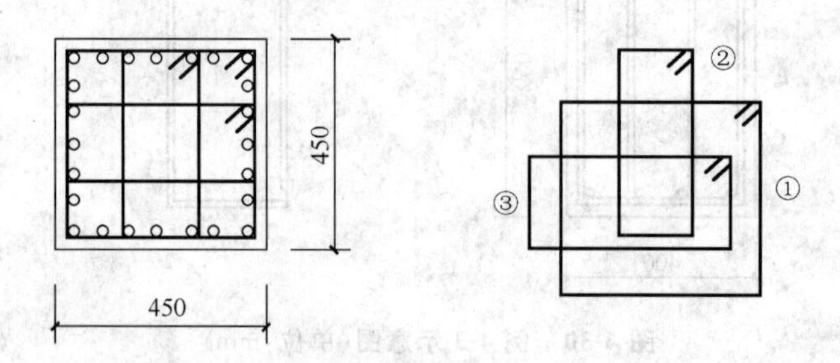

图 4-31　例 4-4 示意图(单位：mm)

还知道：箍筋的直径 $d=6$ mm；纵向受力钢筋的直径 dz=22 mm；柱截面宽度 $b=450$ mm；柱截面高度 $h=450$ mm；箍筋端钩角度=135°；保护层 bhc=30 mm；箍筋的弯曲半径 $R=2.5d$；$i=7$；$j=7$；$Pb=i-1=6$；$Ph=j-1=6$；$Qb=2$；$Qh=2$。

求三个箍筋各自的 L_1、L_2、L_3、L_4 和下料长度。

解：

(1)计算箍筋①。

1)箍筋高度内皮尺寸为：

$$L_1=h-2\text{bhc}=450-60=390(\text{mm})$$

2)箍筋宽度内皮尺寸为：

$$L_2=b-2\text{bhc}=450-60=390(\text{mm})$$

3)箍筋右翼筋沿内皮尺寸展开长度为：

$$L_3=h-2\text{bhc}+4.568d+75=450-60+27.408+75\approx492(\text{mm})$$

4)箍筋上翼筋沿内皮尺寸展开长度为：

$$L_4=b-2\text{bhc}+4.568d+75=450-60+27.408+75\approx492(\text{mm})$$

5)箍筋下料长度为：

$$L_1+L_2+L_3+L_4-3\times0.288d=1\ 764-5.184\approx1\ 759(\text{mm})$$

(2)计算竖向局部箍筋②。

1)箍筋高度内皮尺寸为：

$$L_1 = h - 2\text{bhc} = 450 - 60 = 390(\text{mm})$$

2)箍筋宽度内皮尺寸为：

$$L_2 = \frac{\text{Qb}}{\text{Pb}}(b - 2\text{bhc} - \text{dz}) + \text{dz} = \frac{2}{6}(450 - 60 - 22) + 22 \approx 145(\text{mm})$$

3)箍筋右翼筋沿内皮尺寸展开长度为：

$$L_3 = h - 2\text{bhc} + 4.568d + 75 = 450 - 60 + 102.408 \approx 492(\text{mm})$$

4)箍筋上翼筋沿内皮尺寸展开长度为：

$$L_4 = \frac{\text{Qb}}{\text{Pb}}(b - 2\text{bhc} - \text{dz}) + \text{dz} + 4.568 \times 6 + 75 = \frac{2}{6}(450 - 60 - 22) + 22 + 102.408 \approx 247(\text{mm})$$

5)箍筋下料长度为：

$$L_1 + L_2 + L_3 + L_4 - 3 \times 0.288 \times 6 = 390 + 145 + 492 + 247 - 5.184 \approx 1\,269(\text{mm})$$

(3)计算横向局部箍筋③。

1)箍筋高度内皮尺寸为：

$$L_1 = \frac{\text{Qh}}{\text{Ph}}(h - 2\text{bhc} - \text{dz}) + \text{dz} = \frac{2}{6}(450 - 60 - 22) + 22 = 145(\text{mm})$$

2)箍筋宽度内皮尺寸为：

$$L_2 = b - 2\text{bhc} = 450 - 60 \approx 390(\text{mm})$$

3)箍筋右翼筋沿内皮尺寸展开长度为：

$$L_3 = \frac{\text{Qh}}{\text{Ph}}(h - 2\text{bhc} - \text{dz}) + \text{dz} + 4.568d + 75 = \frac{2}{6}(450 - 60 - 22) + 22 + 102.408 \approx 247(\text{mm})$$

4)箍筋上翼筋沿内皮尺寸展开长度为：

$$L_4 = b - 2\text{bhc} + 4.568 \times 6 + 75 = 450 - 60 + 102.408 \approx 492(\text{mm})$$

5)箍筋下料长度为：

$$L_1 + L_2 + L_3 + L_4 - 3 \times 0.288 \times 6 = 145 + 390 + 247 + 492 - 5.184 \approx 1\,269(\text{mm})$$

把具有答案的简图，放入在表 4-7 中。

表 4-7 钢筋材料明细表 （单位：mm）

钢筋编号	简图	规格	下料长度	数量
①	492 390 492 390	ϕ6	1 759	44 根
②	247 390 492 145	ϕ6	1 269	44 根
③	492 145 247 390	ϕ6	1 269	44 根

【例 4-5】 已知如图 4-32 所示，柱截面有三个箍筋：①外围箍筋；②竖向局部箍筋；③横向局部箍筋。

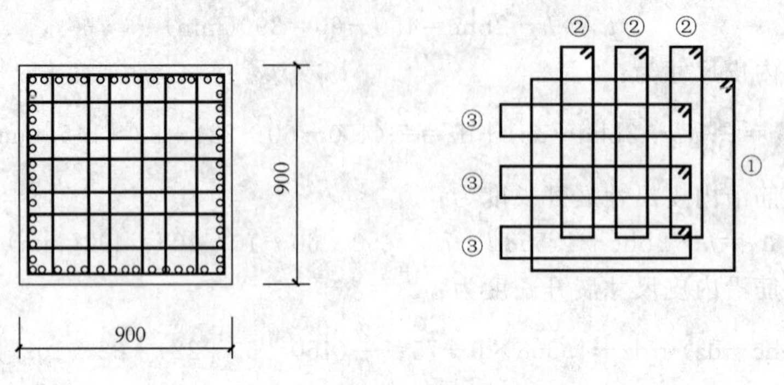

图 4-32 例 4-5 示意图(单位：mm)

还知道：箍筋的直径 $d=10$ mm；纵向受力钢筋的直径 dz=22 mm；柱截面宽度 $b=900$ mm；柱截面高度 $h=900$ mm；箍筋端钩角度=135°；保护层 bhc=30 mm；箍筋的弯曲半径 $R=2.5d$；$i=15$；$j=15$；$\mathrm{Pb}=i-1=14$；$\mathrm{Ph}=j-1=14$；Qb=2；Qh=2。

求三个箍筋各自的 L_1、L_2、L_3、L_4 和下料长度。

解：

(1)计算箍筋①。

1)箍筋高度内皮尺寸为：

$$L_1=h-2\mathrm{bhc}=900-60=840(\mathrm{mm})$$

2)箍筋宽度内皮尺寸为：

$$L_2=b-2\mathrm{bhc}=900-60=840(\mathrm{mm})$$

3)箍筋右翼筋沿内皮尺寸展开长度为：

$$L_3=h-2\mathrm{bhc}+14.568d=900-60+14.568\times10\approx986(\mathrm{mm})$$

4)箍筋上翼筋沿内皮尺寸展开长度为：

$$L_4=b-2\mathrm{bhc}+14.568d=900-60+14.568\times10\approx986(\mathrm{mm})$$

5)箍筋下料长度为：

$$L_1+L_2+L_3+L_4-3\times0.288d=840+840+986+986-8.64\approx3\,643(\mathrm{mm})$$

(2)计算竖向局部箍筋②。

1)箍筋高度内皮尺寸为：

$$L_1=h-2\mathrm{bhc}=900-60=840(\mathrm{mm})$$

2)箍筋宽度内皮尺寸为：

$$L_2=\frac{\mathrm{Qb}}{\mathrm{Pb}}(b-2\mathrm{bhc}-\mathrm{dz})+\mathrm{dz}=\frac{2}{14}(900-60-22)+22\approx139(\mathrm{mm})$$

3)箍筋右翼筋沿内皮尺寸展开长度为：

$$L_3=h-2\mathrm{bhc}+14.568d=900-60+14.568\times10\approx986(\mathrm{mm})$$

4)箍筋上翼筋沿内皮尺寸展开长度为：

$$L_4=\frac{\mathrm{Qb}}{\mathrm{Pb}}(b-2\mathrm{bhc}-\mathrm{dz})+\mathrm{dz}+14.568\times10=\frac{2}{14}(900-60-22)+22+145.68\approx285(\mathrm{mm})$$

5)箍筋下料长度为：

$$L_1+L_2+L_3+L_4-3\times 0.288\times 10=840+139+986+285-8.64\approx 2\ 241(\mathrm{mm})$$

(3)计算横向局部箍筋③。

1)箍筋高度内皮尺寸为：

$$L_1=\frac{\mathrm{Qh}}{\mathrm{Ph}}(h-2\mathrm{bhc}-\mathrm{dz})+\mathrm{dz}=\frac{2}{14}(900-60-22)+22=139(\mathrm{mm})$$

2)箍筋宽度内皮尺寸为：

$$L_2=b-2\mathrm{bhc}=900-60\approx 840$$

3)箍筋右翼筋沿内皮尺寸展开长度为：

$$L_3=\frac{\mathrm{Qh}}{\mathrm{Ph}}(h-2\mathrm{bhc}-\mathrm{dz})+\mathrm{dz}+14.568d=\frac{2}{14}(900-60-22)+22+145.68\approx 285(\mathrm{mm})$$

4)箍筋上翼筋沿内皮尺寸展开长度为：

$$L_4=b-2\mathrm{bhc}+14.568\times 10=900-60+145.68\approx 986(\mathrm{mm})$$

5)箍筋下料长度为

$$L_1+L_2+L_3+L_4-3\times 0.288\times 10=139+840+285+986-8.64\approx 2\ 241(\mathrm{mm})$$

把具有答案的简图，放入在表 4-8 中。

表 4-8 钢筋材料明细表 (单位:mm)

钢筋编号	简图	规格	下料长度	数量
①	986 840 986 840	ϕ10	3 643	44 根
②	285 840 986 139	ϕ10	2 241	44 根
③	139 986 285 840	ϕ10	2 241	44 根

第三节　变截面构件箍筋

一、变截面悬挑梁箍筋

如图 4-33 所示，悬挑梁距柱 50 mm 开始设置箍筋，一直到距梁端 50 mm＋b_1 处为止。

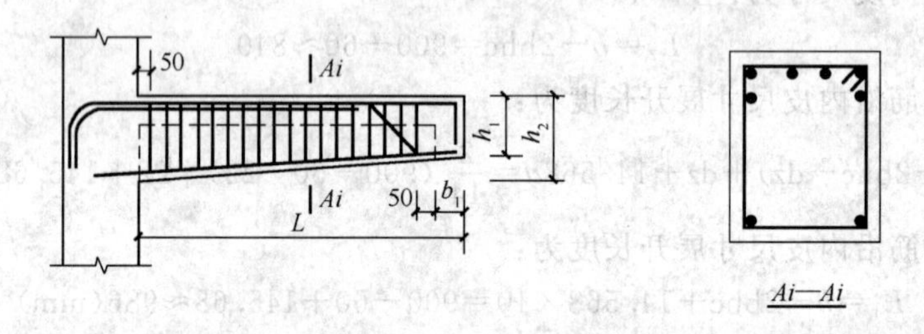

图 4-33　悬挑梁变截面构件钢筋（单位：mm）

某一个构件沿长度方向，截面尺寸发生变化，如图 4-34 所示，一个比一个小。处于不同的截面的箍筋，高度尺寸是不一样的。例如，构筑物钢筋混凝土烟囱和球面，以及回转面薄壳体，当沿其回转轴线移动，并垂直其回转轴截断时，可以获得若干大小不同的圆形截面。当在工程中，遇到构件沿长度方向，截面尺寸发生变化时，就必须根据箍筋的间距和配置范围，一个一个地算出它们的加工尺寸和下料尺寸。

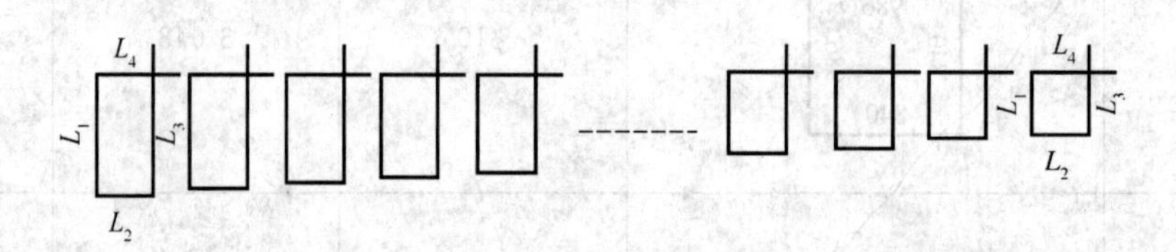

图 4-34　截面尺寸发生变化示意图

二、悬挑梁箍筋的计算

要计算图 4-33 所示的一系列不同尺寸的箍筋，首先要知道第一个箍筋的位置是位于距梁根部分 50 mm 的地方。

1. 变截面构件箍筋尺寸变化规律

把图 4-33 和图 4-34 结合起来看箍筋尺寸有如下变化特点：

(1)每个箍筋宽度，都是一样的，只是高度不同。

相邻两个箍筋的高度差，就是 AC 两点间的距离。也就是说，所有相邻两个箍筋的高度差大小都等于 AC(图 4-35)；

(2)从图 4-35 中可以看出，∠ABC＝$\alpha°$，因为∠ABC 是 $\alpha°$的同位角；

(3)这样一来，AB×tan $\alpha°$值，就是相邻两个箍筋的高度差。

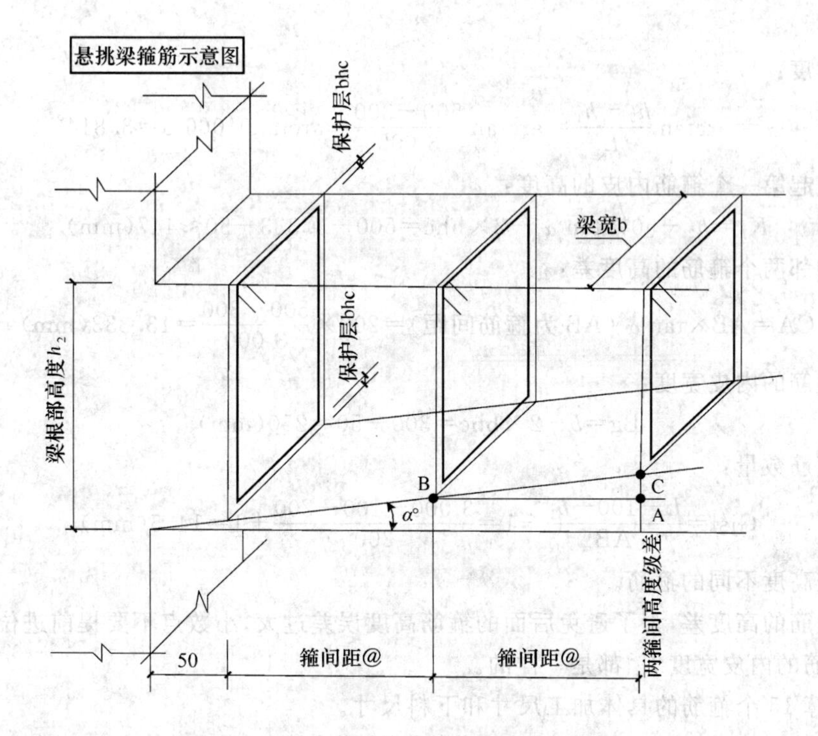

图 4-35　变截面构件箍筋尺寸变化规律

2. 计算步骤

(1)求角度：

$$\alpha^{\circ}=\arctan\frac{h_2-h_1}{L} \tag{4-31}$$

(2)求左起第一个箍筋所在截面的高度：

$$h_3=h_2-50\times\tan\alpha^{\circ} \tag{4-32}$$

(3)求左起第一个箍筋的高度：

$$K_1=h_2-50\times\tan\alpha^{\circ}-2\times \text{bhc} \tag{4-33}$$

(4)求相邻两个箍筋的高度差：

$$\text{CA}=\text{AB}\times\tan\alpha^{\circ}(\text{AB 为箍筋间距}) \tag{4-34}$$

(5)求箍筋的内皮宽度：

$$\text{Bg}=b-2\times \text{bhc} \tag{4-35}$$

(6)求箍筋数量：

$$\text{Gjsl}=\frac{L-100-b_1}{\text{AB}}+1 \tag{4-36}$$

【例 4-6】　如图 4-33 所示，已知：悬挑梁的外伸臂长度 $L=3\,000$ mm；梁宽 $b=300$ mm；梁根部高度 $h_2=500$ mm；梁端部高度 $h_1=300$ mm；箍筋直径 $d=6$ mm；$b_1=200$ mm；箍筋间距@＝AB＝200 mm；保护层 bhc＝25 mm；箍筋加工弯曲半径 $R=2.5d$。

解：

(1)求角度：

$$\alpha^\circ=\arctan\frac{h_2-h_1}{L}=\arctan\frac{500-300}{3\,000}\approx\arctan 0.066\,6=3.814^\circ$$

(2)求左起第一个箍筋内皮的高度：

$$K_1=h_2-50\times\tan\alpha^\circ-2\times\mathrm{bhc}=500-3.333-50\approx447(\mathrm{mm})$$

(3)求相邻两个箍筋的高度差：

$$\mathrm{CA}=\mathrm{AB}\times\tan\alpha^\circ(\mathrm{AB}\text{为箍筋间距})=200\times\frac{500-300}{3\,000}=13.333(\mathrm{mm})$$

(4)求箍筋的内皮宽度：

$$\mathrm{Bg}=b-2\times\mathrm{bhc}=300-50=250(\mathrm{mm})$$

(5)求箍筋数量：

$$\mathrm{Gjsl}=\frac{L-100-b_1}{\mathrm{AB}}+1=\frac{3\,000-100-200}{200}+1=14.5(\mathrm{mm})$$

取 15 个高度不同的箍筋。

注意，箍筋的高度差，为了避免后面的箍筋高度误差过大，小数点不要提前进位。

所有箍筋的内皮宽度 L_2 都是一样的。

下面计算 15 个箍筋的具体加工尺寸和下料尺寸。

①号箍筋：

$L_1=447(\mathrm{mm})$

$L_2=250(\mathrm{mm})$

$L_3=h-2\mathrm{bhc}+4.568d+75$ （h 代表箍筋所在截面高度）

$=h_2-50\times\tan\alpha^\circ-2\mathrm{bhc}+4.568d+75$ （$h=h_2-50\times\tan\alpha^\circ$）

$=500-3.333-50+27.408+75$

$\approx549(\mathrm{mm})$

$L_4=b-2\mathrm{bhc}+4.568d+75$

$=300-50+27.408+75$

$\approx352(\mathrm{mm})$

下料长度为

$447+250+549+352-3\times0.288\times6\approx1\,593(\mathrm{mm})$

②号箍筋：

$L_1=447-13$ （13.333 取 13，以保证高度）

$=434(\mathrm{mm})$

$L_2=250(\mathrm{mm})$

$L_3=h-2\mathrm{bhc}+4.568d+75-13$

$=h_2-50\times\tan\alpha^\circ-2\mathrm{bhc}+4.568d+75-13$

$=500-3.333-50+27.408+75-13$

$\approx536(\mathrm{mm})$

$L_4 = b - 2\text{bhc} + 4.568d + 75$
$= 300 - 50 + 27.408 + 75$
$\approx 352(\text{mm})$

下料长度为

$434 + 250 + 536 + 352 - 3 \times 0.288 \times 6 \approx 1\,567(\text{mm})$

③号箍筋：

$L_1 = 447 - 26$ $(13.333 \times 2 = 26.666$ 取 $26)$
$= 421(\text{mm})$

$L_2 = 250(\text{mm})$

$L_3 = h - 2\text{bhc} + 4.568d + 75 - 26$
$= h_2 - 50 \times \tan\alpha° - 2\text{bhc} + 4.568d + 75 - 26$
$= 500 - 3.333 - 50 + 27.408 + 75 - 26$
$\approx 523(\text{mm})$

$L_4 = b - 2\text{bhc} + 4.568d + 75$
$= 300 - 50 + 27.408 + 75$
$\approx 352(\text{mm})$

下料长度为

$421 + 250 + 523 + 352 - 3 \times 0.288 \times 6 \approx 1\,541(\text{mm})$

④号箍筋：

$L_1 = 447 - 40$ $(13.333 \times 3 = 39.999$，取 $40)$
$= 407(\text{mm})$

$L_2 = 250(\text{mm})$

$L_3 = h - 2\text{bhc} + 4.568d + 75 - 40$
$= h_2 - 50 \times \tan\alpha° - 2\text{bhc} + 4.568d + 75 - 40$
$= 500 - 3.333 - 50 + 27.408 + 75 - 40$
$\approx 509(\text{mm})$

$L_4 = b - 2\text{bhc} + 4.568d + 75$
$= 300 - 50 + 27.408 + 75$
$\approx 352(\text{mm})$

下料长度为

$407 + 250 + 509 + 352 - 3 \times 0.288 \times 6 \approx 1\,513(\text{mm})$

⑤号箍筋：

$L_1 = 447 - 53$ $(13.333 \times 4 = 53.333$，取 $53)$
$= 394(\text{mm})$

$L_2 = 250(\text{mm})$

$L_3 = h - 2\text{bhc} + 4.568d + 75 - 53$
$= h_2 - 50 \times \tan\alpha° - 2\text{bhc} + 4.568d + 75 - 53$
$= 500 - 3.333 - 50 + 27.408 + 75 - 53$
$\approx 496(\text{mm})$

$L_4=b-2\text{bhc}+4.568d+75$

$=300-50+27.408+75$

$\approx352(\text{mm})$

下料长度为

$394+250+496+352-3\times0.288\times6\approx1\,487(\text{mm})$

⑥号箍筋：

$L_1=447-66$ (13.333×5=66.665,取 66)

$=381(\text{mm})$

$L_2=250(\text{mm})$

$L_3=h-2\text{bhc}+4.568d+75-66$

$=h_2-50\times\tan\alpha°-2\text{bhc}+4.568d+75-66$

$=500-3.333-50+27.408+75-66$

$\approx483(\text{mm})$

$L_4=b-2\text{bhc}+4.568d+75$

$=300-50+27.408+75$

$\approx352(\text{mm})$

下料长度为

$381+250+483+352-3\times0.288\times6\approx1\,461(\text{mm})$

⑦号箍筋：

$L_1=447-80$ (13.333×6=79.98,取 80)

$=367(\text{mm})$

$L_2=250(\text{mm})$

$L_3=h-2\text{bhc}+4.568d+75-80$

$=h_2-50\times\tan\alpha°-2\text{bhc}+4.568d+75-80$

$=500-3.333-50+27.408+75-80$

$\approx469(\text{mm})$

$L_4=b-2\text{bhc}+4.568d+75$

$=300-50+27.408+75$

$\approx352(\text{mm})$

下料长度为

$367+250+469+352-3\times0.288\times6\approx1\,433(\text{mm})$

⑧号箍筋：

$L_1=447-93$ (13.333×7=93.331,取 93)

$=354(\text{mm})$

$L_2=250(\text{mm})$

$L_3=h-2\text{bhc}+4.568d+75-93$

$=h_2-50\times\tan\alpha°-2\text{bhc}+4.568d+75-93$

$=500-3.333-50+27.408+75-93$

$\approx456(\text{mm})$

$L_4=b-2bhc+4.568d+75$

$=300-50+27.408+75$

$\approx 352(mm)$

下料长度为

$354+250+456+352-3\times 0.288\times 6\approx 1\,407(mm)$

⑨号箍筋：

$L_1=447-106$ (13.333×8=106.664,取 106)

$=341(mm)$

$L_2=250(mm)$

$L_3=h-2bhc+4.568d+75-106$

$=h_2-50\times \tan\alpha°-2bhc+4.568d+75-106$

$=500-3.333-50+27.408+75-106$

$\approx 443(mm)$

$L_4=b-2bhc+4.568d+75$

$=300-50+27.408+75$

$\approx 352(mm)$

下料长度为

$341+250+443+352-3\times 0.288\times 6\approx 1381$

⑩号箍筋：

$L_1=447-120$ (13.333×9=119.997,取 120)

$=327(mm)$

$L_2=250(mm)$

$L_3=h-2bhc+4.568d+75-120$

$=h_2-50\times \tan\alpha°-2bhc+4.568d+75-120$

$=500-3.333-50+27.408+75-120$

$\approx 429(mm)$

$L_4=b-2bhc+4.568d+75$

$=300-50+27.408+75$

$\approx 352(mm)$

下料长度为

$327+250+429+352-3\times 0.288\times 6\approx 1353$

⑪号箍筋：

$L_1=447-133$ (13.333×10=133.33,取 133)

$=314(mm)$

$L_2=250(mm)$

$L_3=h-2bhc+4.568d+75-133$

$=h_2-50\times \tan\alpha°-2bhc+4.568d+75-133$

$=500-3.333-50+27.408+75-133$

$\approx 416(mm)$

$L_4 = b - 2\text{bhc} + 4.568d + 75$

$= 300 - 50 + 27.408 + 75$

$\approx 352(\text{mm})$

下料长度为

$314 + 250 + 416 + 352 - 3 \times 0.288 \times 6 \approx 1\ 327(\text{mm})$

⑫号箍筋：

$L_1 = 447 - 146$ (13.333×11=146.663，取 146)

$= 301(\text{mm})$

$L_2 = 250(\text{mm})$

$L_3 = h - 2\text{bhc} + 4.568d + 75 - 146$

$= h_2 - 50 \times \tan\alpha° - 2\text{bhc} + 4.568d + 75 - 146$

$= 500 - 3.333 - 50 + 27.408 + 75 - 146$

$\approx 403(\text{mm})$

$L_4 = b - 2\text{bhc} + 4.568d + 75$

$= 300 - 50 + 27.408 + 75$

$\approx 352(\text{mm})$

下料长度为

$301 + 250 + 403 + 352 - 3 \times 0.288 \times 6 \approx 1\ 301(\text{mm})$

⑬号箍筋：

$L_1 = 447 - 160$ (13.333×12=159.996，取 160)

$= 287(\text{mm})$

$L_2 = 250(\text{mm})$

$L_3 = h - 2\text{bhc} + 4.568d + 75 - 160$

$= h_2 - 50 \times \tan\alpha° - 2\text{bhc} + 4.568d + 75 - 160$

$= 500 - 3.333 - 50 + 27.408 + 75 - 160$

$\approx 389(\text{mm})$

$L_4 = b - 2\text{bhc} + 4.568d + 75$

$= 300 - 50 + 27.408 + 75$

$\approx 352(\text{mm})$

下料长度为

$287 + 250 + 389 + 352 - 3 \times 0.288 \times 6 \approx 1\ 272(\text{mm})$

⑭号箍筋：

$L_1 = 447 - 173$ (13.333×13=173.329，取 173)

$= 274(\text{mm})$

$L_2 = 250(\text{mm})$

$L_3 = h - 2\text{bhc} + 4.568d + 75 - 173$

$= h_2 - 50 \times \tan\alpha° - 2\text{bhc} + 4.568d + 75 - 173$

$= 500 - 3.333 - 50 + 27.408 + 75 - 173$

$\approx 376(\text{mm})$

$L_4 = b - 2\text{bhc} + 4.568d + 75$

$= 300 - 50 + 27.408 + 75$

$\approx 352(\text{mm})$

下料长度为

$274 + 250 + 376 + 352 - 3 \times 0.288 \times 6 \approx 1\ 246(\text{mm})$

⑮号箍筋：

$L_1 = 447 - 186$ （$13.333 \times 14 = 186.662$，取 186）

$= 261(\text{mm})$

$L_2 = 250(\text{mm})$

$L_3 = h - 2\text{bhc} + 4.568d + 75 - 186$

$= h_2 - 50 \times \tan\alpha° - 2\text{bhc} + 4.568d + 75 - 186$

$= 500 - 3.333 - 50 + 27.408 + 75 - 186$

$\approx 363(\text{mm})$

$L_4 = b - 2\text{bhc} + 4.568d + 75$

$= 300 - 50 + 27.408 + 75$

$\approx 352(\text{mm})$

下料长度为

$261 + 250 + 363 + 352 - 3 \times 0.288 \times 6 \approx 1\ 208(\text{mm})$

验算：

这里只验算⑮号箍筋的 L_1 就可以了。

$L_1 = h_2 - [(L - 50 - b_1) \times \tan\alpha°] - 2\text{bhc}$

$= 500 - [(3\ 000 - 50 - 200) \times \tan 3.814°] - 50$

$\approx 500 - 2\ 750 \times 0.066\ 6 - 50$

$\approx 267(\text{mm})$

⑮号箍筋的 $L_1 \approx 261$，误差为 6 mm（小数舍入所致）。

把具有答案的简图，放入在表 4-9 中。

表 4-9 悬挑梁变截面箍筋材料明细表

钢筋编号	简图(mm)	规格	下料长度(mm)	数量
①	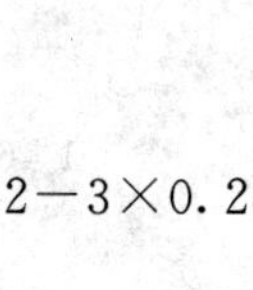 352 447 549 250	$\phi6$	1 593	5
②	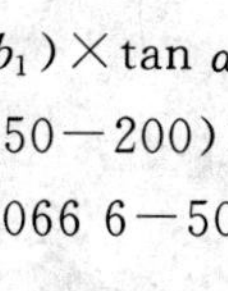 352 434 536 250	$\phi6$	1 567	5

（续表）

钢筋编号	简图(mm)	规格	下料长度(mm)	数量
③	352 421 523 250	$\phi6$	1 541	5
④	352 407 509 250	$\phi6$	1 513	5
⑤	352 394 496 250	$\phi6$	1 487	5
⑥	352 381 483 250	$\phi6$	1 461	5
⑦	352 367 469 250	$\phi6$	1 433	5
⑧	352 354 456 250	$\phi6$	1 407	5
⑨	352 341 443 250	$\phi6$	1 381	5
⑩	352 327 429 250	$\phi6$	1 353	5

（续表）

钢筋编号	简图(mm)	规格	下料长度(mm)	数量
⑪	352; 314; 416; 250	ϕ6	1 327	5
⑫	352; 301; 403; 250	ϕ6	1 301	5
⑬	352; 287; 389; 250	ϕ6	1 272	5
⑭	352; 274; 376; 250	ϕ6	1 246	5
⑮	352; 261; 363; 250	ϕ6	1 221	5

三、变截面加腋梁箍筋

图 4-36 是边跨加腋梁的节点图，其中上部有纵向受力筋、左上部角负筋、腋下部斜筋和梁下部纵筋，另外，还有箍筋。这里主要是讲腋间的变截面中的箍筋。距柱 50 mm 处，设置的变截面箍筋是最高的一个。腋底边缘的坡度，是由 C_1 和 C_2 来决定的。跨中梁的高度定为 h。

图 4-37 是位于中间支座处，两侧都是加腋梁的对称节点。就其箍筋的数量而言，如果 h、C_1 和 C_2 都一样，就是边跨加腋梁箍筋的两倍。计算的思路，和边跨加腋梁箍筋是一样的。

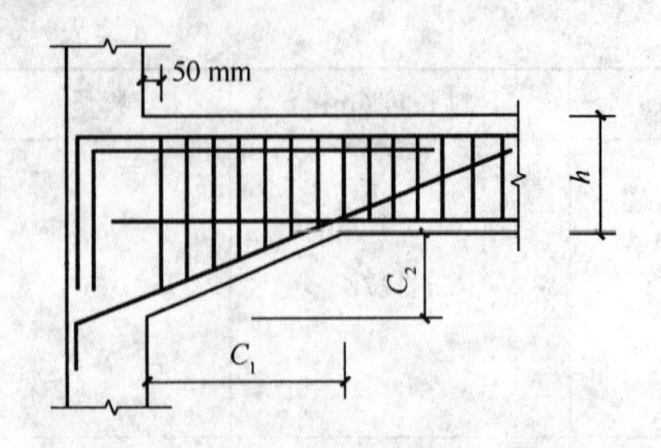

图 4-36　边跨加腋梁的节点图

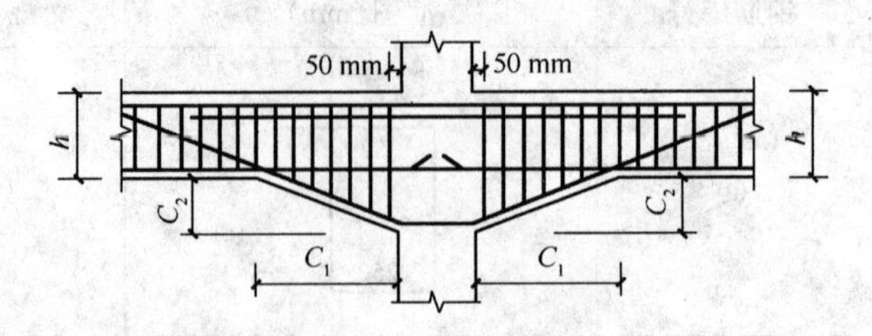

图 4-37　位于中间支座处

计算步骤：

(1)求角度：

$$\alpha^\circ=\arctan\frac{C_2}{C_1} \tag{4-37}$$

(2)求从贴近柱子起的第一个箍筋所在截面的高度：

$$h_3=h+C_2-50\times\tan\alpha^\circ \tag{4-38}$$

(3)求从贴近柱子起的第一个箍筋的高度：

$$h_1=h+C_2-50\times\tan\alpha^\circ-2\times \text{bhc} \tag{4-39}$$

(4)求相邻两个箍筋的高度差：

$$\text{CA}=\text{AB}\times\tan\alpha^\circ(\text{AB 为箍筋间距}) \tag{4-40}$$

(5)求箍筋的内皮宽度：

$$\text{Bg}=b-2\times \text{bhc} \tag{4-41}$$

(6)求箍筋数量：

$$\text{Gjsl}=\frac{C_1-50}{\text{AB}}+1 \tag{4-42}$$

【例 4-7】　由图 4-37 可知：梁高度 $h=500$ mm；梁宽 $b=300$ mm；腋长度 $C_1=1\ 000$ mm；腋高度 $C_2=500$ mm；箍筋 $d=6$ mm；箍筋间距 @＝AB＝200 mm；保护层 bhc＝25 mm；箍筋加工弯曲半径 $R=2.5d$。

解：

(1)求角度 $\alpha^\circ=\arctan\frac{C_2}{C_1}$

$$=\arctan\frac{500}{1\ 000}$$

$$=\arctan0.5$$

$$=26.565^\circ$$

(2)求从贴近柱子起的第一个箍筋所在截面的高度：

$$h_3=h+C_2-50\times\tan 26.565^\circ$$

$$=500+500-50\times0.5$$

$$=975(\text{mm})$$

(3)求从贴近柱子起第一个箍筋内皮的高度：

$h_1 = h + C_2 - 50 \times \tan 26.565° - 2 \times \text{bhc}$

$= 500 + 500 - 50 \times 0.5 - 50$

$= 925(\text{mm})$

(4)求相邻两个箍筋的高度差：

$\text{CA} = \text{AB} \times \tan \alpha°$（AB 为箍筋间距）

$= 200 \times 0.5$

$= 100(\text{mm})$

(5)求箍筋的内皮宽度：

$\text{Bg} = b - 2 \times \text{bhc}$

$= 300 - 50$

$= 250(\text{mm})$

(6)求箍筋数量：

$$\text{Gjsl} = \frac{C_1 - 50}{\text{AB}} + 1$$

$$= \frac{1\,000 - 50}{200} + 1$$

$= 4.75 + 1$

$= 5.75$(根)

取箍筋数量为 5，不能取 6。因为取 6 将会出现算出的箍高小于等截面中的箍高。

现在按边跨加腋梁箍筋计算①、②、③、④和⑤的加工与下料尺寸。

①号箍筋：

$L_1 = h + C_2 - 50 \times \tan 26.565° - 2 \times \text{bhc}$

$= 500 + 500 - 50 \times 0.5 - 50$

$= 925(\text{mm})$

$L_2 = b - 2 \times \text{bhc}$

$= 300 - 50$

$= 250(\text{mm})$

$L_3 = L_1 + 4.568d + 75$

$= 925 + 4.568d + 75$

$= 925 + 27.408 + 75$

$\approx 1\,027(\text{mm})$

$L_4 = 250 + 4.568d + 75$

$= 250 + 27.408 + 75$

$\approx 352(\text{mm})$

下料长度为

$925 + 250 + 1\,027 + 352 - 3 \times 0.288 \times 6 \approx 2\,549(\text{mm})$

由于相邻两箍筋的高度差为 100，计算②号箍筋时，只需 L_1、L_3 各减 100；下料长度减 200 就可以了。再计算后面箍筋时，依次照此加数即可。

②号箍筋：

$L_1=925-100$

$=825(mm)$

$L_2=250(mm)$

$L_3\approx 1\ 027-100$

$=927(mm)$

$L_4\approx 352(mm)$

下料长度为

$2\ 549-200\approx 2\ 349(mm)$

③号箍筋：

$L_1=825-100$

$=725(mm)$

$L_2=250(mm)$

$L_3=927-100$

$=827(mm)$

$L_4=352(mm)$

下料长度为

$2\ 349-200=2\ 149(mm)$

④号箍筋：

$L_1=725-100$

$=625(mm)$

$L_2=250(mm)$

$L_3=827-100$

$=727(mm)$

$L_4=352(mm)$

下料长度为

$2\ 149-200=1\ 949(mm)$

⑤号箍筋：

$L_1=625-100$

$=525(mm)$

$L_2=250(mm)$

$L_3=727-100$

$=627(mm)$

$L_4=352(mm)$

下料长度为

$1\ 949-200=1\ 749(mm)$

验算：

这里只验算⑤号箍筋的 L_1 就可以了。

$L_1 = 975 - 4 \times AB \times \tan\alpha° - 2bhc$

$= 975 - 800 \times 0.5 - 50$

$= 525 (mm)$

⑤号箍筋的 $L_1 = 525$ mm，误差为 0 mm。

把具有答案的简图，放入在表 4-10 中。

表 4-10 加腋梁变截面箍筋材料明细表

钢筋编号	简图(mm)	规格	下料长度(mm)	数量(根)
①	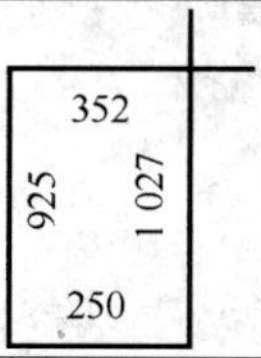 352；925；1 027；250	ϕ6	2 549	5
②	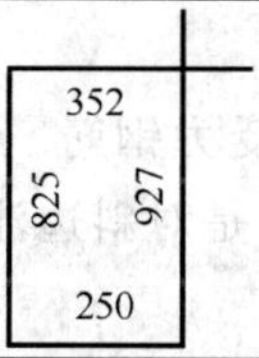 352；825；927；250	ϕ6	2 349	5
③	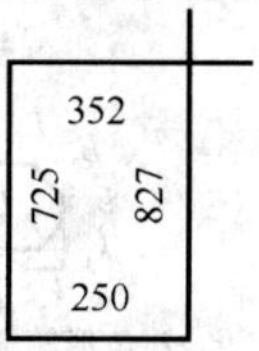 352；725；827；250	ϕ6	2 149	5
④	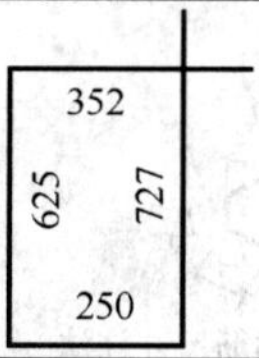 352；625；727；250	ϕ6	1 949	5
⑤	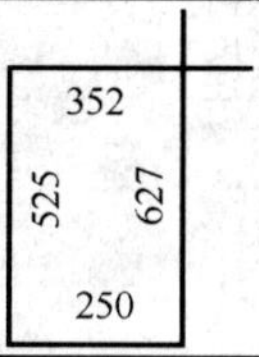 352；525；627；250	ϕ6	1 749	5

第四节 多角形箍筋

一、多角形箍筋的概念

多角形箍筋是指既非矩形箍筋，又非圆箍的多角形封闭箍筋或敞开式箍筋。它们通常是配合矩形箍筋使用的辅助性箍筋。

多角形箍筋的计算，同矩形箍筋中的局部箍筋一样，都默认纵向受力钢筋的间距均匀相等。由于钢筋加工弯曲曲率的波动性，及其曲率与纵向受力钢筋的不一致性，产生微小误差是不能避免的。

多角形箍筋的种类(图 4-38)，可分为菱形箍筋、六角形箍筋、八角形箍筋、三角形喇叭箍筋和四角形喇叭箍筋，共五种。菱形箍筋的每个角各兜钩一根纵向受力钢筋，六角形箍筋和八角形箍筋可以兜钩两根或三根纵向受力钢筋。

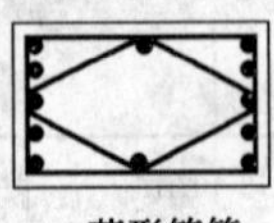
菱形箍筋

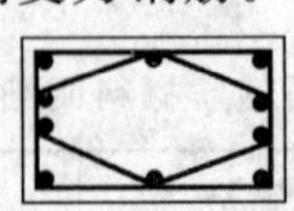
六角形箍筋a

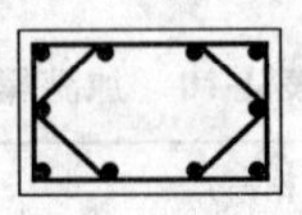
六角形箍筋b

八角形箍筋

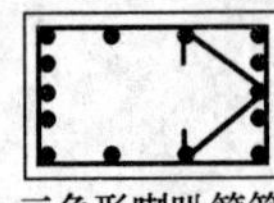
三角形喇叭箍筋

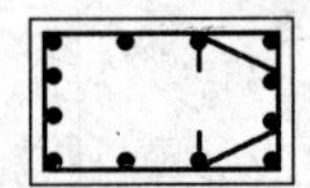
四角形喇叭箍筋

图 4-38　各种多角形箍筋

各种箍筋通常要求在端部设 135°弯钩，用以钩住纵向受力钢筋。

多角形箍筋的尺寸标注(图 4-39)，通常不注写角度，而是对斜边注以“勾”、“股”和“弦”；用“勾”和“股”来敲定“弦”的角度方向。

多角形箍筋的计算，是采用“中心线法”，请注意。

菱形箍筋尺寸注法

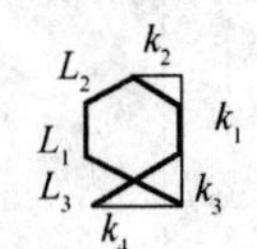

六角形箍筋尺寸注法

八角形箍筋尺寸注法

三角形喇叭箍筋尺寸注法

四角形喇叭箍筋尺寸注法

图 4-39　多角形箍筋的尺寸标注

二、菱形箍筋

1. 菱形箍筋计算步骤

如图 4-40 和图 4-41 所示，其计算步骤如下：

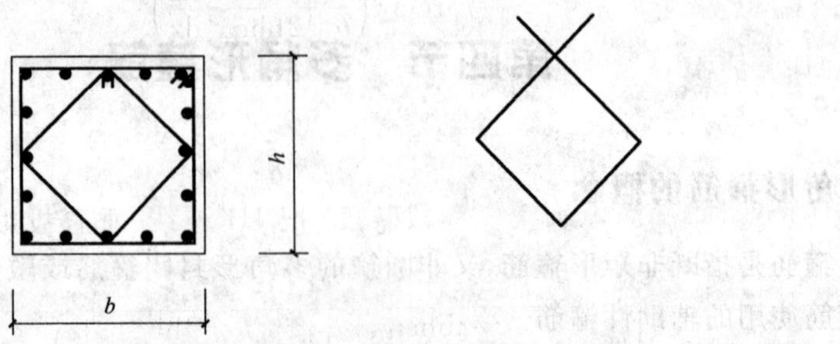

图 4-40　菱形箍筋计算步骤(一)

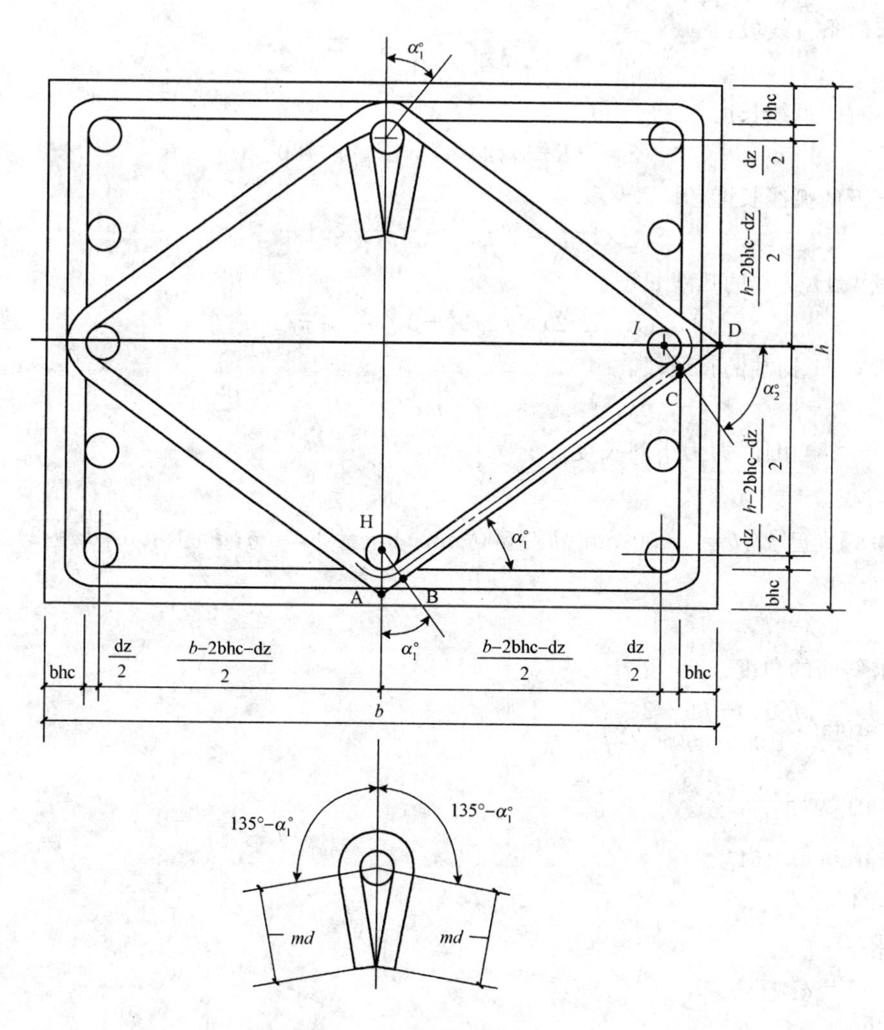

图 4-41 菱形箍筋计算步骤(二)

(1)求斜筋的角度：

α_1° 是斜筋与水平筋的夹角

$$\alpha_1^\circ = \arctan\left(\frac{h-2\mathrm{bhc}-\mathrm{dz}}{2}\times\frac{2}{b-2\mathrm{bhc}-\mathrm{dz}}\right)$$

$$\alpha_1^\circ = \arctan\left(\frac{h-2\mathrm{bhc}-\mathrm{dz}}{b-2\mathrm{bhc}-\mathrm{dz}}\right) \tag{4-43}$$

(2)$\angle$AHB$=\alpha_1^\circ$：

令 DIC$=\alpha_2^\circ$

$$\alpha_2^\circ = 90^\circ - \alpha_1^\circ \tag{4-44}$$

(3)求 HI 长度，即箍筋中心线直线段长度(把 HI 连线，垂直投影到箍筋中心线上的长度)：

$$\mathrm{HI} = \sqrt{\left(\frac{b-2\mathrm{bhc}-\mathrm{dz}}{2}\right)^2 + \left(\frac{h-2\mathrm{bhc}-\mathrm{dz}}{2}\right)^2} \tag{4-45}$$

(4)求四条直线段：

$$4\times HI \tag{4-46}$$

(5)左右两弧线长度：

$$2\times[(R+d/2)\times2\times\alpha_2^{\circ}\times\pi/180^{\circ}] \tag{4-47}$$

(6)上下两弧线长度：

$$2\times[(R+d/2)\times2\times\alpha^{\circ}\times\pi/180^{\circ}] \tag{4-48}$$

(7)图 4-41 钩端的弧线长度：

$$(R+d/2)\times(270^{\circ}-2\times\alpha_1^{\circ})\times\pi/180^{\circ} \tag{4-49}$$

(8)图 4-41 钩端的直线段：

$$2\times md$$

将(4)～(8)相加，即为下料长度。

2. 算例

【例 4-8】 已知：$b=1\ 000$ mm；$h=500$ mm；bhc＝30 mm；$d=8$ mm；dz＝24 mm；$R=2.5d$；$md=10d$。

解：

(1)求斜筋的角度：

$$\alpha_1^{\circ}=\arctan\left(\frac{500-60-24}{1\ 000-60-24}\right)$$
$$=\arctan\frac{416}{916}$$
$$\approx\arctan0.454$$
$$\approx24.425^{\circ}$$

(2)求 α_2°：

$$\alpha_2^{\circ}=90^{\circ}-\alpha_1^{\circ}$$
$$\approx90^{\circ}-24.425^{\circ}$$
$$\approx65.575^{\circ}$$

(3)求 HI 长度，即箍筋中心线直线段长度（把 HI 连线，垂直投影到箍筋中心线上的长度）：

$$HI=\sqrt{\left(\frac{b-2bhc-dz}{2}\right)^2+\left(\frac{h-2bhc-dz}{2}\right)^2}$$
$$=\sqrt{\left(\frac{1\ 000-60-24}{2}\right)^2+\left(\frac{500-60-24}{2}\right)^2}$$
$$=\sqrt{458^2+208^2}$$
$$\approx503.018$$

(4)求四条直线段：

$$4\times HI$$
$$=4\times503.018$$
$$\approx2\ 012(mm)$$

(5)左右两弧线长度：

$2\times[(R+d/2)\times 2\times\alpha_2^\circ\times\pi/180^\circ]$

$=2\times[(2.5d+d/2)\times 2\times 65.575^\circ\times\pi/180^\circ]$

$=2\times 3\times 8\times 2\times 65.575^\circ\times\pi/180^\circ$

$\approx 110(mm)$

(6)上下两弧线长度：

$2\times[(R+d/2)\times 2\times\alpha_1^\circ\times\pi/180^\circ]$

$=2\times[(2.5d+d/2)\times 2\times 24.425^\circ\times\pi/180^\circ]$

$=2\times 3\times 8\times 2\times 24.425^\circ\times\pi/180^\circ$

$\approx 41(mm)$

(7)图 4-41 钩端弧线长度：

$(R+d/2)\times(270^\circ-2\times\alpha_1^\circ)\times\pi/180^\circ$

$=24\times(270^\circ-2\times 24.425^\circ)\times\pi/180^\circ$

$=24\times 221.15^\circ\times\pi/180^\circ$

$\approx 93(mm)$

(8)图 4-41 钩端的直线段：

$2md=2\times 10\times 8$

$=160(mm)$

(9)下料长度：

四条直线段＋左右两弧线长度＋上下两弧线长度＋

图 4-41 钩端弧线长度＋图 4-41 钩端的直线段

$=2\,012+110+41+93+160$

$=2\,416(mm)$

(10)计算外皮 L_1：

如图 4-42(a)所示，图中的三个圆，并非纵向受力钢筋，而是箍筋弯曲加工的曲率圆，即 $2R$。

$L_1=AB+H'I'+IE$

因为 $AB=HB\times\tan\alpha_1^\circ$

又因为 $HB=R+d$

所以

$$L_1=(R+d)\times\tan\alpha_1^\circ+H'I'+R+d \tag{4-50}$$

$$L_1=3.5d\times\tan 24.425^\circ+503+3.5d$$

$$=28\times 0.454+503+28$$

$$\approx 544(mm)$$

(11)计算外皮 L_2，如图 4-42 所示：

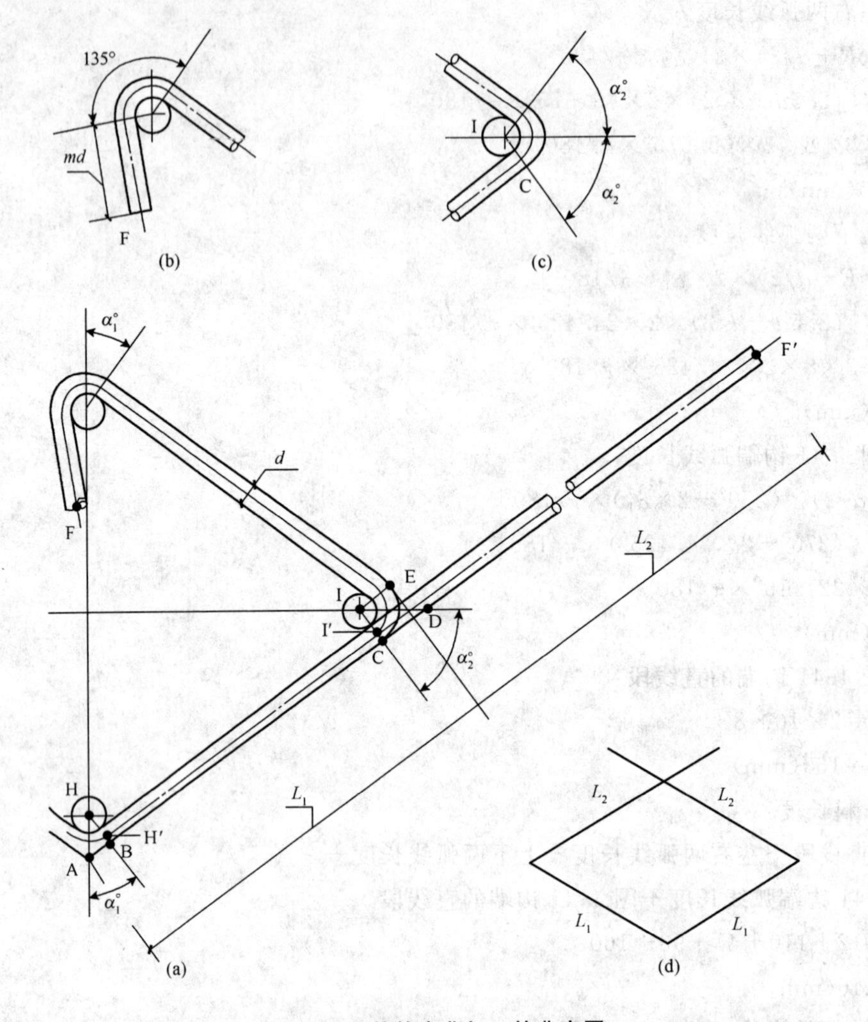

图 4-42 箍筋弯曲加工的曲率圆

$$L_2=2\times(R+d/2)\alpha_2^\circ\times\pi/180^\circ+\mathrm{H'I'}+(R+d/2)\times135^\circ\times\pi/180^\circ+md-R-d \quad (4\text{-}51)$$

$$L_2=2\times3d\times65.575^\circ\times\pi/180^\circ+503+3d\times135^\circ\times\pi/180^\circ+80-3.5d$$

$$\approx48\times1.144+503+24\times2.356+52$$

$$\approx54.912+503+56.544+52$$

$$\approx667(\mathrm{mm})$$

(12)外皮 L_1 的辅助尺寸 K_1 与 K_2：

$$K_1=L_1\times\sin\alpha_1^\circ$$

$$=544\times\sin24.425^\circ$$

$$=225(\mathrm{mm})$$

$$K_2=L_1\times\cos\alpha_1^\circ$$

$$=544\times\cos24.425^\circ$$

$$=495(\mathrm{mm})$$

(13)外皮 L_2 的辅助尺寸 K_3 与 K_4：

$K_3 = L_2 \times \sin \alpha_1^\circ$

$= 667 \times \sin 24.425^\circ$

$= 276(\text{mm})$

$K_4 = L_2 \times \cos \alpha_1^\circ$

$= 667 \times \cos 24.425^\circ$

$= 607(\text{mm})$

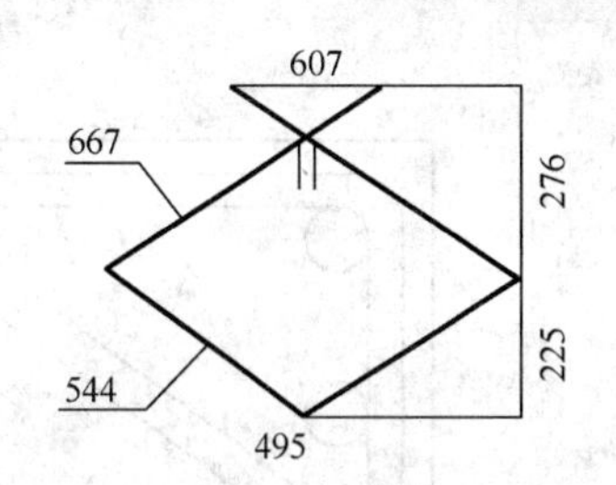

图 4-43 四角形箍筋的外皮尺寸标注(单位:mm)

图 4-43 所示为四角形箍筋的外皮尺寸标注方法。

三、六角形箍筋

1. 六角形箍筋计算原理

图 4-44(a)是钢筋混凝土柱的截面,纵排钢筋数 $j=6$,横排钢筋数 $i=3$。这里首先仍要采用菱形箍筋的方法,并结合图 4-45 进行公式推导,当然,是中心线法。图 4-44(b)是尚未标注尺寸的简图。

(1)求斜筋的角度:

α_1° 是斜筋与水平筋的夹角:

$$\alpha_1^\circ = \arctan\left(\frac{2(h-2\text{bhc}-\text{dz})}{5} \times \frac{2}{b-2\text{bhc}-\text{dz}}\right)$$

$$\alpha_1^\circ = \arctan\left[\frac{4(h-2\text{bhc}-\text{dz})}{5(b-2\text{bhc}-\text{dz})}\right] \tag{4-52}$$

(2)$\angle \text{AHB} = \alpha_1^\circ$

令 $\angle \text{CIE} = \alpha_2^\circ$

$$\alpha_2^\circ = 90^\circ - \alpha_1^\circ \tag{4-53}$$

(3)求 HI 长度—箍筋中心线直线段长度:

$$\text{HI} = \sqrt{\left(\frac{b-2\text{bhc}-\text{dz}}{2}\right)^2 + \left(\frac{2(h-2\text{bhc}-\text{dz})}{5}\right)^2} \tag{4-54}$$

(4)求四条斜线段:

$$4 \times \text{HI} \tag{4-55}$$

(5)求两条竖线段:

$$2 \times \text{EF} \tag{4-56}$$

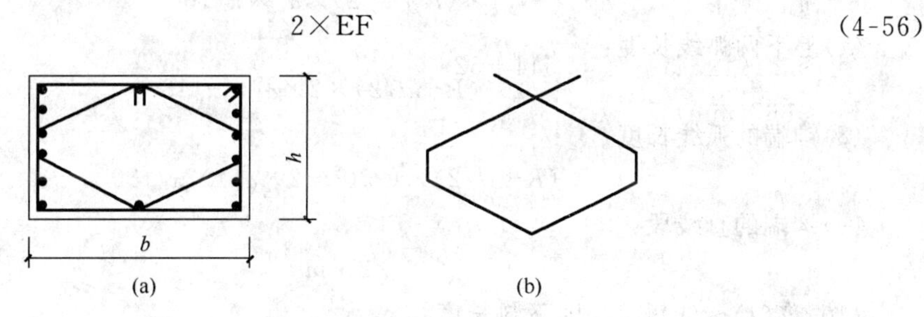

图 4-44 钢筋混凝土柱的截面

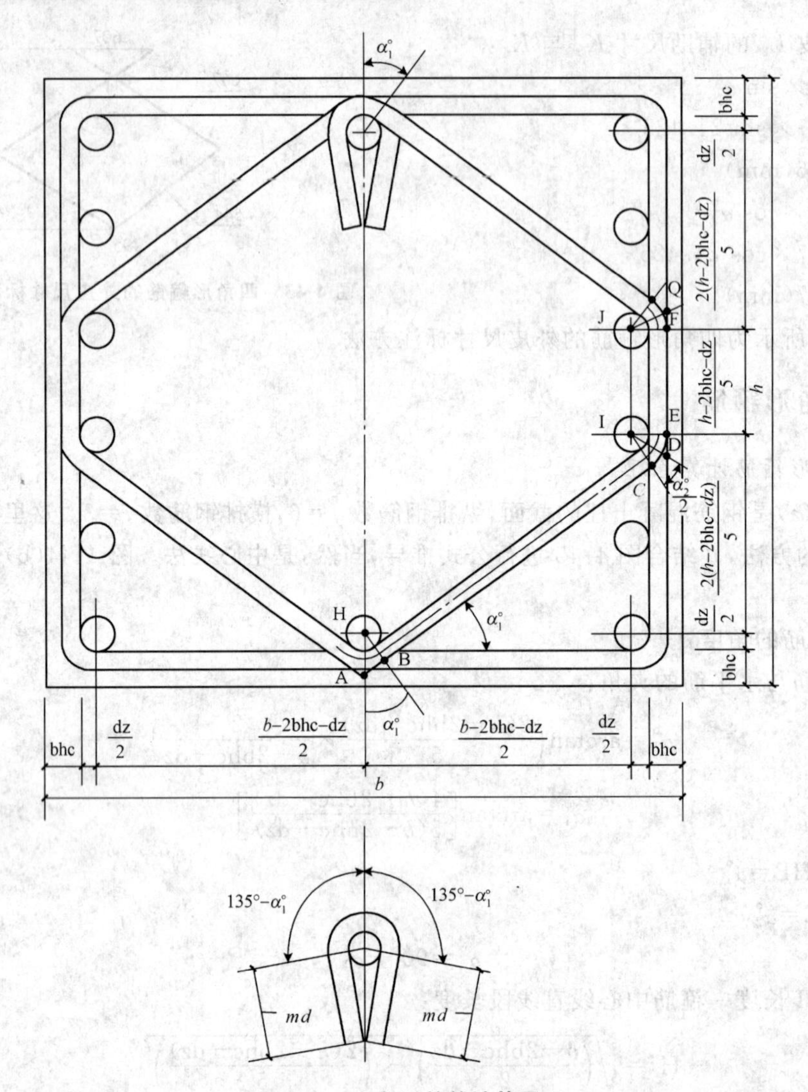

图 4-45　六角形箍筋计算原理

(6)左右四弧线长度：

$$4\times(R+d/2)\times\alpha_2^\circ\times\pi/180^\circ \tag{4-57}$$

(7)上下两弧线长度：

$$2\times(R+d/2)\times2\times\alpha_1^\circ\times\pi/180^\circ \tag{4-58}$$

(8)钩端的弧线长度：

$$(R+d/2)\times(270^\circ-2\times\alpha_1^\circ)\times\pi/180^\circ \tag{4-59}$$

(9)钩端的直线段：

$$2\times md$$

(10)将(4)～(9)相加，即下料长度。

2. 六角形箍筋算例

【例 4-9】 已知：$b=1\ 000$ mm；$h=500$ mm；bhc$=30$ mm；$d=8$ mm；dz$=24$ mm；$R=$

$2.5d$；$md=10d$。

解：

(1)求斜筋的角度：

$$\alpha_1^\circ=\arctan\left[\frac{4(h-2\text{bhc}-\text{dz})}{5(b-2\text{bhc}-\text{dz})}\right]$$

$$=\arctan\left[\frac{4(500-60-24)}{5(1\,000-60-24)}\right]$$

$$\approx\arctan\frac{1\,664}{4\,580}$$

$$\approx19.967^\circ$$

(2)求$\frac{\alpha_2^\circ}{2}$：

$$\alpha_2^\circ=90^\circ-\alpha_1^\circ$$

$$\approx90^\circ-19.967^\circ$$

$$\approx70.033^\circ$$

$$\frac{\alpha_2^\circ}{2}\approx\frac{70.033^\circ}{2}$$

$$\approx35.016^\circ$$

(3)求 HI 长度——箍筋中心线直线段长度：

$$\text{HI}=\sqrt{\left(\frac{b-2\text{bhc}-\text{dz}}{2}\right)^2+\left[\frac{2(h-2\text{bhc}-\text{dz})}{5}\right]^2}$$

$$=\sqrt{\left(\frac{1\,000-60-24}{2}\right)^2+\left[\frac{2(500-60-24)}{5}\right]^2}$$

$$=\sqrt{458^2+166.4^2}$$

$$=487.29(\text{mm})$$

(4)求四条斜线段：

$4\times\text{HI}$

$=4\times487.29$

$\approx1\,949(\text{mm})$

(5)求两条竖线段：

$2\times\text{IJ}$

$$=2\times\frac{500-60-24}{5}$$

$\approx166(\text{mm})$

(6)左右四弧线长度：

$4\times(R+d/2)\times\alpha_2^\circ\times\pi/180^\circ$

$=4\times3d\times70.033^\circ\times\pi/180^\circ$

$=4\times24\times70.033^\circ\times\pi/180^\circ$

$\approx117(\text{mm})$

(7)上下两弧线长度：

$2\times(R+d/2)\times2\times\alpha_1^\circ\times\pi/180^\circ$

$=2\times(2.5d+d/2)\times2\times19.967^\circ\times\pi/180^\circ$

$=2\times3\times8\times2\times19.967^\circ\times\pi/180^\circ$

$\approx34(mm)$

(8)图 4-44 钩端弧线长度：

$(R+d/2)\times(270^\circ-2\times\alpha_1^\circ)\times\pi/180^\circ$

$=24\times(270^\circ-2\times19.967^\circ)\times\pi/180^\circ$

$=24\times230.066^\circ\times\pi/180^\circ$

$\approx96(mm)$

(9)图 4-44 钩端的直线段：

$2md=2\times10\times8$

$=160(mm)$

(10)下料长度：

四条斜线段＋两条竖线段＋左右四弧线长度＋上下两弧线长度＋图 4-45 钩端的弧线长度＋图 4-45 钩端的直线段

$=1\ 949+166+117+34+96+160$

$=2\ 522(mm)$

(11)计算外皮 L_1：

$L_1=AB+HI+CD$

因为 $AB=HB\times\tan\alpha_1^\circ$，

又因为 $HB=R+d$，

$L_1=(R+d)\times\tan\alpha_1^\circ+HI+(R+d)\times\tan\dfrac{\alpha_2^\circ}{2}$

$L_1=3.5d\times\tan19.967^\circ+487+3.5d\times\tan35.016^\circ$

$\approx28\times0.363+487+28\times0.7$

$\approx517(mm)$

(12)计算外皮 L_2：

$L_2=2\times ED+IJ$

$=2\times(R+d)\times\tan\dfrac{\alpha_2^\circ}{2}IJ$

$=2\times3.5d\times\tan35.016^\circ+\dfrac{500-60-24}{5}$

$=2\times28\times0.7+83.2$

$\approx122.4(mm)$

(13)计算外皮 L_3：

$L_3=CD+HI+(R+d/2)\times135^\circ\times\pi/180^\circ+md$

$=(R+d)\times\tan\dfrac{\alpha_2^\circ}{2}+487+3d\times2.356+80$

$=3.5d\times\tan 35.016°+487+56.5+80$

$=28\times0.7+623.5$

$\approx643(\mathrm{mm})$

(14)外皮 L_1 的辅助尺寸 K_1 与 K_2：

$K_1=L_1\times\sin\alpha_1^\circ$

$=517\times\sin 19.967°$

$\approx177(\mathrm{mm})$

$K_2=L_1\times\cos\alpha_1^\circ$

$=517\times\cos 19.967°$

$\approx486(\mathrm{mm})$

(15)外皮 L_3 的辅助尺寸 K_3 与 K_4：

$K_3=L_3\times\sin\alpha_1^\circ$

$=643\times\sin 19.967°$

$=220(\mathrm{mm})$

$K_4=L_2\times\cos\alpha_1^\circ$

$=643\times\cos 19.967°$

$\approx604(\mathrm{mm})$

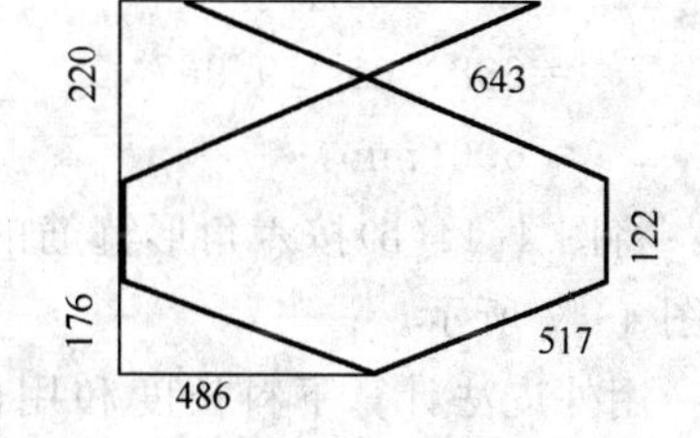

图 4-46 标注后的简图(单位:mm)

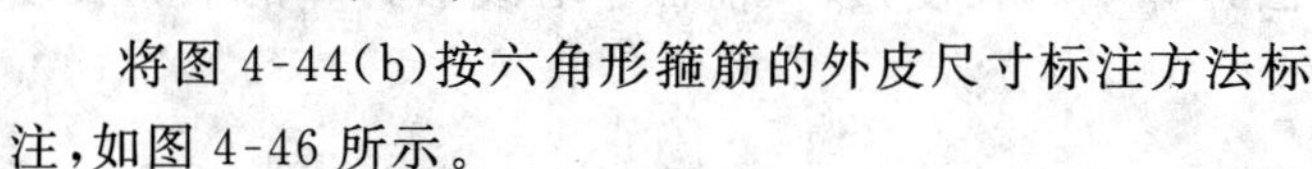

将图 4-44(b)按六角形箍筋的外皮尺寸标注方法标注，如图 4-46 所示。

(16)计算内皮 L_1'：

$L_1'=2\times R\times\tan\alpha_1^\circ+\mathrm{HI}$

$=2\times2.5d\times\tan 19.967°+487$

$=2\times20\times0.363+487$

$\approx502(\mathrm{mm})$

(17)计算内皮 L_2'：

$L_2'=2\times R\times\tan\dfrac{\alpha_2^\circ}{2}+\mathrm{IJ}$

$=2\times2.5d\times\tan 35.016°\times\dfrac{500-60-24}{5}$

$=40\times0.7+83.2$

$\approx111(\mathrm{mm})$

(18)计算内皮 L_3'：

$L_3'=R\times\tan\dfrac{\alpha_2^\circ}{2}+\mathrm{HI}+(R+d/2)\times135°\times\pi/180°+md$

$=2.5d\times\tan 35.016°+487+3d\times2.356+80$

$=20\times0.7+487+57+80$

$\approx638(\mathrm{mm})$

(19)内皮 L_1' 的辅助尺寸 K_1 与 K_2：

$K_1=L_1'\times\sin\alpha_1^\circ$

$=502\times\sin 19.967^\circ$

$\approx171(\text{mm})$

$K_2=L_1'\times\cos\alpha_1^\circ$

$=502\times\cos 19.967^\circ$

$\approx472(\text{mm})$

(20)内皮 L_3 的辅助尺寸 K_3 与 K_4：

$K_3=L_3'\times\sin\alpha_1^\circ$

$=638\times\sin 19.967^\circ$

$=218(\text{mm})$

$K_4=L_2'\times\cos\alpha_1^\circ$

$=638\times\cos 19.967^\circ$

$\approx600(\text{mm})$

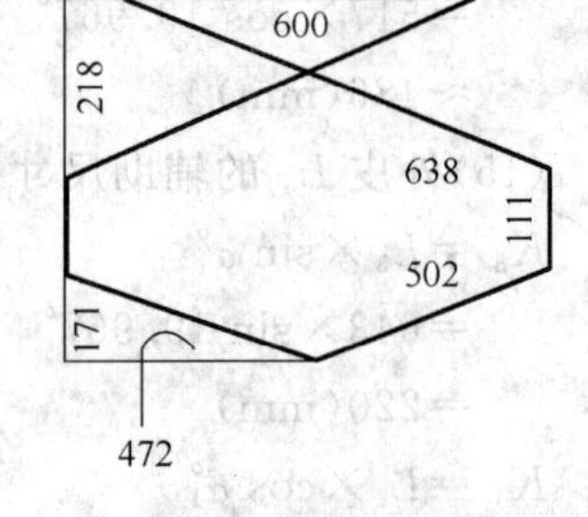

图 4-47 标注的简图(单位:mm)

将图 4-44(b)按六角形箍筋的内皮尺寸标注方法标注，如图 4-47 所示。

用外皮法计算下料长度和用内皮法计算下料长度，以及前面中心线法计算的下料长度 2 522对比，以资验算：

按外皮部分计算下料长度为：

$2L_1+2L_2+2L_3-0.453d-2\times1.236d-2\times1.236d$

$\approx2\times517+2\times122.4+2\times643-4-20-20$

$\approx2\,564.8-44$

$\approx2\,521(\text{mm})$

按内皮部分计算下料长度为：

$2L_1'+2L_2'+2L_3'+0.275d+2\times0.164d+2\times0.165d$

$\approx2\times502+2\times111+2\times638+2.2+2.6+2.6$

$\approx1\,004+222+1\,276+7.4$

$\approx2\,509(\text{mm})$

误差≈1～11 mm。

四、Pb、Ph 法计算八角形箍筋

1. 计算式推导

Pb、Ph、Qb 和 Qh 的概念同前，但在多角形箍筋计算中我们需增加两个概念，即 WQb 和 WQh。Qb 和 Qh 是指多角形箍筋兜裹纵向受力钢筋，所包含的空隙数目。而 WQb 和 WQh，则指未被多形角箍筋兜裹的、任一侧纵向受力钢筋所包含的空隙数目。从图 4-48 和图 4-49 两图中，可以看出：

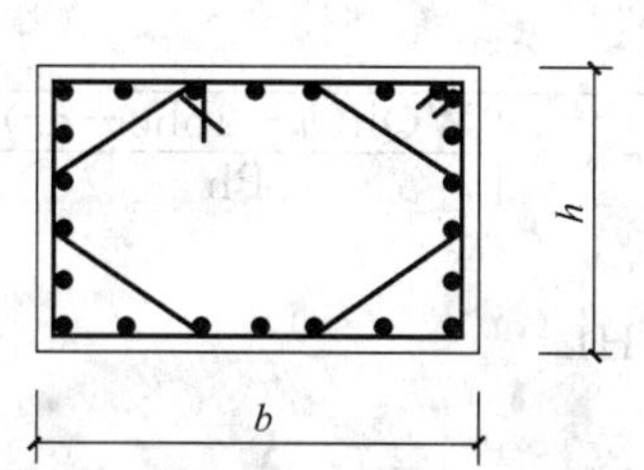

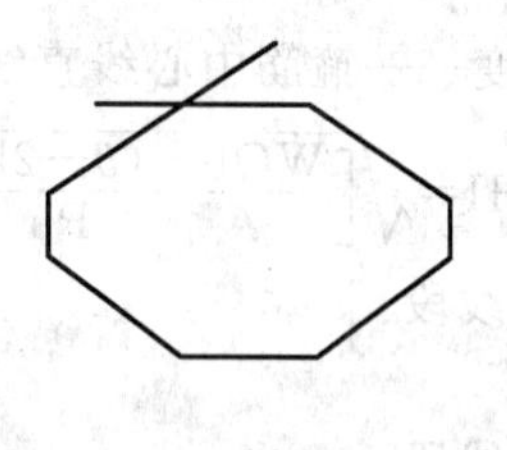

图 4-48 Pb、Ph 法计算八角形箍筋推导图(一)

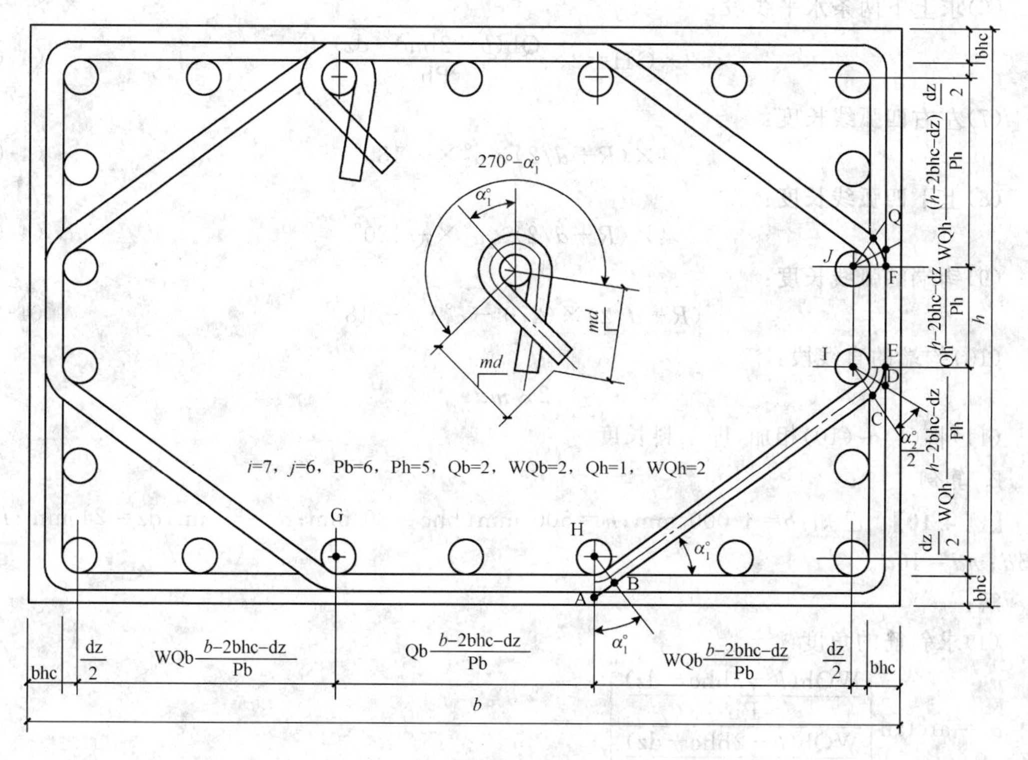

图 4-49 Pb、Ph 法计算八角形箍筋推导图(二)

Pb＝6；Ph＝5；Qb＝2；Qh＝L；WQb＝2；WQh＝2。

现在，针对图 4-49，推导计算多角形箍筋的普遍公式。

(1)求斜筋的角度：

α_1° 是斜筋与水平筋的夹角。

$$\alpha_1^{\circ}=\arctan\left(\frac{\dfrac{\mathrm{WQh}(h-2\mathrm{bhc}-\mathrm{dz})}{\mathrm{Ph}}}{\dfrac{\mathrm{WQb}(b-2\mathrm{bhc}-\mathrm{dz})}{\mathrm{Pb}}}\right) \tag{4-60}$$

(2)$\angle$AHB＝α_1°：

令$\angle$CIE＝α_2°

$$\alpha_2^{\circ}=90^{\circ}-\alpha_1^{\circ} \tag{4-61}$$

(3)求 HI 长度——箍筋中心线直线段长度：

$$HI=\sqrt{\left[\frac{WQb-(b-2bhc-dz)}{Pb}\right]^2+\left[\frac{WQh(h-2bhc-dz)}{Ph}\right]^2} \tag{4-62}$$

(4)求四条斜线段：

$$4\times HI \tag{4-63}$$

(5)求两条竖线段：

$$2\times IJ=2\times\frac{Qh(h-2bhc-dz)}{Ph} \tag{4-64}$$

(6)求上下两条水平线段：

$$2\times GH=2\times\frac{Qb(b-2bhc-dz)}{Pb} \tag{4-65}$$

(7)左右四弧线长度：

$$4\times(R+d/2)\times\alpha_2^\circ\times\pi/180^\circ \tag{4-66}$$

(8)上下四弧线长度：

$$4\times(R+d/2)\times\alpha_1^\circ\times\pi/180^\circ \tag{4-67}$$

(9)钩端的弧线长度：

$$(R+d/2)\times(270^\circ-\alpha_1^\circ)\times\pi/180^\circ \tag{4-68}$$

(10)钩端的直线段：

$$2\times md$$

(11)将(4)～(10)相加，即下料长度。

2. 算例

【例 4-10】 已知：$b=1\ 000$ mm；$h=500$ mm；bhc＝30 mm；$d=8$ mm；dz＝24 mm；$R=2.5d$；$md=10d$。

解：

(1)求斜筋的角度

$$\alpha_1^\circ=\arctan\left(\frac{\frac{WQh(h-2bhc-dz)}{Ph}}{\frac{WQb(b-2bhc-dz)}{Pb}}\right)$$

$$\alpha_1^\circ=\arctan\left(\frac{\frac{2(500-60-24)}{5}}{\frac{2(1\ 000-60-24)}{6}}\right)$$

$$\approx\arctan\left(\frac{166.4}{305.3}\right)$$

$$\approx\arctan 0.545$$

$$\approx 28.59^\circ$$

(2)求$\frac{\alpha_2^\circ}{2}$

$$\alpha_2^\circ=90^\circ-\alpha_1^\circ$$

$$\approx 90^\circ-28.59^\circ$$

$$\approx 61.41^\circ$$

$\frac{\alpha_2^\circ}{2} \approx \frac{61.41^\circ}{2}$

$= 30.705^\circ$

(3)求 HI 长度—箍筋中心线直线段长度

$$HI = \sqrt{\left[\frac{WQb-(b-2bhc-dz)}{Pb}\right]^2 + \left[\frac{WQh(h-2bhc-dz)}{Ph}\right]^2}$$

$$= \sqrt{\left[\frac{2(1\ 000-60-24)}{6}\right]^2 + \left[\frac{2(500+60-24)}{5}\right]^2}$$

$$= \sqrt{\left(\frac{2\times 916}{6}\right)^6 + \left(\frac{2\times 416}{5}\right)^2}$$

≈ 347.73(mm)

(4)求四条斜线段

$4\times HI$

$=4\times 347.73$

$\approx 1\ 390.92$(mm)

(5)求两条竖线段

$2\times IJ$

$=2\times \frac{Qh(h-2bhc-dz)}{Ph}$

$=2\times \frac{(500-60-24)}{5}$

≈ 166.4(mm)　(注意:IJ=83.2 mm)

(6)求上下两条水平线段

$2\times GH$

$=2\times \frac{Qb(b-2bhc-dz)}{Pb}$

$=2\times \frac{2(1\ 000-60-24)}{6}$

$=2\times 305.333$

$=610.667$(mm)

(7)左右四弧线长度

$4\times (R+d/2)\times \alpha_2^\circ \times \pi/180^\circ$

$=4\times 3d\times 61.41^\circ \times \pi/180^\circ$

$=4\times 24\times 61.41^\circ \times \pi/180^\circ$

≈ 102.9(mm)

(8)上下四弧线长度

$4\times (R+d/2)\times \alpha_1^\circ \times \pi/180^\circ$

$=4\times 3\times 8\times 28.59^\circ \times \pi/180^\circ$

$=47.9$(mm)

(9)钩端弧线长度

$(R+d/2)\times(270°-\alpha_1^\circ)\times\pi/180°$

$=24\times(270°-28.59°)\times\pi/180°$

$=24\times241.41°\times\pi/180°$

$\approx101.122(\mathrm{mm})$

(10)钩端的直线段

$2md=2\times10\times8$

$=160(\mathrm{mm})$

(11)中心线下料长度

四条斜线段+两条竖线段+上下两水平线段+左右四弧线+

上下四弧线+钩端的弧线+钩端的直线段

$=1\ 390.92+166.4+610.666+102.893+47.9+101.122+160\approx2\ 580(\mathrm{mm})$

(12)计算外皮 L_1

$$L_1=\mathrm{GH}+2\times(R+d)\times\tan\frac{\alpha_1^\circ}{2}$$

$$=\mathrm{Qb}\,\frac{(b-2\mathrm{bhc}-\mathrm{dz})}{\mathrm{Pb}}+2\times(R+d)\times\tan\frac{\alpha_1^\circ}{2}$$

$$=\frac{2(1\ 000-60-24)}{6}+2\times3.5d\times\tan14.3°$$

$$=305.333+2\times28\times0.255$$

$$\approx320$$

(13)计算外皮 L_2

$$L_2=\mathrm{HI}+(R+d)\times\tan\frac{\alpha_1^\circ}{2}+\mathrm{CD}$$

$$=347.73+(R+d)\times\tan\frac{\alpha_1^\circ}{2}+(R+d)\times\tan\frac{\alpha_2^\circ}{2}$$

$$=347.73+3.5d\times\tan14.3°+3.5d\times\tan30.705°$$

$$=347.73+28\times0.255+28\times0.594$$

$$\approx372$$

(14)计算外皮 L_3

$$L_3=\mathrm{EF}+2\times\mathrm{DE}$$

$$=83.2+2\times(R+d)\times\tan\frac{\alpha_2^\circ}{2}$$

$$=83.2+2\times3.5d\times\tan30.705°$$

$$=83.2+2\times28\times0.59$$

$$\approx117(\mathrm{mm})$$

(15)计算外皮 L_4

$$L_4=\mathrm{GH}+(R+d)\times\tan\frac{\alpha_1^\circ}{2}+(R+d/2)\times135°\times\pi/180°+md$$

$$=305.333+3.5d\times\tan14.3°+3d\times2.356+80$$

$=305.333+28\times0.255+136.544$

≈449

(16)计算外皮 L_5

$$L_5=\mathrm{HI}+(R+d)\times\tan\frac{\alpha_1^{\circ}}{2}+(R+d/2)\times135^{\circ}\times\pi/180^{\circ}+md$$

$=347.73+3.5d\times\tan14.3^{\circ}+3d\times2.356+80$

$=347.73+28\times0.255+136.544$

≈491

(17)计算外皮差值

当折起角度为 28.59°时 $=0.2866d\approx2.3$(mm)

当折起角度为 61.41°时 $=0.9417d\approx7.53$(mm)

总外皮差值为 $3\times2.3+4\times7.53\approx37$(mm)

(18)外皮法计算下料长度

$L_1+3\times L_2+2\times L_3+L_4+L_5-$总外皮差值

$=320+3\times372+2\times117+449+491-37$

$\approx2\,573$(mm)

两法计算下料长度比较：

2 580－2 573＝7(mm)

误差为 7 mm。

五、喇叭形箍筋

1. 喇叭形三角箍筋计算式推导

图 4-50(a)是偏心受压柱的截面配筋图；图 4-50(b)是喇叭形三角箍筋的加工尺寸标注图；图 4-50(c)是喇叭形三角箍筋的预加工图。

根据图 4-51 及图 4-52 所示，计算喇叭形三角箍筋的尺寸时，也可以利用 Pb、Ph、Qb、Qh、WQb 和 WQh 的概念。但是，由于水平方向两头用的是：

$$\mathrm{WQb}=\frac{b-2\mathrm{bhc}-\mathrm{dz}}{\mathrm{Pb}}$$

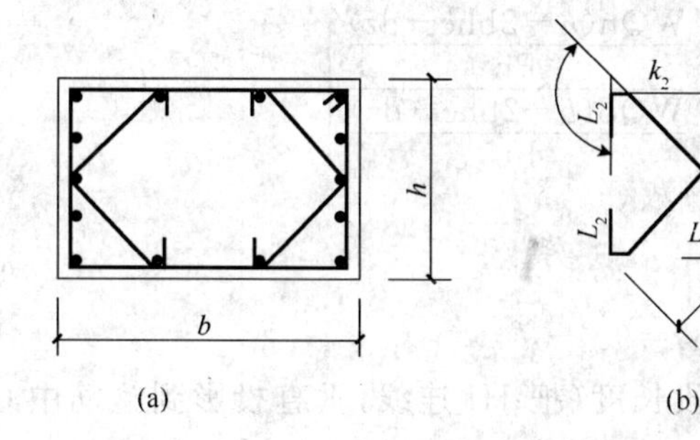

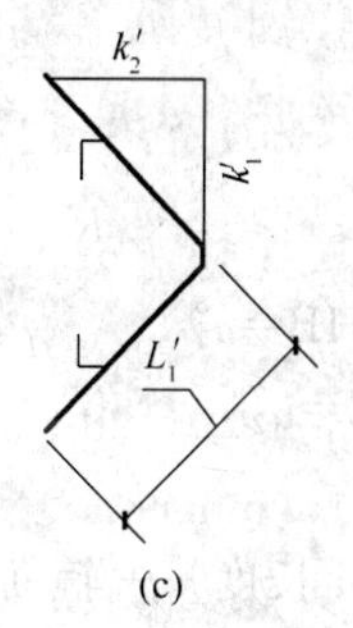

图 4-50 喇叭形箍筋

(a)偏心受压柱的截面配筋图；(b)喇叭形三角箍筋的加工尺寸标注图；(c)喇叭形三角箍筋的预加工图

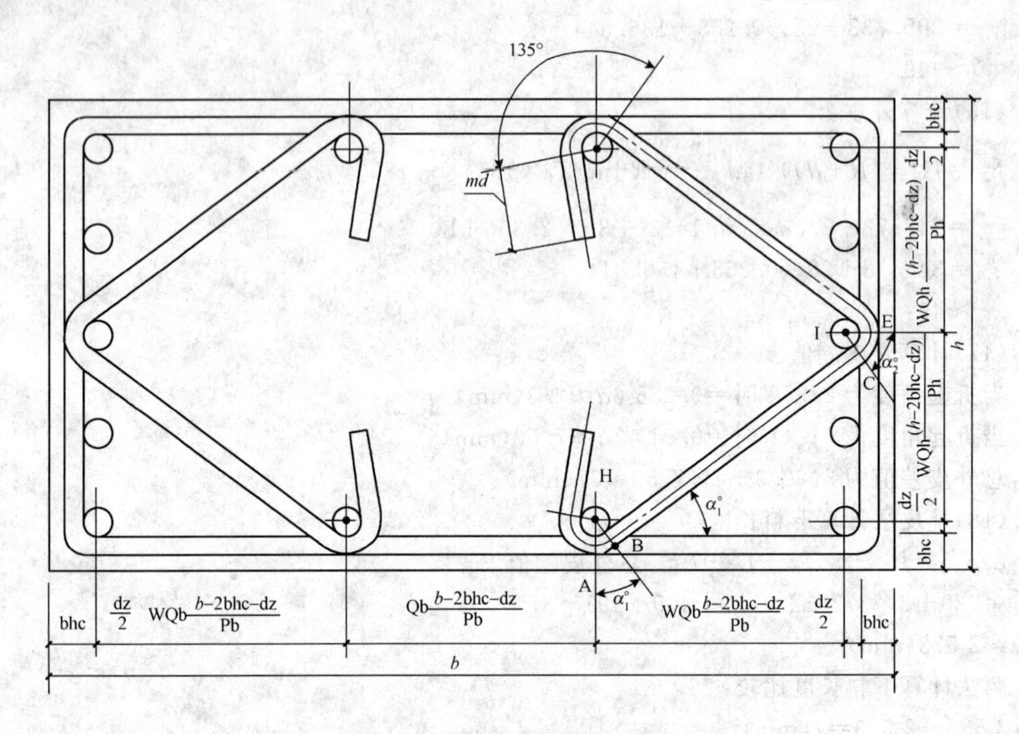

图 4-51 喇叭形三角箍筋计算式推导(一)

为了不和它混淆，所以中间部分就用：

$$Qb=\frac{b-2bhc-dz}{Pb}$$

以便同前面的加以区分(本来它是用于箍筋包罗内部的)。

现将它的计算方法推导如下。从图中可以看出：

Pb＝3；Ph＝4；Qb＝1；WQb＝1；WQh＝2。

现在，针对图 4-51 和图 4-52，推导计算多角形箍筋的普遍公式。

(1)求斜筋的角度：

α_1° 是斜筋与水平筋的夹角。

$$\alpha_1^\circ=\arctan\left(\frac{\dfrac{WQh(h-2bhc-dz)}{Ph}}{\dfrac{WQb(b-2bhc-dz)}{Pb}}\right)$$

(2)$\angle AHB=\alpha_1^\circ$

令$\angle CIE=\alpha_2^\circ$

$$\alpha_2^\circ=90^\circ-\alpha_1^\circ \tag{4-69}$$

(3)求 HI 长度——箍筋中心线直线段长度(把 HI 连线，垂直投影到箍筋中心线上的长度)。

$$HI=\sqrt{\left[\frac{WQb-(b-2bhc-dz)}{Pb}\right]^2+\left[\frac{WQh(h-2bhc-dz)}{Ph}\right]^2} \tag{4-70}$$

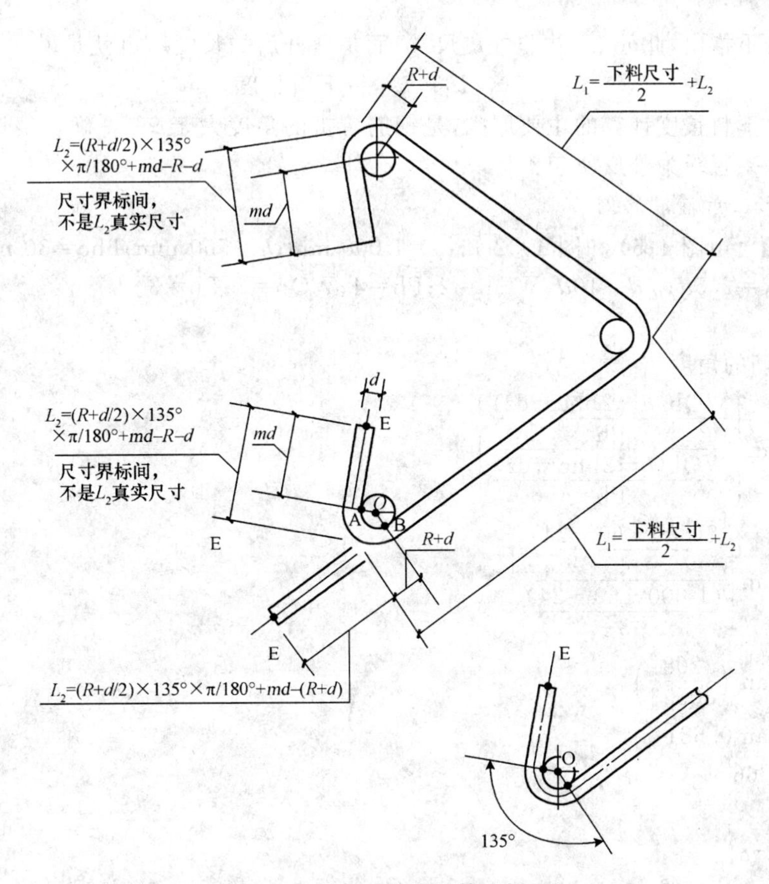

图 4-52 喇叭形三角箍筋计算式推导(二)

(4)求两条斜线段：

$$2\times \mathrm{HI} \tag{4-71}$$

(5)角部弧线长度：

$$2\times(R+d/2)\times\alpha_2^{\circ}\times\pi/180° \tag{4-72}$$

(6)钩端的弧线长度：

$$2\times(R+d/2)\times135°\times\pi/180° \tag{4-73}$$

(7)钩端的直线段：

$$2\times md$$

(8)将(4)～(7)相加，即下料长度。

(9)喇叭形三角箍筋的外皮尺寸计算原理及其标注方法，讲述如下。如图 7-14 和 7-15 所示，端钩的计算方法，如前所述，即 135°弧线长度，加上钩端直线长度。在钩的上方，标注的并不是这个数的全部，而是要减去$(R+d)$。此时，计算喇叭形三角箍筋，要先算出下料长度，接着算 L_2，最后再算 L_1。

$$L_2=(R+d/2)\times135°\times\pi/180°-(R+d) \tag{4-74}$$

而

$$L_1=下料长度/2+L_2 \tag{4-75}$$

这里要着重指出，此处 L_1 并非外皮尺寸，而是展开后的长度。也就是说

$$2\times(L_1+L_2)=下料长度$$

按照上面下料长度计算的主要原因，是钢筋弯折的角度大于 90°。确切地讲，弯曲处是由切于弧线的三条直线为外皮所包罗。

2. 喇叭形三角箍筋算例

【例 4-11】 由图 4-51 和图 4-52 知：$b=1\ 000$ mm；$h=500$ mm；bhc=30 mm；$d=8$ mm；dz=24 mm；$R=2.5d$；$md=10d$；WQh=2；Ph=4；WQb=1；Pb=3。

解：

(1)求斜筋的角度

$$\alpha_1^\circ=\arctan\left(\frac{\dfrac{\mathrm{WQh}(h-2\mathrm{bhc}-\mathrm{dz})}{\mathrm{Ph}}}{\dfrac{\mathrm{WQb}(b-2\mathrm{bhc}-\mathrm{dz})}{\mathrm{Pb}}}\right)$$

$$\alpha_1^\circ=\arctan\left(\frac{\dfrac{2(500-60-24)}{4}}{\dfrac{(1\ 000-60-24)}{3}}\right)$$

$$\approx\arctan\left(\frac{208}{305.3}\right)$$

$$\approx\arctan 0.681$$

$$\approx 34.266^\circ$$

(2)求 α_2°

$$\alpha_2^\circ=90^\circ-\alpha_1^\circ$$

$$\approx 90^\circ-34.266^\circ$$

$$\approx 55.733^\circ$$

(3)求 HI 长度——箍筋中心线直线段长度（把 HI 连线，垂直投影到箍筋中心线上的长度）

$$\mathrm{HI}=\sqrt{\left[\frac{\mathrm{WQb}-(b-2\mathrm{bhc}-\mathrm{dz})}{\mathrm{Pb}}\right]^2+\left[\frac{\mathrm{WQh}(h-2\mathrm{bhc}-\mathrm{dz})}{\mathrm{Ph}}\right]^2}$$

$$=\sqrt{\left[\frac{(1\ 000-60-24)}{3}\right]^2+\left[\frac{2(500-60-24)}{4}\right]^2}$$

$$=\sqrt{\left(\frac{916}{6}\right)^2+\left(\frac{2\times 416}{4}\right)^2}$$

$$=\sqrt{305.3^2+208^2}$$

$$\approx 369(\mathrm{mm})$$

(4)求两条斜线段

$$2\times\mathrm{HI}$$

$$=2\times 369$$

$$\approx 738(\mathrm{mm})$$

(5)一角部弧线长度

$$(R+d/2)\times 2\times\alpha_2^\circ\times\pi/180^\circ$$

$$=3d\times 2\times 55.733^\circ\times\pi/180^\circ$$

$=24\times2\times55.733°\times\pi/180°$

$\approx46.7(mm)$

(6)两钩端的弧线长度

$2\times(R+d/2)\times135°\times\pi/180°$

$=2\times3d\times135°\times\pi/180°$

$=2\times24\times2.356$

$=113.1(mm)$

(7)钩端的直线段

$2md=2\times10\times8$

$=160(mm)$

(8)中心线下料长度

两条斜线段＋角部弧线长度＋两钩端的弧线长度＋钩端的直线段

$=738+46.7+113.1+160\approx1\ 058(mm)$

(9)计算外皮 L_1

$L_1=HI+2\times(R+d)$

$=369+2\times3.5d$

$\approx425(mm)$

(10)计算外皮 L_2

$L_2=(R+d/2)\times135°\times\pi/180°+md-(R+d)$

$=24\times2.356+80-28$

$\approx109(mm)$

(11)计算外皮 L_1'(按单肢展开长度算——预加工尺寸)

$L_1'=HI+3d\times135°\times\pi/180°+md-(R+d)$

$=369+24\times2.356+80+28$

$=369+56.5+80+28$

$=534(mm)$

(12)计算 K_1

$K_1=425\times\sin34.3°$

$=425\times0.564$

$=240(mm)$

(13)计算 K_2

$K_2=425\times\cos34.3°$

$=425\times0.826$

$=351(mm)$

(14)计算 K_1'

$K_1'=534\times\sin34.3°$

$=534\times0.564$

$=301(mm)$

(15)计算 K_2'

$K_2' = 534 \times \cos 34.3°$

$= 534 \times 0.826$

$= 441(\text{mm})$

喇叭形三角箍筋的下料尺寸图,如图 4-53 所示。

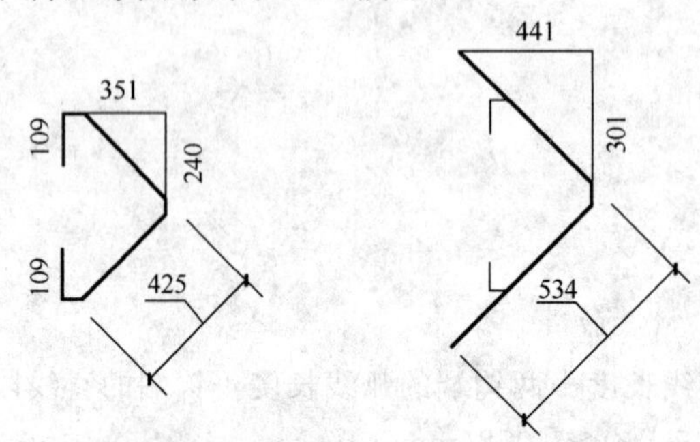

图 4-53 喇叭形三角箍筋的下料尺寸图(单位:mm)

3. 喇叭形四角箍筋计算式推导

图 4-54 所示为具有喇叭形四角箍筋的柱截面和它的尺寸注法。

如图 4-55、图 4-56 所示,推导喇叭形四角箍筋的计算方法。

(1)求斜筋的角度。

α_1° 是斜筋与水平筋的夹角:

$$\alpha_1^\circ = \arctan\left(\frac{\dfrac{\text{WQh}(h-2\text{bhc}-\text{dz})}{\text{Ph}}}{\dfrac{\text{WQb}(b-2\text{bhc}-\text{dz})}{\text{Pb}}}\right) \tag{4-76}$$

(2)$\angle \text{AHB} = \alpha_2^\circ$ 令 $\angle \text{CIE} = \alpha_2^\circ$

$$\alpha_2^\circ = 90° - \alpha_1^\circ \tag{4-77}$$

(3)求 HI 长度——箍筋中心线直线段长度(把 HI 连线,垂直投影到箍筋中心线上的长度)。

$$\text{HI} = \sqrt{\left[\frac{\text{WQb}-(b-2\text{bhc}-\text{dz})}{\text{Pb}}\right]^2 + \left[\frac{\text{WQh}(h-2\text{bhc}-\text{dz})}{\text{Ph}}\right]^2} \tag{4-78}$$

(4)求两条斜线段。

$$2 \times \text{HI} \tag{4-79}$$

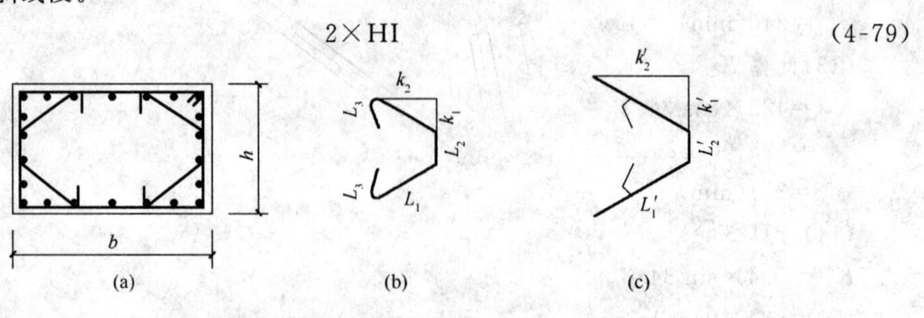

图 4-54 喇叭形四角箍筋的柱截面和它的尺寸注

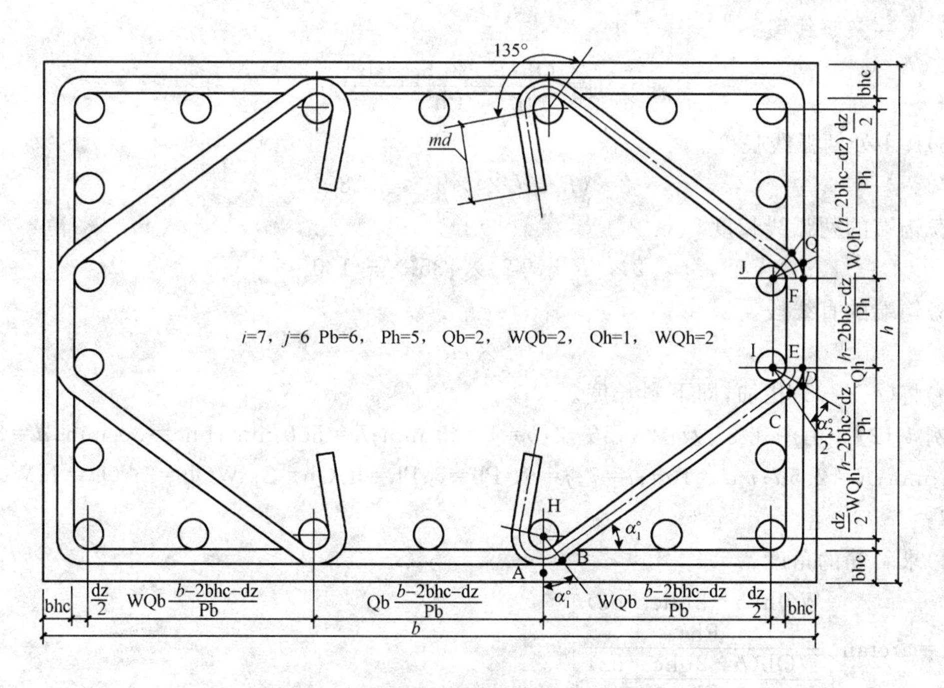

图 4-55 喇叭形四角箍筋计算式推导(一)

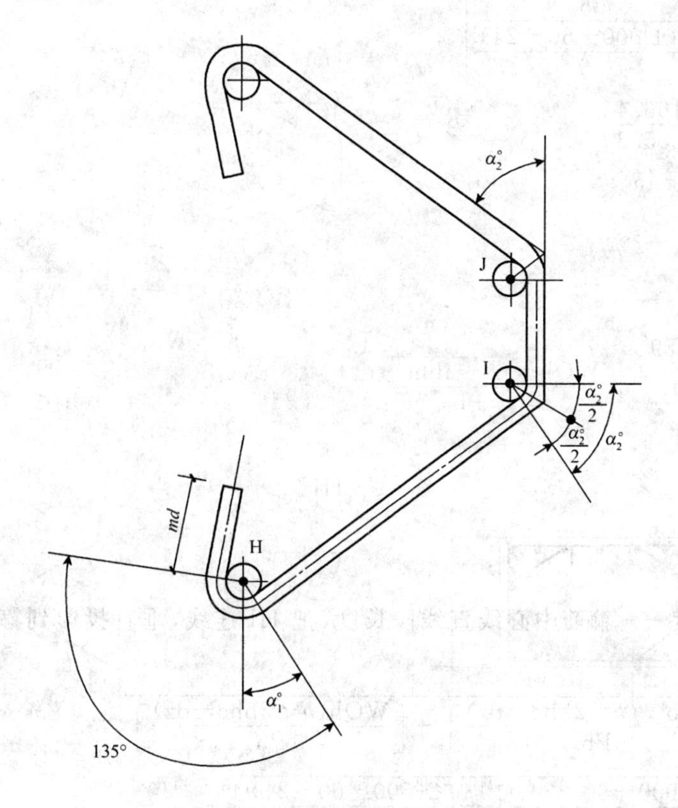

图 4-56 喇叭形四角箍筋计算式推导(二)

(5)求一条竖线段。

$$IJ=\frac{Qh(h-2bhc-dz)}{Ph} \tag{4-80}$$

(6)I、J 处两弧线长度。

$$2\times(R+d/2)\times\alpha_2^\circ\times\pi/180^\circ \tag{4-81}$$

(7)钩端的两弧线长度。

$$2\times(R+d/2)\times135^\circ\times\pi/180^\circ \tag{4-82}$$

(8)钩端的直线段。

$$2\times md$$

(9)将(4)～(8)相加，即下料长度。

【例 4-12】 由图 4-55 及图 4-56 知：$b=1\ 000$ mm；$h=500$ mm；bhc=30 mm；$d=8$ mm；dz=24 mm；$R=2.5d$；$md=10d$；$i=7$；$j=6$；Pb=6；Ph=5；Qb=2；WQb=2；Qh=1；WQh=2。

解：

(1)求斜筋的角度：

$$\alpha_1^\circ=\arctan\left(\frac{\dfrac{WQh(h-2bhc-dz)}{Ph}}{\dfrac{WQb(b-2bhc-dz)}{Pb}}\right)$$

$$\alpha_1^\circ=\arctan\left(\frac{\dfrac{2(500-60-24)}{5}}{\dfrac{2(1\ 000-60-24)}{6}}\right)$$

$$\approx\arctan\left(\frac{166.4}{305.3}\right)$$

$$\approx\arctan 0.545$$

$$\approx28.59^\circ$$

(2)求 α_2°：

$$\alpha_2^\circ=90^\circ-\alpha_1^\circ$$

$$\approx90^\circ-28.59^\circ$$

$$\approx61.41^\circ$$

(3)求$\dfrac{\alpha_2^\circ}{2}$：

$$\frac{\alpha_2^\circ}{2}\approx\frac{61.41^\circ}{2}$$

$$\approx30.705^\circ$$

(4)求 HI 长度——箍筋中心线直线段长度(把 HI 连线，垂直投影到箍筋中心线上的长度)：

$$HI=\sqrt{\left[\frac{WQb-(b-2bhc-dz)}{Pb}\right]^2+\left[\frac{WQh(h-2bhc-dz)}{Ph}\right]^2}$$

$$=\sqrt{\left[\frac{2(1\ 000-60-24)}{6}\right]^2+\left[\frac{2(500-60-24)}{5}\right]^2}$$

$=\sqrt{\left(\frac{2\times916}{6}\right)^2+\left(\frac{2\times416}{5}\right)^2}$

$=\sqrt{305.3^2+166.4^2}$

$\approx347.73(\mathrm{mm})$

(5)求两条斜线段：

$2\times HI$

$=2\times347.73$

$\approx696(\mathrm{mm})$

(6)求一条竖线段：

$IJ=\frac{Qh(h-2bhc-dz)}{Ph}$

$=\frac{(500-60-24)}{5}$

$\approx83.2(\mathrm{mm})$　(注意只一条)

(7)I、J 处两弧线：

$2\times(R+d/2)\times\alpha_2^\circ\times\pi/180^\circ$

$=6d\times61.41^\circ\times\pi/180^\circ$

$=48\times1.0718$

$=52(\mathrm{mm})$

(8)钩端两弧线长度：

$2\times(R+d/2)\times135^\circ\times\pi/180^\circ$

$=2\times24\times2.356$

$\approx113(\mathrm{mm})$

(9)钩端的直线段：

$2md=2\times10\times8$

$=160(\mathrm{mm})$

(10)中心线下料长度：

两条斜线段＋一条竖线段＋两弧线＋钩端的弧线＋钩端的直线段

$=696+83.2+52+113+160$

$\approx1104(\mathrm{mm})$

(11)计算外皮 L_1：

$L_1=(R+d)+HI+(R+d)\times\tan\frac{\alpha_2^\circ}{2}$

$=28+347.73+28\times\tan30.705^\circ$

$=28+347.73+28\times0.5938$

$\approx392(\mathrm{mm})$

(12)计算外皮 L_2：

L_2 ＝IJ＋2×DE

$=83.2+2\times(R+d)\times\tan\frac{\alpha_2^\circ}{2}$

$=83.2+7d\times\tan 30.705^\circ$

$=83.2+56\times0.594$

≈117(mm)

(13)计算外皮 L_3：

L_3 ＝端弧长度＋$md-(R+d)$

$=(R+d/2)\times135^\circ\times\pi/180^\circ+80-(R+d)$

$=24\times2.356+80-28$

≈109(mm)

(14)计算外皮差值：

当折起角度为 61.41°时＝0.941 7d≈7.53(mm)

总外皮差值为 2×7.53≈15(mm)

(15)外皮法Ⅰ计算下料长度：

$2\times L_1+L_2+2\times L_3-15$

$=2\times392+117+2\times109-15$

≈1 104(mm)

(16)计算外皮 L_1'：

$L_1'=(R+d/2)\times135^\circ\times\pi/180^\circ+HI+(R+d)\times\tan\frac{\alpha_2^\circ}{2}+md$

$=24\times2.356+347.73+3.5d\times\tan 30.705^\circ+80$

$=57+347.73+28\times0.59+80$

≈501(mm)

(17)外皮法Ⅱ计算下料长度：

$2\times L_1'+L_2'-2\times15$

$=2\times501+117-15$

≈1 104(mm)

(18)计算 K_1：

$K_1=392\times\sin\alpha_1^\circ$

$=392\times\sin 28.59^\circ$

$=392\times0.478$

$=187$(mm)

(19)计算 K_2：

$K_2=392\times\cos\alpha_1^\circ$

$=392\times\cos 28.59^\circ$

$=392\times0.878$

$=344$(mm)

(20)计算 K'_1：

$K'_1=501\times\sin\alpha_1^\circ$

$=501\times\sin 28.59^\circ$

$=501\times 0.478$

$=240(mm)$

(21)计算 K'_2：

$K'_2=501\times\cos\alpha_1^\circ$

$=501\times\cos 28.59^\circ$

$=501\times 0.878$

$=440(mm)$

尺寸标注，如图 4-57 所示。

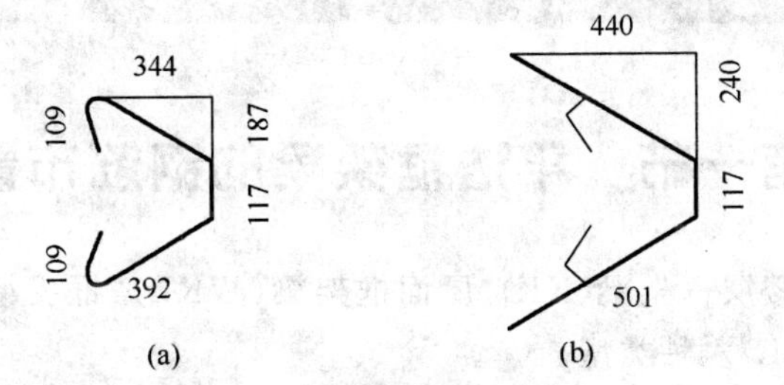

图 4-57　所求钢筋图例(单位：mm)

第五章

平法框架梁纵向钢筋下料计算

第一节　平法框架梁的钢筋布置

平法框架梁可分为楼层框架梁(KL)、屋面框架梁(WKL)、框支梁(KZL)、非框架梁(L)、悬挑梁(XL)、井字梁(JZL)六种类型。

与一般梁相比,平法框架梁除了表现在锚固长度和搭接长度要比一般梁大之外,更明显的区别是一般梁中(除悬挑梁和加腋梁外)很多情况下都要设置45°和60°的纵向弯起钢筋,而平法框架梁中则完全不存在弯起钢筋的设置。图5-1～图5-4所示为平法框架梁的标准构造详图,它显示了各种钢筋在梁中的布置情况。

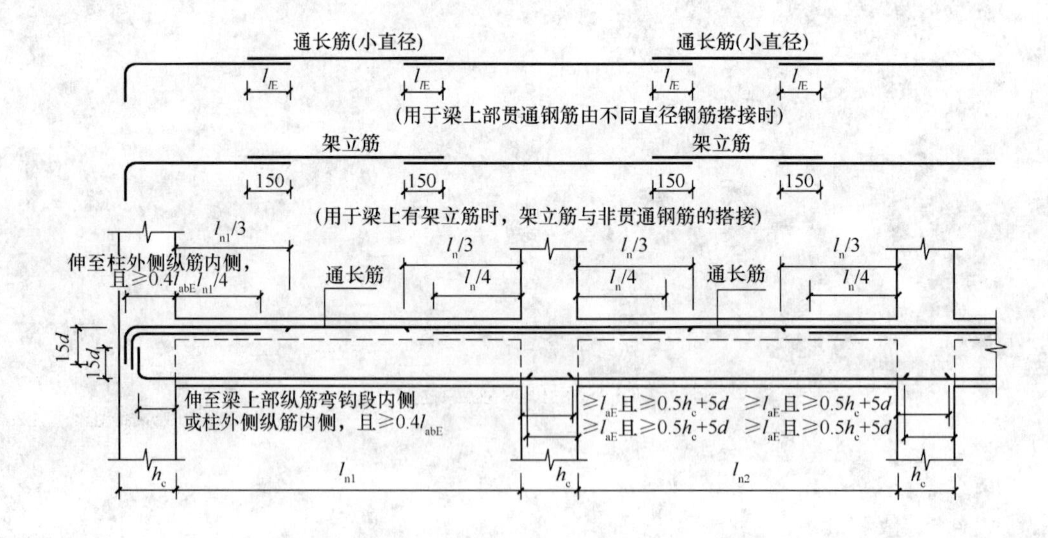

图5-1　抗震楼层框架梁KL纵向钢筋构造

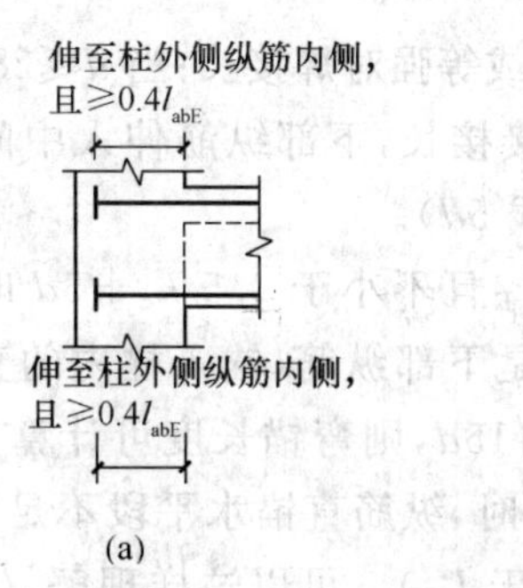

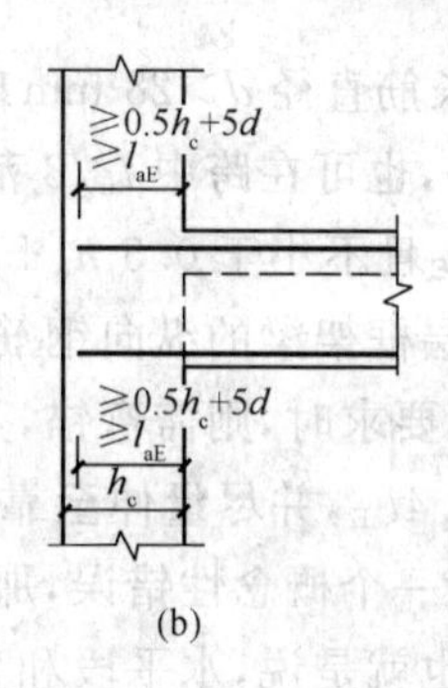

图 5-2　抗震框架梁纵向钢筋端支座锚固

(a)端支座加锚头(锚板)锚固　(b)端支座直锚

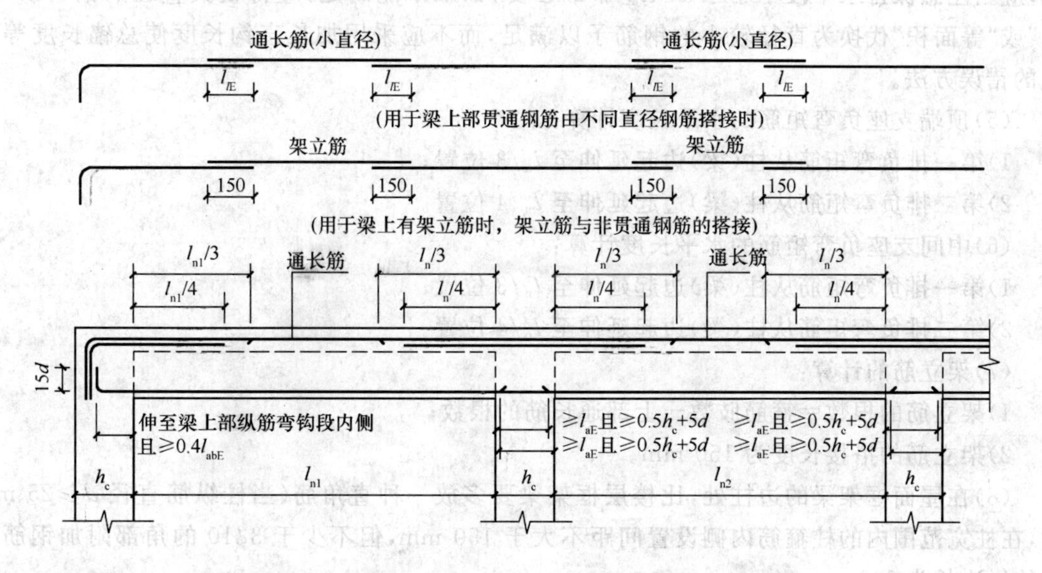

图 5-3　抗震屋面框架梁 WKL 纵向钢筋构造

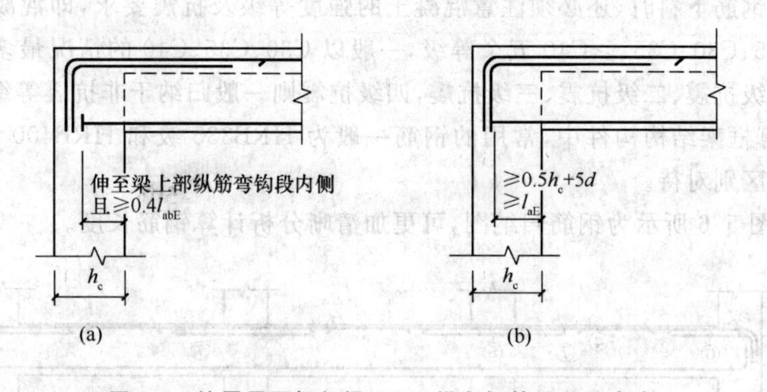

图 5-4　抗震屋面框架梁 WKL 纵向钢筋顶层端支座

(a)顶层端节点梁下部钢筋端头加锚(锚板)锚固　(b)顶层端支座梁下部钢筋直锚

计算下料时需注意事项：

(1)图 5-1、图 5-3 中跨度值 l_n 为左跨 l_{n1} 和右跨 l_{n2} +1 中较大值。

(2)l_{aE}、l_{lE}取值见锚固、搭接长度表。

(3)当通长筋直径 $d>28$ mm 时，应采用机械连接或等强对焊接长；当 $d\leqslant 28$ mm 时，除按图示位置搭接外，也可在跨中 $l_n/3$ 范围内采用一次搭接接长，下部纵筋伸入中间支座的锚固长度需不小于 l_{aE}且不小于 $0.5h_c+5d$(即超过柱中心线 $5d$)。

(4)当楼层框架梁的纵向钢筋直锚长度不小于 l_{aE}且不小于 $0.5h_c+5d$ 时，按直锚计算。当直锚得不到要求时，则需弯锚，不论是上部纵筋还是下部纵筋，锚入柱内的直锚水平段长度均应不小于 $0.4l_{aE}$，并尽量伸至靠近柱外侧纵筋弯折 $15d$，则弯锚长度可计算为 $0.4l_{aE}+15d$。在这时需纠正一个概念性错误，那就是当柱宽度较小时，纵筋直锚水平段不足 l_{aE}，则把不足长度进行弯折(也就是说，水平段和直段长度的总和等于 l_{aE})。可以这样理解，l_{aE}是直锚长度标准，当弯锚时，钢筋的锚固在弯折点处发生本质变化，所以不应以 l_{aE}作为衡量弯锚长度的标准，应当注意保持水平段不小于 $0.4l_{aE}$非常必要，如果不能满足，应将较大直径的钢筋以"等强"或"等面积"代换为直径较小的钢筋予以满足，而不应采用加长直钩长度使总锚长度等于 l_{aE}的错误方法。

(5)顶端支座负弯矩筋的水平长度计算：

1)第一排负弯矩筋从柱(梁)边起延伸至 $l_n/3$ 位置；

2)第二排负弯矩筋从柱(梁)边起延伸至 $l_n/4$ 位置。

(6)中间支座负弯矩筋的水平长度计算：

1)第一排负弯矩筋从柱(梁)边起延伸至 $l_n/3$ 位置；

2)第二排负弯矩筋从柱(梁)边起延伸至 $l_n/4$ 位置。

(7)架立筋的计算：

1)架立筋的根数＝箍筋肢数－上部通长筋的根数；

2)架立筋的搭接长度为 150 mm。

(8)在屋面框架梁的边柱处，比楼层框架梁要多放一种直角筋(当柱纵筋直径 $d\geqslant 25$ mm 时，在柱宽范围内的柱箍筋内侧设置间距不大于 150 mm，但不少于 $3\phi 10$ 的角部附加钢筋)，它的每边长为 300 mm。

(9)在计算钢筋下料时，还必须注意混凝土的强度等级及抗震要求，即混凝土的强度等级一般为 C20、C25、C30、C35、≥C40 五个等级，一般以 C30、C35、C40 的情况最多。抗震要求分三个等级，即一级抗震、二级抗震、三级抗震，四级抗震则一般归纳于非抗震等级中。

(10)在计算框架结构构件中，常用的钢筋一般为 HRB335 级和 HRB400 级钢筋，在计算过程中，要加以区别对待。

如图 5-5、图 5-6 所示为钢筋归纳图，可更加清晰分析计算钢筋长度。

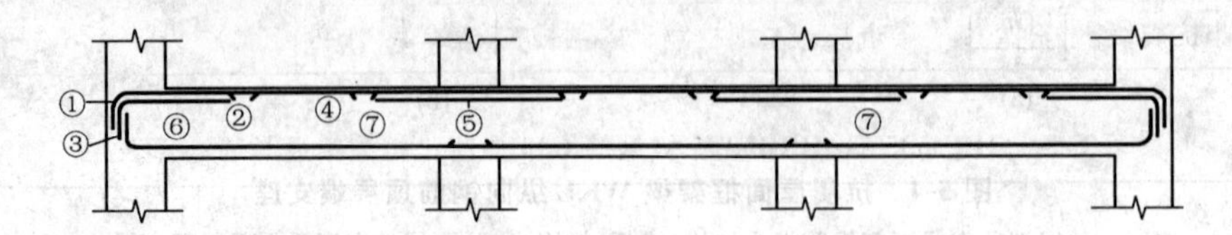

图 5-5 钢筋归纳图(一)

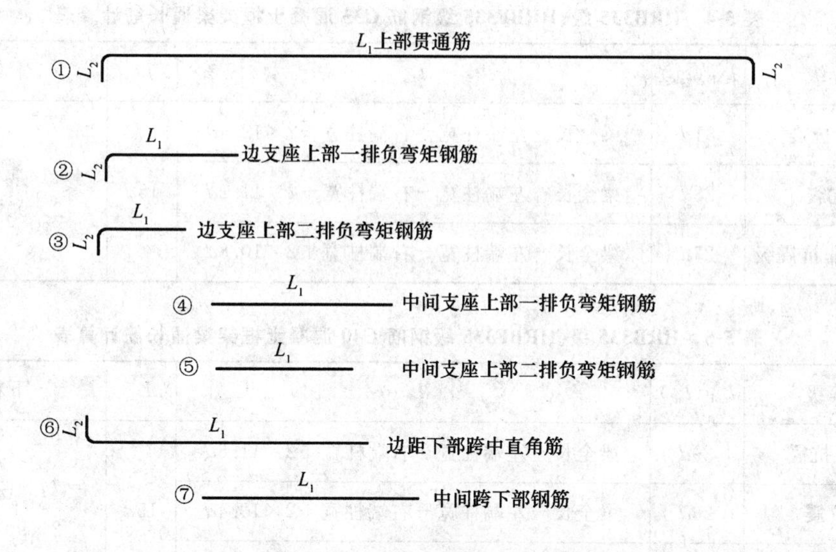

图 5-6　钢筋归纳图(二)

第二节　通长筋下料计算

一、平法框架通长筋下料长度计算(表 5-1～表 5-18)

表 5-1　HRB335 级、HRBF335 级钢筋 C20 混凝土框架梁通长筋计算表(弯锚)

抗震等级	l_{abE}(l_{ab})	L_1	L_2	下料长度
一、二级抗震	44d	梁全长－左端柱宽－右端柱宽＋2×17.6d	15d	L_1＋2×L_2－2×90°外皮差值
三级抗震	40d	梁全长－左端柱宽－右端柱宽＋2×16d		
四级抗震、非抗震级	38 d	梁全长－左端柱宽－右端柱宽＋2×15.2d		

表 5-2　HRB335 级、HRBF335 级钢筋 C25 混凝土框架梁通长筋计算表(弯锚)

抗震等级	l_{abE}(l_{ab})	L_1	L_2	下料长度
一、二级抗震	38d	梁全长－左端柱宽－右端柱宽＋2×15.2d	15d	L_1＋2×L_2－2×90°外皮差值
三级抗震	35d	梁全长－左端柱宽－右端柱宽＋2×14d		
四级抗震、非抗震级	33d	梁全长－左端柱宽－右端柱宽＋2×13.2d		

表 5-3　HRB335 级、HRBF335 级钢筋 C30 混凝土框架梁通长筋计算表

抗震等级	l_{abE}(l_{ab})	L_1	L_2	下料长度
一、二级抗震	33d	梁全长－左端柱宽－右端柱宽＋2×13.2d	15d	L_1＋2×L_2－2×90°外皮差值
三级抗震	31d	梁全长－左端柱宽－右端柱宽＋2×12.4d		
四级抗震、非抗震级	29d	梁全长－左端柱宽－右端柱宽＋2×11.6d		

表 5-4 HRB335 级、HRBF335 级钢筋 C35 混凝土框架梁通长筋计算表

抗震等级	l_{abE}(l_{ab})	L_1	L_2	下料长度
一、二级抗震	31d	梁全长－左端柱宽－右端柱宽＋2×12.4d	15d	L_1＋2×L_2－2×90°外皮差值
三级抗震	28d	梁全长－左端柱宽－右端柱宽＋2×11.2d		
四级抗震、非抗震级	27d	梁全长－左端柱宽－右端柱宽＋2×10.8d		

表 5-5 HRB335 级、HRBF335 级钢筋 C40 混凝土框架梁通长筋计算表

抗震等级	l_{abE}(l_{ab})	L_1	L_2	下料长度
一、二级抗震	29d	梁全长－左端柱宽－右端柱宽＋2×11.6d	15d	L_1＋2×L_2－2×90°外皮差值
三级抗震	26d	梁全长－左端柱宽－右端柱宽＋2×10.4d		
四级抗震、非抗震级	25d	梁全长－左端柱宽－右端柱宽＋2×10d		

表 5-6 HRB400 级、HRBF400 级、RRB400 级钢筋 C25 混凝土框架梁通长筋计算表

抗震等级	l_{abE}(l_{ab})	L_1	L_2	下料长度
一、二级抗震	46d	梁全长－左端柱宽－右端柱宽＋2×18.4d	15d	L_1＋2×L_2－2×90°外皮差值
三级抗震	42d	梁全长－左端柱宽－右端柱宽＋2×16.8d		
四级抗震、非抗震级	40d	梁全长－左端柱宽－右端柱宽＋2×16d		

表 5-7 HRB400 级、HRBF400 级、RRB400 级钢筋 C30 混凝土框架梁通长筋计算表

抗震等级	l_{abE}(l_{ab})	L_1	L_2	下料长度
一、二级抗震	40d	梁全长－左端柱宽－右端柱宽＋2×16d	15d	L_1＋2×L_2－2×90°外皮差值
三级抗震	37d	梁全长－左端柱宽－右端柱宽＋2×14.8d		
四级抗震、非抗震级	35d	梁全长－左端柱宽－右端柱宽＋2×14d		

表 5-8 HRB400 级、HRBF400 级、RRB400 级钢筋 C35 混凝土框架梁通长筋计算表

抗震等级	l_{abE}(l_{ab})	L_1	L_2	下料长度
一、二级抗震	37d	梁全长－左端柱宽－右端柱宽＋2×14.8d	15d	L_1＋2×L_2－2×90°外皮差值
三级抗震	34d	梁全长－左端柱宽－右端柱宽＋2×13.6d		
四级抗震、非抗震级	32d	梁全长－左端柱宽－右端柱宽＋2×12.8d		

表 5-9　HRB400 级、HRBF400 级、RRB400 级钢筋 C40 混凝土框架梁通长筋计算表

抗震等级	l_{abE}(l_{ab})	L_1	L_2	下料长度
一、二级抗震	$33d$	梁全长－左端柱宽－右端柱宽＋$2\times13.2d$	$15d$	$L_1+2\times L_2-$ 2×90°外皮差值
三级抗震	$30d$	梁全长－左端柱宽－右端柱宽＋$2\times12d$		
四级抗震、非抗震级	$29d$	梁全长－左端柱宽－右端柱宽＋$2\times11.6d$		

表 5-10　HRB335 级、HRBF335 级钢筋 C20 混凝土框架梁通长筋计算表(直锚)

抗震等级	l_{abE}(l_{ab})	直锚长度	下料长度 L_1
一、二级抗震	$44d$	$0.5h_c+5d$	梁全长－左端柱宽－右端柱宽＋$2\times44d$ 或 0.5×(左端柱宽＋右端柱宽)＋$10d$
三级抗震	$40d$		梁全长－左端柱宽－右端柱宽＋$2\times40d$ 或 0.5×(左端柱宽＋右端柱宽)＋$10d$
四级抗震、非抗震级	$38d$		梁全长－左端柱宽－右端柱宽＋$2\times38d$ 或 0.5×(左端柱宽＋右端柱宽)＋$10d$

注：l_{aE}(l_a)及 $0.5h_c+5d$ 中取较大值，以下相同。

表 5-11　HRB335 级、HRBF335 级钢筋 C25 混凝土框架梁通长筋计算表(直锚)

抗震等级	l_{abE}(l_{ab})	直锚长度	下料长度 L_1
一、二级抗震	$38d$	$0.5h_c+5d$	梁全长－左端柱宽－右端柱宽＋$2\times38d$ 或 0.5×(左端柱宽＋右端柱宽)＋$10d$
三级抗震	$35d$		梁全长－左端柱宽－右端柱宽＋$2\times35d$ 或 0.5×(左端柱宽＋右端柱宽)＋$10d$
四级抗震、非抗震级	$33d$		梁全长－左端柱宽－右端柱宽＋$2\times33d$ 或 0.5×(左端柱宽＋右端柱宽)＋$10d$

表 5-12　HRB335 级、HRBF335 级钢筋 C30 混凝土框架梁通长筋计算表(直锚)

抗震等级	l_{abE}(l_{ab})	直锚长度	下料长度 L_1
一、二级抗震	$33d$	$0.5h_c+5d$	梁全长－左端柱宽－右端柱宽＋$2\times33d$ 或 0.5×(左端柱宽＋右端柱宽)＋$10d$
三级抗震	$31d$		梁全长－左端柱宽－右端柱宽＋$2\times31d$ 或 0.5×(左端柱宽＋右端柱宽)＋$10d$
四级抗震、非抗震级	$29d$		梁全长－左端柱宽－右端柱宽＋$2\times29d$ 或 0.5×(左端柱宽＋右端柱宽)＋$10d$

表 5-13　HRB335 级、HRBF335 级钢筋 C35 混凝土框架梁通长筋计算表(直锚)

抗震等级	$l_{abE}(l_{ab})$	直锚长度	下料长度 L_1
一、二级抗震	$31d$		梁全长－左端柱宽－右端柱宽＋2×31d 或 0.5×(左端柱宽＋右端柱宽)＋10d
三级抗震	$28d$	$0.5h_c+5d$	梁全长－左端柱宽－右端柱宽＋2×28d 或 0.5×(左端柱宽＋右端柱宽)＋10d
四级抗震、非抗震级	$27d$		梁全长－左端柱宽－右端柱宽＋2×27d 或 0.5×(左端柱宽＋右端柱宽)＋10d

表 5-14　HRB335 级、HRBF335 级钢筋 C40 混凝土框架梁通长筋计算表(直锚)

抗震等级	$l_{abE}(l_{ab})$	直锚长度	下料长度 L_1
一、二级抗震	$29d$		梁全长－左端柱宽－右端柱宽＋2×29d 或 0.5×(左端柱宽＋右端柱宽)＋10d
三级抗震	$26d$	$0.5h_c+5d$	梁全长－左端柱宽－右端柱宽＋2×26d 或 0.5×(左端柱宽＋右端柱宽)＋10d
四级抗震、非抗震级	$25d$		梁全长－左端柱宽－右端柱宽＋2×25d 或 0.5×(左端柱宽＋右端柱宽)＋10d

表 5-15　HRB400 级、HRBF400 级、RRB400 级钢筋 C25 混凝土框架梁通长筋计算表(直锚)

抗震等级	$l_{abE}(l_{ab})$	直锚长度	下料长度 L_1
一、二级抗震	$46d$		梁全长－左端柱宽－右端柱宽＋2×46d 或 0.5×(左端柱宽＋右端柱宽)＋10d
三级抗震	$42d$	$0.5h_c+5d$	梁全长－左端柱宽－右端柱宽＋2×42d 或 0.5×(左端柱宽＋右端柱宽)＋10d
四级抗震、非抗震级	$40d$		梁全长－左端柱宽－右端柱宽＋2×40d 或 0.5×(左端柱宽＋右端柱宽)＋10d

表 5-16　HRB400 级、HRBF400 级、RRB400 级钢筋 C30 混凝土框架梁通长筋计算表(直锚)

抗震等级	$l_{abE}(l_{ab})$	直锚长度	下料长度 L_1
一、二级抗震	$40d$		梁全长－左端柱宽－右端柱宽＋2×40d 或 0.5×(左端柱宽＋右端柱宽)＋10d
三级抗震	$37d$	$0.5h_c+5d$	梁全长－左端柱宽－右端柱宽＋2×37d 或 0.5×(左端柱宽＋右端柱宽)＋10d
四级抗震、非抗震级	$35d$		梁全长－左端柱宽－右端柱宽＋2×35d 或 0.5×(左端柱宽＋右端柱宽)＋10d

表 5-17　HRB400 级、HRBF400 级、RRB400 级钢筋 C35 混凝土框架梁通长筋计算表(直锚)

抗震等级	l_{abE}(l_{ab})	直锚长度	下料长度 L_1
一、二级抗震	37d	0.5h_c+5d	梁全长−左端柱宽−右端柱宽+2×37d 或 0.5×(左端柱宽+右端柱宽)+10d
三级抗震	34d		梁全长−左端柱宽−右端柱宽+2×34d 或 0.5×(左端柱宽+右端柱宽)+10d
四级抗震、非抗震级	32d		梁全长−左端柱宽−右端柱宽+2×32d 或 0.5×(左端柱宽+右端柱宽)+10d

表 5-18　HRB400 级、HRBF400 级、RRB400 级钢筋 C40 混凝土框架梁通长筋计算表(直锚)

抗震等级	l_{abE}(l_{ab})	直锚长度	下料长度 L_1
一、二级抗震	33d	0.5h_c+5d	梁全长−左端柱宽−右端柱宽+2×33d 或 0.5×(左端柱宽+右端柱宽)+10d
三级抗震	30d		梁全长−左端柱宽−右端柱宽+2×30d 或 0.5×(左端柱宽+右端柱宽)+10d
四级抗震、非抗震级	29d		梁全长−左端柱宽−右端柱宽+2×29d 或 0.5×(左端柱宽+右端柱宽)+10d

图 5-7 和图 5-8 分别是钢筋弯锚示意图和钢筋直锚示意图，对框架梁上部通长筋进行了分析与归纳。

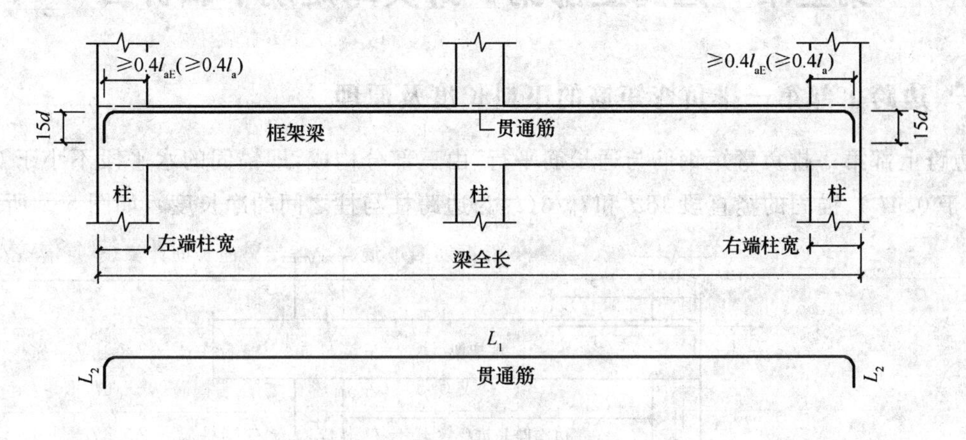

图 5-7　钢筋弯锚示意图

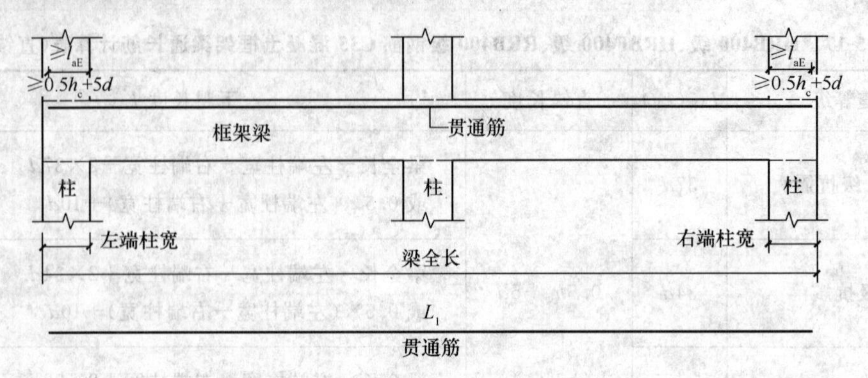

图 5-8 钢筋直锚示意图

二、平法框架上部通长筋计算实例

【例 5-1】 已知某框架梁连续梁长 28 m，抗震等级为一级，采用 HRB335 级钢筋，直径 d＝25 mm，C30 混凝土，两端柱宽均为 500 mm，求钢筋下料长度。

解：

计算这样的梁，第一个条件是看其端支座是直锚还是弯锚。因抗震等级为一级抗震，混凝土强度等级为 C30，钢筋直径为 25 mm，则直锚长度 $l_{aE}=33d=33\times25=825$(mm)，$0.5h_c+5d=0.5\times500+5\times25=375$(mm)，所以应当采用弯锚。

查表 5-3 得：下料长度＝梁全长－左端柱宽－右端柱宽＋$2\times13.2d+2\times15d-2\times2.931d$

$=28-0.5-0.5+26.4d+30d+5.862d$

$=27+62.262\times0.025$

≈28.56(mm)

第三节 边跨上部第一排负弯矩筋下料计算

一、边跨上部第一排负弯矩筋的下料长度及原理

边跨上部第一排负弯矩钢筋与通长筋平行，由三部分构成，即锚固的水平段不小于 $0.4l_{aE}$（不小于 $0.4l_a$）、锚固的竖直段 15d 和 $l_n/3$（l_n 为边跨柱与柱之间的净长度），如图 5-9 所示。

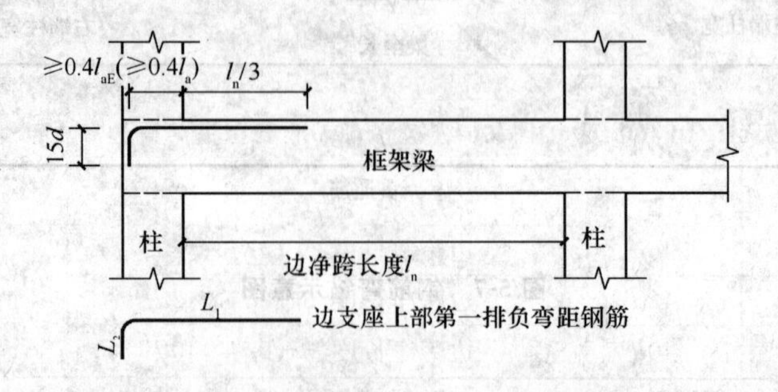

图 5-9 边跨上部第一排负弯矩筋构成

根据图 5-9 可将计算公式列表，见表 5-19～表 5-27。

表 5-19　HRB335 级、HRBF335 级钢筋 C20 混凝土框架梁边跨上部第一排计算表(弯锚)

抗震等级	$l_{abE}(l_{ab})$	L_1	L_2	下料长度
一、二级抗震	44d	边跨净长度/3＋0.4×44d		
三级抗震	40d	边跨净长度/3＋0.4×40d	15d	L_1+L_2-90°外皮差值
四级抗震、非抗震级	38d	边跨净长度/3＋0.4×38d		

表 5-20　HRB335 级、HRBF335 级钢筋 C25 混凝土框架梁边跨上部第一排计算表(弯锚)

抗震等级	$l_{abE}(l_{ab})$	L_1	L_2	下料长度
一、二级抗震	38d	边跨净长度/3＋0.4×38d		
三级抗震	35d	边跨净长度/3＋0.4×35d	15d	L_1+L_2-90°外皮差值
四级抗震、非抗震级	33d	边跨净长度/3＋0.4×33d		

表 5-21　HRB335 级、HRBF335 级钢筋 C30 混凝土框架梁边跨上部第一排计算表(弯锚)

抗震等级	$l_{abE}(l_{ab})$	L_1	L_2	下料长度
一、二级抗震	33d	边跨净长度/3＋0.4×33d		
三级抗震	31d	边跨净长度/3＋0.4×31d	15d	L_1+L_2-90°外皮差值
四级抗震、非抗震级	29d	边跨净长度/3＋0.4×29d		

表 5-22　HRB335 级、HRBF335 级钢筋 C35 混凝土框架梁边跨上部第一排计算表 (弯锚)

抗震等级	$l_{abE}(l_{ab})$	L_1	L_2	下料长度
一、二级抗震	33d	边跨净长度/3＋0.4×33d		
三级抗震	31d	边跨净长度/3＋0.4×31d	15d	L_1+L_2-90°外皮差值
四级抗震、非抗震级	29d	边跨净长度/3＋0.4×29d		

表 5-23　HRB335 级、HRBF335 级钢筋 C40 混凝土框架梁边跨上部第一排计算表(弯锚)

抗震等级	$l_{abE}(l_{ab})$	L_1	L_2	下料长度
一、二级抗震	29d	边跨净长度/3＋0.4×29d		
三级抗震	26d	边跨净长度/3＋0.4×26d	15d	L_1+L_2-90°外皮差值
四级抗震、非抗震级	25d	边跨净长度/3＋0.4×25d		

表 5-24　HRB400 级、HRBF400 级、RRB400 级钢筋 C25 混凝土框架梁边跨上部第一排计算表(弯锚)

抗震等级	$l_{abE}(l_{ab})$	L_1	L_2	下料长度
一、二级抗震	46d	边跨净长度/3＋0.4×46d		
三级抗震	42d	边跨净长度/3＋0.4×42d	15d	L_1+L_2－90°外皮差值
四级抗震、非抗震级	40d	边跨净长度/3＋0.4×40d		

表 5-25 HRB400 级、HRBF400 级、RRB400 级钢筋 C30 混凝土框架梁边跨上部第一排计算表(弯锚)

抗震等级	l_{abE}(l_{ab})	L_1	L_2	下料长度
一、二级抗震	40d	边跨净长度/3＋0.4×40d	15d	L_1＋L_2－90°外皮差值
三级抗震	37d	边跨净长度/3＋0.4×37d		
四级抗震、非抗震级	35d	边跨净长度/3＋0.4×35d		

表 5-26 HRB400 级、HRBF400 级、RRB400 级钢筋 C35 混凝土框架梁边跨上部第一排计算表(弯锚)

抗震等级	l_{abE}(l_{ab})	L_1	L_2	下料长度
一、二级抗震	37d	边跨净长度/3＋0.4×37d	15d	L_1＋L_2－90°外皮差值
三级抗震	34d	边跨净长度/3＋0.4×34d		
四级抗震、非抗震级	32d	边跨净长度/3＋0.4×32d		

表 5-27 HRB400 级、HRBF400 级、RRB400 级钢筋 C40 混凝土框架梁边跨上部第一排计算表(弯锚)

抗震等级	l_{abE}(l_{ab})	L_1	L_2	下料长度
一、二级抗震	33d	边跨净长度/3＋0.4×33d	15d	L_1＋L_2－90°外皮差值
三级抗震	30d	边跨净长度/3＋0.4×30d		
四级抗震、非抗震级	28d	边跨净长度/3＋0.4×28d		

二、边跨上部第一排负弯矩筋下料长度计算实例

【例 5-2】 某框架梁抗震等级为三级，HRB400 级钢筋，直径 d＝28 mm，C30 混凝土，边跨柱与柱之间的净长度为 6 m，求钢筋下料长度。

解：

因为 d＝28 mm＞25 mm

所以 $l_{abE}=l_a\times\zeta_{aE}$

$=l_{ab}\times\zeta_a\times\zeta_{aE}$

$=37d\times1.10\times1.15$

$=46.805d$

下料长度＝净长度/3＋0.4×46.805d＋15d－3.79d

$=2+18.722d+15d-3.79d$

$=2+29.932d$

$=2+29.932\times0.028$

≈2.84(m)

【例 5-3】 已知抗震等级为三级的框架楼层连续梁，选用 HRB335 级钢筋，直径 d＝22 mm，C30 混凝土，边净跨长度为 5.5 m，求加工尺寸(即简图及其外皮尺寸)和下料长度尺寸。

解：

L_1 =净跨长度/3+0.4l_{aE}

=5 500÷3+0.4×31d

≈5 500÷3+12.4d

≈1 833+12.4×22

≈2 106(mm)

L_2 =15d

=15×22

=330(mm)

下料长度=L_1+L_2—外皮差值

=2 106+330−2.931d

=2 106+330−2.931×22

≈2 372(mm)

第四节　边跨上部第二排负弯矩筋下料计算

一、边跨上部第二排负弯矩筋下料长度计算

边跨上部第二排负弯矩钢筋位于通长筋的下部(通长筋为第一排，故称第二排为负弯矩钢筋)。它也由三部分组成，即锚固的水平段不小于 0.41l_{aE}(不小于 0.4l_a)、锚固的竖直段 15d 和 l_n/4(l_n 为边跨柱与柱之间的净长度)组成，如图 5-10 所示。

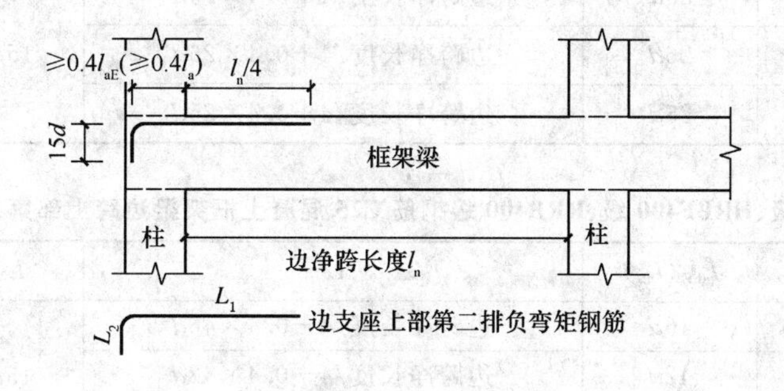

图 5-10　边跨上部第二排负弯矩筋的组成

边跨上部第二排负变矩筋下料长度计算，见表 5-28～表 5-36。

表 5-28　HRB335 级、HRBF335 级钢筋 C20 混凝土框架梁边跨上部第二排计算表(弯锚)

抗震等级	l_{abE}(l_{ab})	L_1	L_2	下料长度
一、二级抗震	44d	边跨净长度/4+0.4×44d	15d	L_1+L_2−90°外皮差值
三级抗震	40d	边跨净长度/4+0.4×40d		
四级抗震、非抗震级	38d	边跨净长度/4+0.4×38d		

表 5-29　HRB335 级、HRBF335 级钢筋 C25 混凝土框架梁边跨上部第二排计算表（弯锚）

抗震等级	l_{abE}（l_{ab}）	L_1	L_2	下料长度
一、二级抗震	38d	边跨净长度/4＋0.4×38d	15d	L_1+L_2-90°外皮差值
三级抗震	35d	边跨净长度/4＋0.4×35d		
四级抗震、非抗震级	33d	边跨净长度/4＋0.4×33d		

表 5-30　HRB335 级、HRBF335 级钢筋 C30 混凝土框架梁边跨上部第二排计算表（弯锚）

抗震等级	l_{abE}（l_{ab}）	L_1	L_2	下料长度
一、二级抗震	33d	边跨净长度/4＋0.4×33d	15d	L_1+L_2-90°外皮差值
三级抗震	31d	边跨净长度/4＋0.4×31d		
四级抗震、非抗震级	29d	边跨净长度/4＋0.4×29d		

表 5-31　HRB335 级、HRBF335 级钢筋 C35 混凝土框架梁边跨上部第二排计算表（弯锚）

抗震等级	l_{abE}（l_{ab}）	L_1	L_2	下料长度
一、二级抗震	31d	边跨净长度/4＋0.4×31d	15d	L_1+L_2-90°外皮差值
三级抗震	28d	边跨净长度/4＋0.4×28d		
四级抗震、非抗震级	27d	边跨净长度/4＋0.4×27d		

表 5-32　HRB335 级、HRBF335 级钢筋 C40 混凝土框架梁边跨上部第二排计算表（弯锚）

抗震等级	l_{abE}（l_{ab}）	L_1	L_2	下料长度
一、二级抗震	29d	边跨净长度/4＋0.4×29d	15d	L_1+L_2-90°外皮差值
三级抗震	26d	边跨净长度/4＋0.4×26d		
四级抗震、非抗震级	25d	边跨净长度/4＋0.4×25d		

表 5-33　HRB400 级、HRBF400 级、RRB400 级钢筋 C25 混凝土框架梁边跨上部第二排计算表（弯锚）

抗震等级	l_{abE}（l_{ab}）	L_1	L_2	下料长度
一、二级抗震	46d	边跨净长度/4＋0.4×46d	15d	L_1+L_2-90°外皮差值
三级抗震	42d	边跨净长度/4＋0.4×42d		
四级抗震、非抗震级	40d	边跨净长度/4＋0.4×40d		

表 5-34　HRB400 级、HRBF400 级、RRB400 级钢筋 C30 混凝土框架梁边跨上部第二排计算表（弯锚）

抗震等级	l_{abE}（l_{ab}）	L_1	L_2	下料长度
一、二级抗震	40d	边跨净长度/4＋0.4×40d	15d	L_1+L_2-90°外皮差值
三级抗震	37d	边跨净长度/4＋0.4×37d		
四级抗震、非抗震级	35d	边跨净长度/4＋0.4×35d		

表 5-35　HRB400 级、HRBF400 级、RRB400 级钢筋 C35 混凝土框架梁边跨上部第二排计算表（弯锚）

抗震等级	l_{abE}（l_{ab}）	L_1	L_2	下料长度
一、二级抗震	$37d$	边跨净长度/4＋0.4×37d	$15d$	L_1＋L_2－90°外皮差值
三级抗震	$34d$	边跨净长度/4＋0.4×34d		
四级抗震、非抗震级	$32d$	边跨净长度/4＋0.4×32d		

表 5-36　HRB400 级、HRBF400 级、RRB400 级钢筋 C40 混凝土框架梁边跨上部第二排计算表(弯锚)

抗震等级	l_{abE}（l_{ab}）	L_1	L_2	下料长度
一、二级抗震	$33d$	边跨净长度/4＋0.4×33d	$15d$	L_1＋L_2－90°外皮差值
三级抗震	$30d$	边跨净长度/4＋0.4×30d		
四级抗震、非抗震级	$29d$	边跨净长度/4＋0.4×29d		

二、边跨上部第二排负弯矩筋下料长度计算实例

【例 5-4】　某框架梁抗震等级为三级，HRB400 级钢筋，直径 d＝25 mm，C30 混凝土，边跨柱与柱之间的净长度为 6.5 m，求钢筋下料长度？

解：

下料长度＝边跨净长度/4＋0.4×37d＋15d－2.931d

＝6.5÷4＋14.8d＋15d－2.931d

＝6.5÷4＋26.869d

＝6.5÷4＋26.869d×0.025

＝1.625＋0.671 725

≈2.30(m)

第五节　中间支座上部直筋下料计算

一、中间支座上部第一排直筋下料长度计算

第一排直筋与通长筋平行，它也由三部分组成，即中间支座的宽度及左右两跨净长度的最大值的 1/3 长度，其具体详图如图 5-11 所示。

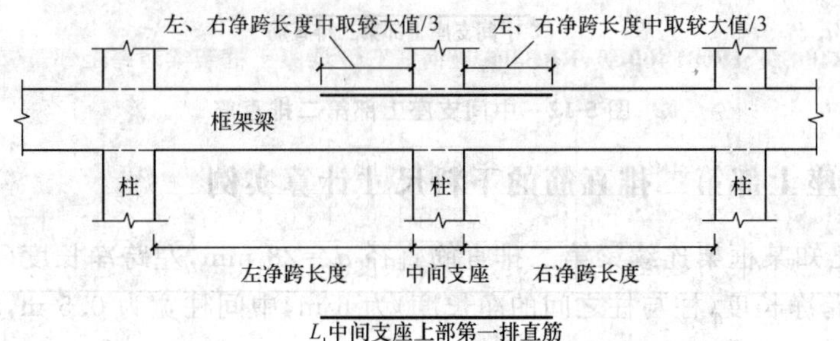

图 5-11　中间支座上部第一排直筋

依据图 5-11：

设左净跨长度$=L_{左}$，右净跨长度$=L_{右}$，左、右净跨长度中较大值$=L_{大}$，则中间支座上部直筋的长度 $L_1=2\times L_{大}/3+$中间柱宽。

二、中间支座上部第一排直筋的下料尺寸计算实例

【例 5-5】 已知某框架连续梁中间支座上部第一排直筋直径 $d=25$ mm，左跨净长度(柱与柱之间的净宽)为 6 m，右跨净长度(柱与柱之间的净长度)为 6.6 m，中间柱宽为 0.5 m，求此钢筋下料长度。

解：

已知 $L_{右}>L_{左}$，故 $L_{大}=6.6$ m。

根据公式 $L_1=2\times L_{大}/3+$中间柱宽，得 $L_1=2\times 6.6/3+0.5=4.9$(m)。

【例 5-6】 已知框架楼层连续梁直径 $d=22$ mm，左净跨长度为 5.6 m，右净跨长度为 5.3 m，柱宽为 500 mm，求钢筋下料长度尺寸。

解：

已知 $L_{左}>L_{右}$，故 $L_{大}=5.6$ m。

根据公式 $L_1=2\times L_{大}/3+$中间柱宽，得 $L_1=2\times 5.6/3+0.5=4.2$(m)。

三、中间支座上部第二排直筋下料长度计算

当设计中第一排直筋不能满足要求时，可布置第二排直筋(位于通长筋下面)，其下料尺寸与第一排直筋基本相同，不同的是第一排取的是左、右两跨中较大跨度的三分之一，而第二排负弯矩筋取的是左、右两跨中较大跨度的四分之一，如图 5-12 所示。

设左净跨长度$=L_{左}$，右净跨长度$=L_{右}$，左、右净跨长度中较大值$=L_{大}$，则有 $L_1=2\times L_{大}/4+$中间柱宽。

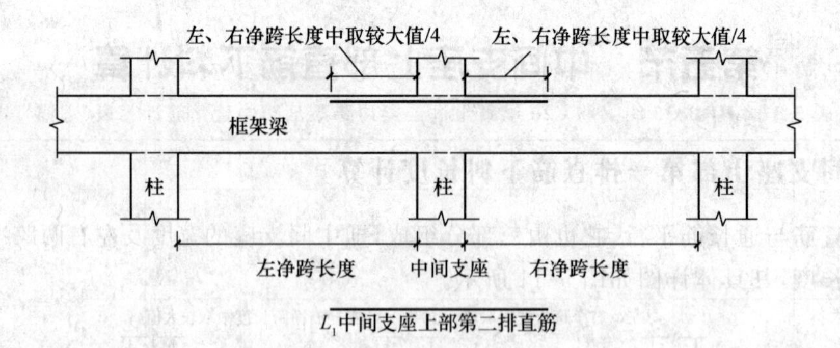

图 5-12 中间支座上部第二排直筋

四、中间支座上部第二排直筋的下料尺寸计算实例

【例 5-7】 已知某框架连续梁第二排直筋直径 $d=28$ mm，左跨净长度(柱与柱之间的净宽)为 5.5 m，右跨净长度(柱与柱之间的净长度)为 6 m，中间柱宽为 0.5 m，求此钢筋的下料长度。

解：

已知 $L_{右}>L_{左}$，故 $L_{大}=6$ m。

根据公式 $L_1=2\times L_{大}/4+$中间柱宽，得：$L_1=2\times 6/4+0.5=3.5$(m)

第六节　边跨下部跨中直角筋下料计算

一、边跨下部跨中直角筋(通长筋)下料长度的计算原理

如图 5-13 所示，边跨下部跨中直角筋由四部分组成，即锚入端柱的水平段不小于 $0.4l_{aE}$(不小于 $0.4l_a$)、锚入端柱的垂直段 $15d$、边跨净长度及锚入中间柱的水平锚固(抗震时，锚固长度为不小于 $0.4l_{aE}$ 或 $0.5h_c+5d$，且两者取较大值；非抗震时为不小于 l_a)。

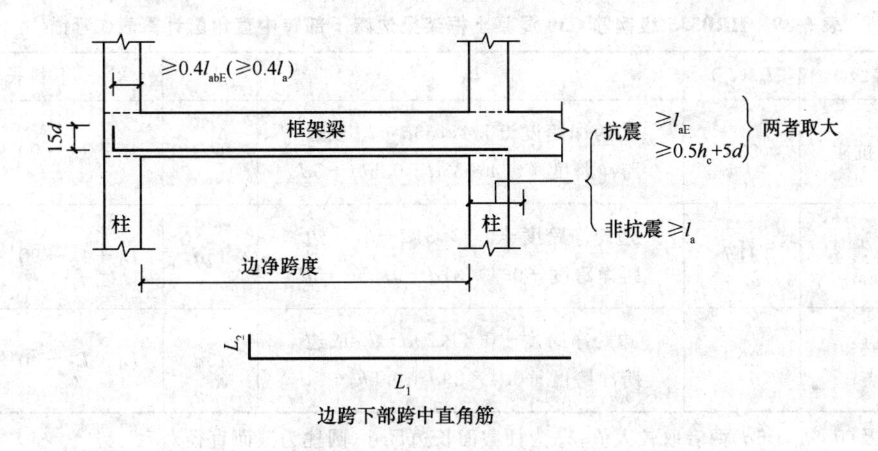

图 5-13　边跨下部跨中直角筋

边跨下部跨中直角筋(通长筋)的钢筋下料长度计算，表 5-37～表 5-45。

表 5-37　HRB335 级钢筋 C20 混凝土框架梁边跨下部跨中直角筋计算表(弯锚)

抗震等级	$l_{aE}(l_a)$	L_1	L_2	下料长度
一、二级抗震	$44d$	边跨净跨度$+0.4\times 44d+l_{aE}$或边跨净跨度$+0.4\times 44d+0.5h_c+5d$	$15d$	$L_1+L_2-90°$外皮差值
三级抗震	$40d$	边跨净跨度$+0.4\times 40+l_{aE}$或边跨净跨度$+0.4\times 40d+0.5h_c+5d$	$15d$	$L_1+L_2-90°$外皮差值
四级抗震 非抗震	$38d$	边跨净跨度$+0.4\times 38d+l_{aE}$或边跨净跨度$+0.4\times 38d+0.5h_c+5d$	$15d$	$L_1+L_2-90°$外皮差值

注：l_{aE}及$(0.5h_c+5d)$两者取较大值，h_c为柱截面长边尺寸(圆柱为截面直径)。

表 5-38 HRB335 级钢筋 C25 混凝土框架梁边跨下部跨中直角筋计算表（弯锚）

抗震等级	$l_{aE}(l_a)$	L_1	L_2	下料长度
一、二级抗震	$38d$	边跨净跨度＋0.4×38d＋l_{aE}或边跨净跨度＋0.4×38d＋0.5h_c＋5d	15d	$L_1+L_2-90°$外皮差值
三级抗震	$35d$	边跨净跨度＋0.4×35d＋l_{aE}或边跨净跨度＋0.4×35d＋0.5h_c＋5d	15d	$L_1+L_2-90°$外皮差值
四级抗震 非抗震	$33d$	边跨净跨度＋0.4×33d＋l_{aE}或边跨净跨度＋0.4×33d＋0.5h_c＋5d	15d	$L_1+L_2-90°$外皮差值

注：l_{aE}及(0.5h_c＋5d)两者取较大值，h_c 为柱截面长边尺寸(圆柱为截面直径)。

表 5-39 HRB335 级钢筋 C30 混凝土框架梁边跨下部跨中直角筋计算表（弯锚）

抗震等级	$l_{aE}(l_a)$	L_1	L_2	下料长度
一、二级抗震	$33d$	边跨净跨度＋0.4×33d＋l_{aE}或边跨净跨度＋0.4×33d＋0.5h_c＋5d	15d	$L_1+L_2-90°$外皮差值
三级抗震	$31d$	边跨净跨度＋0.4×31d＋l_{aE}或边跨净跨度＋0.4×31d＋0.5h_c＋5d	15d	$L_1+L_2-90°$外皮差值
四级抗震 非抗震	$29d$	边跨净跨度＋0.4×29d＋l_{aE}或边跨净跨度＋0.4×29d＋0.5h_c＋5d	15d	$L_1+L_2-90°$外皮差值

注：l_{aE}及(0.5h_c＋5d)两者取较大值，h_c 为柱截面长边尺寸(圆柱为截面直径)。

表 5-40 HRB335 级钢筋 C35 混凝土框架梁边跨下部跨中直角筋计算表(弯锚)

抗震等级	$l_{aE}(l_a)$	L_1	L_2	下料长度
一、二级抗震	$31d$	边跨净跨度＋0.4×31d＋l_{aE}或边跨净跨度＋0.4×31d＋0.5h_c＋5d	15d	$L_1+L_2-90°$外皮差值
三级抗震	$28d$	边跨净跨度＋0.4×28d＋l_{aE}或边跨净跨度＋0.4×28d＋0.5h_c＋5d	15d	$L_1+L_2-90°$外皮差值
四级抗震、非抗震	$27d$	边跨净跨度＋0.4×27d＋l_{aE}或边跨净跨度＋0.4×27d＋0.5h_c＋5d	15d	$L_1+L_2-90°$外皮差值

注：l_{aE}及(0.5h_c＋5d)两者取较大值，h_c 为柱截面长边尺寸(圆柱为截面直径)。

表 5-41 HRB335 级钢筋 C40 混凝土框架梁边跨下部跨中直角筋计算表(弯锚)

抗震等级	$l_{aE}(l_a)$	L_1	L_2	下料长度
一、二级抗震	$29d$	边跨净跨度＋0.4×29d＋l_{aE}或边跨净跨度＋0.4×29d＋0.5h_c＋5d	15d	$L_1+L_2-90°$外皮差值

（续表）

抗震等级	$l_{aE}(l_a)$	L_1	L_2	下料长度
三级抗震	$26d$	边跨净跨度$+0.4\times26d+l_{aE}$或边跨净跨度$+0.4\times26d+0.5h_c+5d$	$15d$	$L_1+L_2-90°$外皮差值
四级抗震、非抗震	$25d$	边跨净跨度$+0.4\times25d+l_{aE}$或边跨净跨度$+0.4\times25d+0.5h_c+5d$	$15d$	$L_1+L_2-90°$外皮差值

注：l_{aE}及$(0.5h_c+5d)$两者取较大值，h_c为柱截面长边尺寸（圆柱为截面直径）。

表 5-42　RRB400 级、HRB400 级钢筋 C25 混凝土框架梁边跨下部跨中直角筋计算表（弯锚）

抗震等级	$l_{aE}(l_a)$	L_1	L_2	下料长度
一、二级抗震	$46d$	边跨净跨度$+0.4\times46d+l_{aE}$或边跨净跨度$+0.4\times46d+0.5h_c+5d$	$15d$	$L_1+L_2-90°$外皮差值
三级抗震	$42d$	边跨净跨度$+0.4\times42d+l_{aE}$或边跨净跨度$+0.4\times42d+0.5h_c+5d$	$15d$	$L_1+L_2-90°$外皮差值
四级抗震、非抗震	$40d$	边跨净跨度$+0.4\times40d+l_{aE}$或边跨净跨度$+0.4\times40d+0.5h_c+5d$	$15d$	$L_1+L_2-90°$外皮差值

注：l_{aE}及$(0.5h_c+5d)$两者取较大值，h_c为柱截面长边尺寸（圆柱为截面直径）。

表 5-43　RRB400 级、HRB400 级钢筋 C30 混凝土框架梁边跨下部跨中直角筋计算表（弯锚）

抗震等级	$l_{aE}(l_a)$	L_1	L_2	下料长度
一、二级抗震	$40d$	边跨净跨度$+0.4\times40d+l_{aE}$或边跨净跨度$+0.4\times40d+0.5h_c+5d$	$15d$	$L_1+L_2-90°$外皮差值
三级抗震	$37d$	边跨净跨度$+0.4\times37d+l_{aE}$或边跨净跨度$+0.4\times37d+0.5h_c+5d$	$15d$	$L_1+L_2-90°$外皮差值
四级抗震、非抗震	$35d$	边跨净跨度$+0.4\times35d+l_{aE}$或边跨净跨度$+0.4\times35d+0.5h_c+5d$	$15d$	$L_1+L_2-90°$外皮差值

注：l_{aE}及$(0.5h_c+5d)$两者取较大值，h_c为柱截面长边尺寸（圆柱为截面直径）。

表 5-44　RRB400 级、HRB400 级钢筋 C35 混凝土框架梁边跨下部跨中直角筋计算表（弯锚）

抗震等级	$l_{aE}(l_a)$	L_1	L_2	下料长度
一、二级抗震	$37d$	边跨净跨度$+0.4\times37d+l_{aE}$或边跨净跨度$+0.4\times37d+0.5h_c+5d$	$15d$	$L_1+L_2-90°$外皮差值
三级抗震	$34d$	边跨净跨度$+0.4\times34d+l_{aE}$或边跨净跨度$+0.4\times34d+0.5h_c+5d$	$15d$	$L_1+L_2-90°$外皮差值
四级抗震、非抗震	$32d$	边跨净跨度$+0.4\times32d+l_{aE}$或边跨净跨度$+0.4\times32d+0.5h_c+5d$	$15d$	$L_1+L_2-90°$外皮差值

注：l_{aE}及$(0.5h_c+5d)$两者取较大值，h_c为柱截面长边尺寸（圆柱为截面直径）。

表 5-45 RRB400 级、HRB400 级钢筋 C40 混凝土框架梁边跨下部跨中直角筋计算表(弯锚)

抗震等级	$l_{aE}(l_a)$	L_1	L_2	下料长度
一、二级抗震	$33d$	边跨净跨度$+0.4\times33d+l_{aE}$或边跨净跨度$+0.4\times33d+0.5h_c+5d$	$15d$	$L_1+L_2-90°$外皮差值
三级抗震	$30d$	边跨净跨度$+0.4\times30d+l_{aE}$或边跨净跨度$+0.4\times30d+0.5h_c+5d$	$15d$	$L_1+L_2-90°$外皮差值
四级抗震、非抗震	$29d$	边跨净跨度$+0.4\times29d+l_{aE}$或边跨净跨度$+0.4\times29d+0.5h_c+5d$	$15d$	$L_1+L_2-90°$外皮差值

注:l_{aE}及$(0.5h_c+5d)$两者取较大值,h_c为柱截面长边尺寸(圆柱为截面直径)。

二、边跨下部跨中钢筋下料长度计算实例

【例 5-8】 已知某框架连续梁的抗震等级为三级,HRB335 级钢筋,直径 $d=25$ mm,C35 混凝土,其边跨净长为 6 m,端柱和中间柱宽均为 0.5 m,试计算其钢筋下料长度。

解:

根据前表可知,中间支座锚固值应取较大值:

$$l_{aE}=28d=28\times0.025=0.7(\text{m})$$

$$0.5h_c+5d=0.5\times0.5+5\times0.025=0.375(\text{m})$$

l_{aE}值大于$0.5h_c+5d$,故表中锚固值取$l_{aE}=0.7$ m。

下料长度$=$边跨净跨度$+0.4\times28d+l_{aE}+15d-90°$外皮差值

$=6+54.2d-2.931d$

$=6+51.269\times0.025$

$=7.28(\text{mm})$

【例 5-9】 已知抗震等级为四级的框架楼层连续梁,选用 HRB335(Ⅱ)级钢筋,直径 $d=22$ mm,C30 混凝土,边净跨长度为 5.2 m,柱宽 400 mm,求其加工尺寸(即简图及其外皮尺寸)和下料长度尺寸。

解:

$l_{aE}=29d$

$=29\times22$

$=638(\text{mm})$

$0.5h_c+5d$

$=200+110$

$=310(\text{mm})$

因为 $l_{aE}>0.5h_c+5d$

所以取 l_{aE}

$L_1=$边跨净跨度$+0.4\times29d+29d$

$=5.2+40.6d$

$=5.2+40.6\times0.022$

$=5.2+0.8932$

$=6.0932(m)$

$L_2=15d=15\times0.022=0.33(m)$

下料长度$=L_1+L_2-90°$外皮差值

$=6.0932+0.33-2.931d$

$=6.0932+0.33-2.931\times0.022$

$=6.0932+0.33-0.064482$

$=6.35718(m)$

第七节　中间跨下部钢筋下料计算

一、中间跨下部钢筋下料长度计算

中间跨下部钢筋可由三部分组成，即中间净跨长度、锚入左柱部分和锚入右柱部分，如图 5-14 所示。

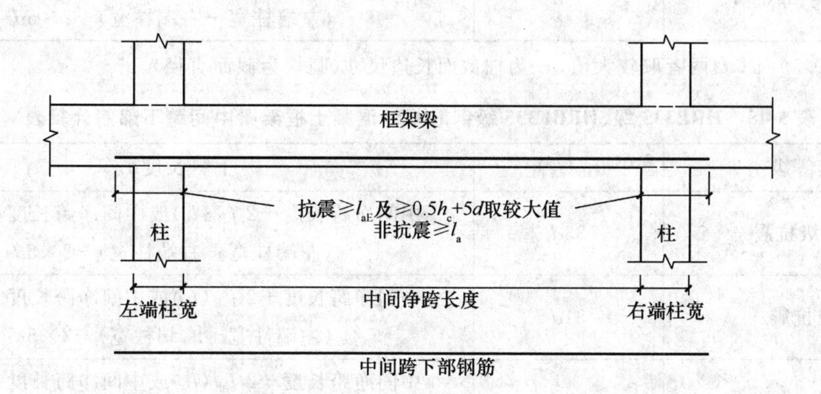

图 5-14　中间跨下部钢筋的组成

图中，中间跨下部钢筋长度(L_1)等于中间净跨长度、锚入左柱锚固长、锚入右柱锚固长三者的和。

和前面讲过的一样，锚入左柱部分长度和锚入右柱部分锚固长度均取$\geqslant l_{aE}$和$\geqslant 0.5h_c+5d$的较大值(非抗震$\geqslant l_a$)。但应注意：当左、右两柱的宽度不相等时，两个锚固值是不相等的，为了方便起见，我们将其称为“左柱锚固值”和“右柱锚固值”，现将中间跨下部钢筋长度计算公式总结为下列各表(表 5-46～表 5-54)。

表 5-46 HRB335 级、HRBF335 级钢筋 C20 混凝土框架梁中间跨下部筋计算表

抗震等级	$l_{aE}(l_a)$	下料长度 L_1
一、二级抗震	$44d$	中间净跨长度＋2 $l_{aE}(l_a)$或中间净跨长度＋0.5×(左端柱宽＋右端柱宽)＋2×5d
三级抗震	$40d$	中间净跨长度＋2 $l_{aE}(l_a)$或中间净跨长度＋0.5×(左端柱宽＋右端柱宽)＋2×5d
四级抗震、非抗震	$38d$	中间净跨长度＋2 $l_{aE}(l_a)$或中间净跨长度＋0.5×(左端柱宽＋右端柱宽)＋2×5d

注：l_{aE}及$(0.5h_c+5d)$两者取较大值，h_c 为柱截面长边尺寸(圆柱为截面直径)。

表 5-47 HRB335 级、HRBF335 级和 HRBF 级钢筋 C25 混凝土框架梁中间跨下部筋计算表

抗震等级	$l_{aE}(l_a)$	下料长度 L_1
一、二级抗震	$38d$	中间净跨长度＋2 $l_{aE}(l_a)$或中间净跨长度＋0.5×(左端柱宽＋右端柱宽)＋2×5d
三级抗震	$35d$	中间净跨长度＋2 $l_{aE}(l_a)$或中间净跨长度＋0.5×(左端柱宽＋右端柱宽)＋2×5d
四级抗震、非抗震	$33d$	中间净跨长度＋2 $l_{aE}(l_a)$或中间净跨长度＋0.5×(左端柱宽＋右端柱宽)＋2×5d

注：l_{aE}及$(0.5h_c+5d)$两者取较大值，h_c 为柱截面长边尺寸(圆柱为截面直径)。

表 5-48 HRB335 级、HRBF335 级钢筋 C30 混凝土框架梁中间跨下部筋计算表

抗震等级	$l_{aE}(l_a)$	下料长度 L_1
一、二级抗震	$33d$	中间净跨长度＋2 $l_{aE}(l_a)$或中间净跨长度＋0.5×(左端柱宽＋右端柱宽)＋2×5d
三级抗震	$31d$	中间净跨长度＋2 $l_{aE}(l_a)$或中间净跨长度＋0.5×(左端柱宽＋右端柱宽)＋2×5d
四级抗震、非抗震	$29d$	中间净跨长度＋2 $l_{aE}(l_a)$或中间净跨长度＋0.5×(左端柱宽＋右端柱宽)＋2×5d

注：l_{aE}及$(0.5h_c+5d)$两者取较大值，h_c 为柱截面长边尺寸(圆柱为截面直径)。

表 5-49 HRB335 级、HRBF335 级钢筋 C35 混凝土框架梁中间跨下部筋计算表

抗震等级	$l_{aE}(l_a)$	下料长度 L_1
一、二级抗震	$31d$	中间净跨长度＋2 $l_{aE}(l_a)$或中间净跨长度＋0.5×(左端柱宽＋右端柱宽)＋2×5d
三级抗震	$28d$	中间净跨长度＋2 $l_{aE}(l_a)$或中间净跨长度＋0.5×(左端柱宽＋右端柱宽)＋2×5d
四级抗震、非抗震	$27d$	中间净跨长度＋2 $l_{aE}(l_a)$或中间净跨长度＋0.5×(左端柱宽＋右端柱宽)＋2×5d

注：l_{aE}及$(0.5h_c+5d)$两者取较大值，h_c 为柱截面长边尺寸(圆柱为截面直径)。

表 5-50　HRB335 级、HRBF335 级钢筋 C40 混凝土框架梁中间跨下部筋计算表

抗震等级	$l_{aE}(l_a)$	下料长度 L_1
一、二级抗震	$29d$	中间净跨长度＋2 $l_{aE}(l_a)$或中间净跨长度＋0.5×(左端柱宽＋右端柱宽)＋2×5d
三级抗震	$26d$	中间净跨长度＋2 $l_{aE}(l_a)$或中间净跨长度＋0.5×(左端柱宽＋右端柱宽)＋2×5d
四级抗震、非抗震	$25d$	中间净跨长度＋2 $l_{aE}(l_a)$或中间净跨长度＋0.5×(左端柱宽＋右端柱宽)＋2×5d

注：l_{aE}及$(0.5h_c+5d)$两者取较大值，h_c 为柱截面长边尺寸(圆柱为截面直径)。

表 5-51　RRB400 级、HRB400 级和 HRBF400 级钢筋 C25 混凝土框架梁中间跨下部筋计算表

抗震等级	$l_{aE}(l_a)$	下料长度 L_1
一、二级抗震	$46d$	中间净跨长度＋2 $l_{aE}(l_a)$或中间净跨长度＋0.5×(左端柱宽＋右端柱宽)＋2×5d
三级抗震	$42d$	中间净跨长度＋2 $l_{aE}(l_a)$或中间净跨长度＋0.5×(左端柱宽＋右端柱宽)＋2×5d
四级抗震、非抗震	$40d$	中间净跨长度＋2 $l_{aE}(l_a)$或中间净跨长度＋0.5×(左端柱宽＋右端柱宽)＋2×5d

注：l_{aE}及$(0.5h_c+5d)$两者取较大值，h_c 为柱截面长边尺寸(圆柱为截面直径)。

表 5-52　RRB400 级、HRB400 级、HRBF400 级钢筋 C30 混凝土框架梁中间跨下部筋计算表

抗震等级	$l_{aE}(l_a)$	下料长度 L_1
一、二级抗震	$40d$	中间净跨长度＋2 $l_{aE}(l_a)$或中间净跨长度＋0.5×(左端柱宽＋右端柱宽)＋2×5d
三级抗震	$37d$	中间净跨长度＋2 $l_{aE}(l_a)$或中间净跨长度＋0.5×(左端柱宽＋右端柱宽)＋2×5d
四级抗震、非抗震	$35d$	中间净跨长度＋2 $l_{aE}(l_a)$或中间净跨长度＋0.5×(左端柱宽＋右端柱宽)＋2×5d

注：l_{aE}及$(0.5h_c+5d)$两者取较大值，h_c 为柱截面长边尺寸(圆柱为截面直径)。

表 5-53　RRB400 级、HRB400 级、HRBF400 级钢筋 C35 混凝土框架梁中间跨下部筋计算表

抗震等级	$l_{aE}(l_a)$	下料长度 L_1
一、二级抗震	$37d$	中间净跨长度＋2 $l_{aE}(l_a)$或中间净跨长度＋0.5×(左端柱宽＋右端柱宽)＋2×5d
三级抗震	$34d$	中间净跨长度＋2 $l_{aE}(l_a)$或中间净跨长度＋0.5×(左端柱宽＋右端柱宽)＋2×5d
四级抗震、非抗震	$32d$	中间净跨长度＋2 $l_{aE}(l_a)$或中间净跨长度＋0.5×(左端柱宽＋右端柱宽)＋2×5d

注：l_{aE}及$(0.5h_c+5d)$两者取较大值，h_c 为柱截面长边尺寸(圆柱为截面直径)。

表 5-54　RRB400 级、HRB400 级、HRBF400 级钢筋 C40 混凝土框架梁中间跨下部筋计算表

抗震等级	$l_{aE}(l_a)$	下料长度 L_1
一、二级抗震	$33d$	中间净跨长度＋2 $l_{aE}(l_a)$或中间净跨长度＋0.5×(左端柱宽＋右端柱宽)＋2×5d
三级抗震	$30d$	中间净跨长度＋2 $l_{aE}(l_a)$或中间净跨长度＋0.5×(左端柱宽＋右端柱宽)＋2×5d
四级抗震、非抗震	$29d$	中间净跨长度＋2 $l_{aE}(l_a)$或中间净跨长度＋0.5×(左端柱宽＋右端柱宽)＋2×5d

注：l_{aE}及$(0.5h_c+5d)$两者取较大值，h_c为柱截面长边尺寸(圆柱为截面直径)。

二、中间跨下钢筋下料长度计算实例

【例 5-10】　某混凝土框架连续梁，中间跨下钢筋选用 HRB335 级钢筋，直径 $d=28$ mm，C35 混凝土，一级抗震，中间净跨长度为 5.2 m，左柱宽 500 mm，右柱宽 450 mm，求中间跨下钢筋的下料尺寸。

解：

根据前面的图文解释，无论是左柱还是右柱都应取 l_{aE} 和 $0.5h_c+5d$ 的较大值，下面我们来计算其较大值。

左柱锚固值：

$$l_{aE}=31d=31\times0.028=0.868(\text{m})$$

$$0.5h_c+5d=0.5\times0.5+5\times0.028=0.35(\text{m})$$

l_{aE} 值大于 $0.5h_c+5d$，故左柱锚固值取 $l_{aE}=0.868(\text{m})$。

右柱锚固值：

$$l_{aE}=31d=31\times0.028=0.868(\text{m})$$

$$0.5h_c+5d=0.5\times0.45+5\times0.028=0.365(\text{m})$$

l_{aE} 值大于 $0.5h_c+5d$，故右柱锚固值取 $l_{aE}=0.868$ m。

下料长度＝中间净跨长度＋$62d$

$=5.2+62\times0.028$

$=6.936(\text{m})$

【例 5-11】　已知抗震等级为三级的框架楼层连续梁，选用 HRB335 级钢筋，直径 $d=22$ mm，C30 混凝土，中间净跨长度为 4.9 m，左柱宽 400 mm，右柱宽 500 mm，求加工尺寸(即简图及其外皮尺寸)和下料长度尺寸(HRB335 级钢筋 C30 混凝土框架中间跨下部筋在三级抗震中 $l_{aE}=31d$)。

解：

首先求出 l_{aE} 值：

$l_{aE}=31d$

$=31\times22$

$=682(\text{mm})$

求左锚固值：

$0.5h_c+5d$

$=0.5\times400+5\times22$

$=200+110$

$=310$(mm)

310 mm与682 mm比较，左锚固值＝682 mm。

求右锚固值：

$0.5h_c+5d$

$=0.5\times500+5\times22$

$=250+110$

$=360$(mm)

360 mm与682 mm比较，右锚固值＝682 mm。

求 L_1（这里 L_1＝下料长度）：

$L_1=682+4\,900+682$

$=6\,264$(mm)

第八节　边跨和中跨搭接架立筋下料计算

一、边跨搭接架立筋下料长度计算

如图5-15所示，边跨搭接架立筋在柱端与边跨上部第一排负弯矩筋搭接，在中间与中间支座上部第一排负弯矩筋搭接，其搭接长度的规定是：设计为抗震要求时，有通长筋时搭接长度为150 mm，无通长筋时为 l_{lE}，还需参考前面搭接长度的修正系数，即纵向钢筋搭接接头面积不大于25%时乘系数1.2、等于50%时乘系数1.4、等于100%时乘系数1.6。

边跨搭接架立筋的长度＝边跨净长度－边跨净长度/3－左、右跨净长度中较大值/3＋2×搭接长度

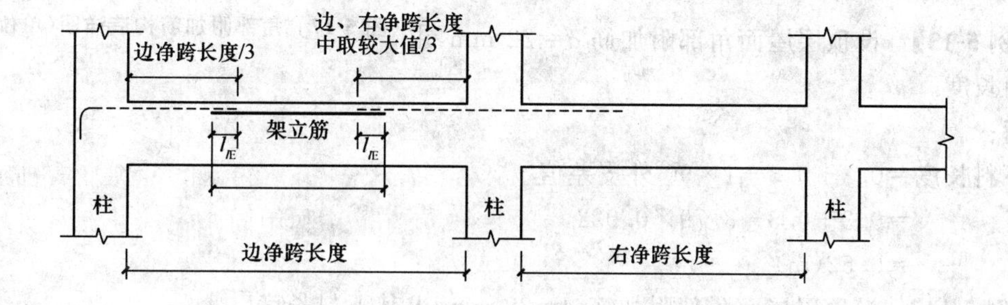

图5-15　边跨搭接架立筋的下料长度计算图例

二、边跨搭接架立筋下料长度计算实例

【例 5-12】 如图 5-15(连续梁中有通长筋)所示,已知边跨净长度为 6 m,右跨净长度为 5.3 m,求架立筋的下料长度。

解:

已知边跨长度 6 m 大于右跨长度 5.5 m,所以左右跨净长度中的较大值为 6 m。

根据以上公式:

边跨搭接架立筋长度为 6－6/3－6/3＋2×0.15＝2.3(m)。

三、中跨搭接架立筋的下料长度计算

如图 5-16 所示,为中跨搭接架立筋与左、右净跨长度及中间跨净跨长度的关系。其搭接长度的规定是:设计为抗震要求时,有通长筋时搭接长度为 150 mm,无通长筋时为 l_{lE}。

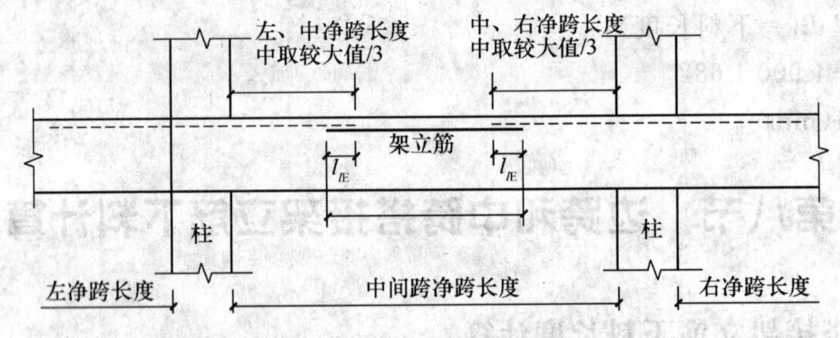

图 5-16 中跨搭接架立筋图例

中跨搭接长度与边跨搭接长度计算方法相同,在此不在讲述。

四、角部附加筋的下料长度计算

从前面的标准构造详图中可以看出,角部附加筋用在顶屋面梁与边角柱的节点处,它的详图如图 5-17 所示。

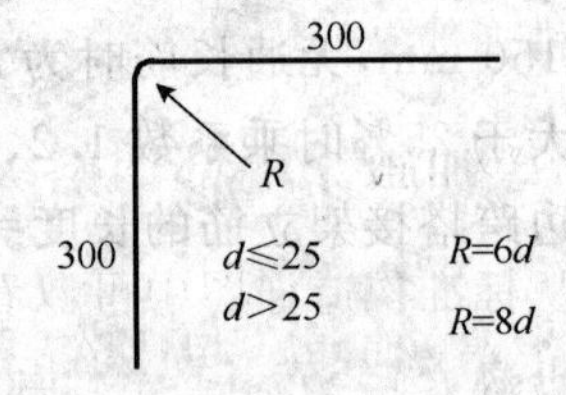

图 5-17 角部附加筋构造详图(单位:mm)

【例 5-13】 设顶层屋面角部附加筋 d＝22 mm,求其下料长度。

解:

下料长度＝0.3＋0.3－1×90°外皮差值

＝0.3＋0.3－3.79×0.022

＝0.52(m)

【例 5-14】 设顶层屋面角部附加筋 d＝28 mm,求其下料长度。

解:

下料长度＝0.3＋0.3－1×90°外皮差值

＝0.3＋0.3－4.648×0.028

＝0.47(m)

第九节 框架梁加腋下部斜纵筋下料计算

一、框架梁加腋下部斜纵筋的标准构造详图

框架梁加腋下部斜纵筋的标准构造详图如图 5-18 所示。

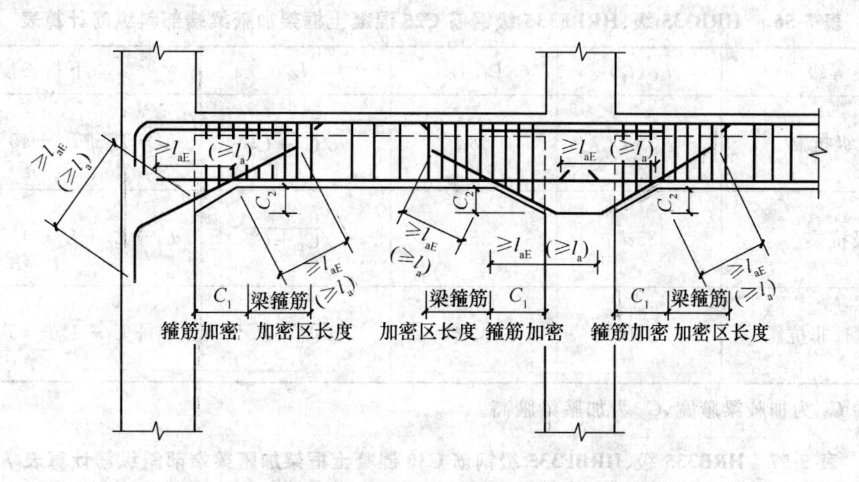

图 5-18 框架梁加腋下部斜纵筋的标准构造详图

框架梁加腋下部斜纵筋分两大类，即框架梁端部斜纵筋和框架梁与柱交接处的"╲＿╱"字形斜纵筋。

在计算时，当梁结构平法施工图中加腋部分的配筋未注明时，其梁腋的下部斜筋为伸入支座的梁下部纵筋根数 n 的 $n-1$ 根(且不少于两根)，并插空布置。

二、加腋梁端部的斜纵筋的计算

从标准构造详图中可以看出，加腋梁端部的斜纵筋由三部分组成：第一部分为斜插在梁中的斜纵梁 $L_1[l_{aE}(l_a)]$，第二部分为斜插于腋下部的斜纵梁 $L_2\sqrt{C_1^2+C_2^2}$，第三部分为斜插于端柱中至端柱边缘后弯下的斜纵筋不小于 $l_{aE}(l_a)$，故加腋梁端部的长度为 $2\ l_{aE}+\sqrt{C_1^2+C_2^2}-45°$外皮差值(45°弯钩外皮差值为：当 $d\leqslant 25$ mm 时，$R=4d$，外皮差值为 $0.608d$。当 $d>25$ mm 时，$R=6d$，外皮差值为 $0.694d$)。

我们将各种情况下的加腋梁端部的斜纵筋计算公式列为以下各表(表5-55～表 5-63)，供计算时使用。

表 5-55 HRB335 级、HRBF335 级钢筋 C20 混凝土框架加腋梁端部斜纵筋计算表

抗震等级	$l_{aE}(l_a)$	L_1、L_3	L_2	下料长度
一、二级抗震	$44d$	$44d$	$\sqrt{C_1^2+C_2^2}$	$L_1+L_2+L_3-45°$外皮差值
三级抗震	$40d$	$40d$	$\sqrt{C_1^2+C_2^2}$	$L_1+L_2+L_3-45°$外皮差值

（续表）

抗震等级	$l_{aE}(l_a)$	L_1、L_3	L_2	下料长度
四级抗震、非抗震	$38d$	$38d$	$\sqrt{C_1^2+C_2^2}$	$L_1+L_2+L_3-45°$外皮差值

注：表中 C_1 为加腋梁腋宽，C_2 为加腋梁腋高。

表 5-56　HRB335 级、HRBF335 级钢筋 C25 混凝土框架加腋梁端部斜纵筋计算表

抗震等级	$l_{aE}(l_a)$	L_1、L_3	L_2	下料长度
一、二级抗震	$38d$	$38d$	$\sqrt{C_1^2+C_2^2}$	$L_1+L_2+L_3-45°$外皮差值
三级抗震	$35d$	$35d$	$\sqrt{C_1^2+C_2^2}$	$L_1+L_2+L_3-45°$外皮差值
四级抗震、非抗震	$33d$	$33d$	$\sqrt{C_1^2+C_2^2}$	$L_1+L_2+L_3-45°$外皮差值

注：表中 C_1 为加腋梁腋宽，C_2 为加腋梁腋高。

表 5-57　HRB335 级、HRBF335 级钢筋 C30 混凝土框架加腋梁端部斜纵筋计算表

抗震等级	$l_{aE}(l_a)$	L_1、L_3	L_2	下料长度
一、二级抗震	$33d$	$33d$	$\sqrt{C_1^2+C_2^2}$	$L_1+L_2+L_3-45°$外皮差值
三级抗震	$31d$	$31d$	$\sqrt{C_1^2+C_2^2}$	$L_1+L_2+L_3-45°$外皮差值
四级抗震、非抗震	$29d$	$29d$	$\sqrt{C_1^2+C_2^2}$	$L_1+L_2+L_3-45°$外皮差值

注：表中 C_1 为加腋梁腋宽，C_2 为加腋梁腋高。

表 5-58　HRB335 级、HRBF335 级钢筋 C35 混凝土框架加腋梁端部斜纵筋计算表

抗震等级	$l_{aE}(l_a)$	L_1、L_3	L_2	下料长度
一、二级抗震	$31d$	$31d$	$\sqrt{C_1^2+C_2^2}$	$L_1+L_2+L_3-45°$外皮差值
三级抗震	$28d$	$28d$	$\sqrt{C_1^2+C_2^2}$	$L_1+L_2+L_3-45°$外皮差值
四级抗震、非抗震	$27d$	$27d$	$\sqrt{C_1^2+C_2^2}$	$L_1+L_2+L_3-45°$外皮差值

注：表中 C_1 为加腋梁腋宽，C_2 为加腋梁腋高。

表 5-59　HRB335 级、HRBF335 级钢筋 C40 混凝土框架加腋梁端部斜纵筋计算表

抗震等级	$l_{aE}(l_a)$	L_1、L_3	L_2	下料长度
一、二级抗震	$29d$	$29d$	$\sqrt{C_1^2+C_2^2}$	$L_1+L_2+L_3-45°$外皮差值
三级抗震	$26d$	$26d$	$\sqrt{C_1^2+C_2^2}$	$L_1+L_2+L_3-45°$外皮差值
四级抗震、非抗震	$25d$	$25d$	$\sqrt{C_1^2+C_2^2}$	$L_1+L_2+L_3-45°$外皮差值

注：表中 C_1 为加腋梁腋宽，C_2 为加腋梁腋高。

表 5-60　HRB400 级、RRB400 级、HRBF400 级钢筋 C25 混凝土框架加腋梁端部斜纵筋计算表

抗震等级	$l_{aE}(l_a)$	L_1、L_3	L_2	下料长度
一、二级抗震	$46d$	$46d$	$\sqrt{C_1^2+C_2^2}$	$L_1+L_2+L_3-45°$外皮差值
三级抗震	$42d$	$42d$	$\sqrt{C_1^2+C_2^2}$	$L_1+L_2+L_3-45°$外皮差值
四级抗震、非抗震	$40d$	$40d$	$\sqrt{C_1^2+C_2^2}$	$L_1+L_2+L_3-45°$外皮差值

注：表中 C_1 为加腋梁腋宽，C_2 为加腋梁腋高。

表 5-61　HRB400 级、RRB400 级、HRBF400 级钢筋 C30 混凝土框架加腋梁端部斜纵筋计算表

抗震等级	$l_{aE}(l_a)$	L_1、L_3	L_2	下料长度
一、二级抗震	$40d$	$40d$	$\sqrt{C_1^2+C_2^2}$	$L_1+L_2+L_3-45°$外皮差值
三级抗震	$37d$	$37d$	$\sqrt{C_1^2+C_2^2}$	$L_1+L_2+L_3-45°$外皮差值
四级抗震、非抗震	$35d$	$35d$	$\sqrt{C_1^2+C_2^2}$	$L_1+L_2+L_3-45°$外皮差值

注：表中 C_1 为加腋梁腋宽，C_2 为加腋梁腋高。

表 5-62　HRB400 级、RRB400 级、HRBF400 级钢筋 C35 混凝土框架加腋梁端部斜纵筋计算表

抗震等级	$l_{aE}(l_a)$	L_1、L_3	L_2	下料长度
一、二级抗震	$45d$	$45d$	$\sqrt{C_1^2+C_2^2}$	$L_1+L_2+L_3-45°$外皮差值
三级抗震	$41d$	$41d$	$\sqrt{C_1^2+C_2^2}$	$L_1+L_2+L_3-45°$外皮差值

（续表）

抗震等级	$l_{aE}(l_a)$	L_1、L_3	L_2	下料长度
四级抗震、非抗震	$39d$	$39d$	$\sqrt{C_1^2+C_2^2}$	$L_1+L_2+L_3-45°$外皮差值

注：表中 C_1 为加腋梁腋宽，C_2 为加腋梁腋高。

表 5-63 HRB400 级、RRB400 级、HRBF400 级钢筋 C40 混凝土框架加腋梁端部斜纵筋计算表

抗震等级	$l_{aE}(l_a)$	L_1、L_3	L_2	下料长度
一、二级抗震	33	33	$\sqrt{C_1^2+C_2^2}$	$L_1+L_2+L_3-45°$外皮差值
三级抗震	30	30	$\sqrt{C_1^2+C_2^2}$	$L_1+L_2+L_3-45°$外皮差值
四级抗震、非抗震	29	29	$\sqrt{C_1^2+C_2^2}$	$L_1+L_2+L_3-45°$外皮差值

注：表中 C_1 为加腋梁腋宽，C_2 为加腋梁腋高。

三、加腋梁端部斜纵筋钢筋下料计算实例

【例 5-15】 已知抗震等级为三级的 C30 混凝土加腋梁，HRB335 级钢筋直径为 22 mm，其腋宽为 0.5 m，腋高为 0.3 m，试计算加腋梁端部斜纵筋的下料长度。

解：

下料长度 $=L_1+L_2+L_3-45°$外皮差值

$=31d+\sqrt{C_1^2+C_2^2}+31d-0.608d$

$=62d+\sqrt{0.5^2+0.3^2}-0.608d$

$\approx 61.392d+0.583$

$\approx 61.392\times 0.022+0.583$

≈ 1.934(m)

四、框架梁加腋中间下部"╲＿╱"字形斜纵筋的计算

从标准构造详图中可知，"╲＿╱"字形斜纵筋由三部分组成，即左右两侧的斜筋 L_1、L_2 和与柱子等宽（需减去两个保护层）的横筋 L_3，可以看出，左右两侧的斜筋相等，即 $L_1=L_2=l_{aE}(l_a)+\sqrt{C_1^2+C_2^2}$，中间的横筋与柱子宽度（需减去两个保护层）相等，因此"╲＿╱"字形斜纵筋的下料长度为：

$$2\times(l_{aE}+\sqrt{C_1^2+C_2^2})+\text{柱宽}-2\text{个保护层}-2\text{个}45°\text{弯钩外皮差值}$$

（注：45°弯钩外皮差值为：当 $d\leqslant 25$ mm 时，$R=4d$，外皮差值为 $0.608d$；当 $d>25$ mm 时，$R=5d$，外皮差值为 $0.694d$）。

为了方便计算，我们将各种情况下的框架梁加腋中间下部“＼＿／”字形斜纵筋计算公式列表（表5-64～表5-72），供计算时查阅。

表5-64 HRB335级、HRBF335级钢筋C20混凝土加腋梁中间下部“＼＿／”字形钢筋计算表

抗震等级	$l_{aE}(l_a)$	L_1、L_2	L_3	下料长度
一、二级抗震	$44d$	$44d+\sqrt{C_1^2+C_2^2}$	中柱宽－2个保护层	$L_1+L_2+L_3$ $-2\times45°$外皮差值
三级抗震	$40d$	$40d+\sqrt{C_1^2+C_2^2}$		
四级抗震、非抗震	$38d$	$38d+\sqrt{C_1^2+C_2^2}$		

注：表中C_1为加腋梁腋宽，C_2为加腋梁腋高。

表5-65 HRB335级、HRBF335级钢筋C25混凝土加腋梁中间下部“＼＿／”字形钢筋计算表

抗震等级	$l_{aE}(l_a)$	L_1、L_2	L_3	下料长度
一、二级抗震	$38d$	$38d+\sqrt{C_1^2+C_2^2}$	中柱宽－2个保护层	$L_1+L_2+L_3$ $-2\times45°$外皮差值
三级抗震	$35d$	$35d+\sqrt{C_1^2+C_2^2}$		
四级抗震、非抗震	$33d$	$33d+\sqrt{C_1^2+C_2^2}$		

注：表中C_1为加腋梁腋宽，C_2为加腋梁腋高。

表5-66 HRB335级、HRBF335级钢筋C30混凝土加腋梁中间下部“＼＿／”字形钢筋计算表

抗震等级	$l_{aE}(l_a)$	L_1、L_2	L_3	下料长度
一、二级抗震	$33d$	$33d+\sqrt{C_1^2+C_2^2}$	中柱宽－2个保护层	$L_1+L_2+L_3$ $-2\times45°$外皮差值
三级抗震	$31d$	$31d+\sqrt{C_1^2+C_2^2}$		
四级抗震、非抗震	$29d$	$29d+\sqrt{C_1^2+C_2^2}$		

注：表中C_1为加腋梁腋宽，C_2为加腋梁腋高。

表5-67 HRB335级、HRBF335级钢筋C35混凝土加腋梁中间下部“＼＿／”字形钢筋计算表

抗震等级	$l_{aE}(l_a)$	L_1、L_2	L_3	下料长度
一、二级抗震	$31d$	$31d+\sqrt{C_1^2+C_2^2}$	中柱宽－2个保护层	$L_1+L_2+L_3$ $-2\times45°$外皮差值
三级抗震	$28d$	$28d+\sqrt{C_1^2+C_2^2}$		
四级抗震、非抗震	$27d$	$27d+\sqrt{C_1^2+C_2^2}$		

注：表中C_1为加腋梁腋宽，C_2为加腋梁腋高。

表 5-68　HRB335 级、HRBF335 级钢筋 C40 混凝土加腋梁中间下部"_/"字形钢筋计算表

抗震等级	$l_{aE}(l_a)$	L_1、L_2	L_3	下料长度
一、二级抗震	$29d$	$29d+\sqrt{C_1^2+C_2^2}$	中柱宽－2个保护层	$L_1+L_2+L_3-2\times45°$外皮差值
三级抗震	$26d$	$26d+\sqrt{C_1^2+C_2^2}$		
四级抗震、非抗震	$25d$	$25d+\sqrt{C_1^2+C_2^2}$		

注：表中 C_1 为加腋梁腋宽，C_2 为加腋梁腋高。

表 5-69　HRB400 级、RRB400 级、HRBF400 级钢筋 C25 混凝土加腋梁中间下部"_/"字形钢筋计算表

抗震等级	$l_{aE}(l_a)$	L_1、L_2	L_3	下料长度
一、二级抗震	$46d$	$46d+\sqrt{C_1^2+C_2^2}$	中柱宽－2个保护层	$L_1+L_2+L_3-2\times45°$外皮差值
三级抗震	$42d$	$42d+\sqrt{C_1^2+C_2^2}$		
四级抗震、非抗震	$40d$	$40d+\sqrt{C_1^2+C_2^2}$		

注：表中 C_1 为加腋梁腋宽，C_2 为加腋梁腋高。

表 5-70　HRB400 级、RRB400 级、HRBF400 级钢筋 C30 混凝土加腋梁中间下部"_/"字形钢筋计算表

抗震等级	$l_{aE}(l_a)$	L_1、L_2	L_3	下料长度
一、二级抗震	$40d$	$40d+\sqrt{C_1^2+C_2^2}$	中柱宽－2个保护层	$L_1+L_2+L_3-2\times45°$外皮差值
三级抗震	$37d$	$37d+\sqrt{C_1^2+C_2^2}$		
四级抗震、非抗震	$35d$	$35d+\sqrt{C_1^2+C_2^2}$		

注：表中 C_1 为加腋梁腋宽，C_2 为加腋梁腋高。

表 5-71　HRB400 级、RRB400 级、HRBF400 级钢筋 C35 混凝土加腋梁中间下部"_/"字形钢筋计算表

抗震等级	$l_{aE}(l_a)$	L_1、L_2	L_3	下料长度
一、二级抗震	$37d$	$37d+\sqrt{C_1^2+C_2^2}$	中柱宽－2个保护层	$L_1+L_2+L_3-2\times45°$外皮差值
三级抗震	$34d$	$34d+\sqrt{C_1^2+C_2^2}$		
四级抗震、非抗震	$32d$	$32d+\sqrt{C_1^2+C_2^2}$		

注：表中 C_1 为加腋梁腋宽，C_2 为加腋梁腋高。

表 5-72　HRB400 级、RRB400 级、HRBF400 级钢筋 C40 混凝土加腋梁中间下部“╲＿╱”字形钢筋计算表

抗震等级	$l_{aE}(l_a)$	L_1、L_2	L_3	下料长度
一、二级抗震	$33d$	$33d+\sqrt{C_1^2+C_2^2}$	中柱宽－2个保护层	$L_1+L_2+L_3$－2×45°外皮差值
三级抗震	$30d$	$30d+\sqrt{C_1^2+C_2^2}$		
四级抗震、非抗震	$29d$	$29d+\sqrt{C_1^2+C_2^2}$		

注：表中 C_1 为加腋梁腋宽，C_2 为加腋梁腋高。

五、框架加腋梁中间下部“╲＿╱”字形钢筋计算实例

【例 5-16】　某框架加腋梁为 HRB335 级钢筋，d＝28 mm，采用 C30 混凝土制作，其加腋梁的腋宽为 0.4 m，腋高为 0.3 m，中间柱宽为 0.5 m，保护层为 0.025 m，抗震等级为二级抗震，试计算其中间下部“╲＿╱”字形钢筋的下料长度。

解：

已知：d＝28 mm＞25 mm，二级抗震、HRB335 级钢筋，C_1＝0.4 m、C_2＝0.3 m。

下料长度＝$L_1+L_2+L_3$－2×45°外皮差值

＝$(33d+\sqrt{C_1^2+C_2^2})\times2$＋中柱宽－2 个保护层－2×45°外皮差值

$=66d+2\times\sqrt{C_1^2+C_2^2}+0.5-2\times0.025-2\times0.608d$

$=66d+2\times\sqrt{0.4^2+0.3^2}+0.5-0.05-1.216d$

$=64.784d+2\times0.5+0.5-0.05$

$=64.784\times0.028+1+0.5-0.05$

≈3.264(m)

第十节　框架梁附架吊筋下料计算

一、框架梁附加吊筋标准构造详图

对于图 5-19 标准构造详图中的弯起角度 45°和 60°表示：当梁高不大于 800 mm 时，弯起角度为 45°；当梁高大于 800 mm 时，弯起角度为 60°。附加吊筋可分为五个小部分，即上部左边和右边的平直段 L_1、L_2，左边和右边的斜段 L_3、L_4 和下部的平直段 L_5。

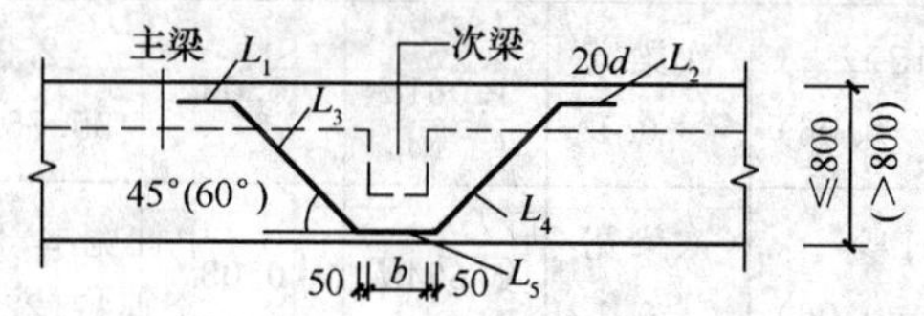

图 5-19　框架梁附加吊筋标准构造详图(单位：mm)

附加吊筋的钢筋下料原理分析：

从标准构造详图中可以看出，上部左边和右边的平直段 L_1、L_2 均为 $20d$。对于左边和右

边的斜段长度为 L_3、L_4：当梁高不大于 800 mm，即弯起角度为 45°时，斜边的长度为 1.414h，即 1.414×(梁高－2 个保护层)；当梁高大于 800 mm，即弯起角度为 60°时，斜边的长度为 1.155h，即 1.155×(梁高－2 个保护层)。L_5 为下部的平直段，长度为 b＋2×0.05，即 b＋0.1 m(b 为上部次梁的宽度)。这五部分长度相加后，还应减去 4 个 45°或 60°的弯曲调整值(当 $d\leqslant$ 25 mm 时，60°的弯曲调整值为 1.061d；当 $d>$25 mm 时，60°的弯曲调整值为 1.276d)。

二、框架梁附加吊筋下料的计算

框架梁附加吊筋的下料计算总结公式见(表 5-73～表 5-76)。

表 5-73 平法钢筋 C25～C45 混凝土附加吊筋钢筋下料计算表(一类环境)

(单位：m)

直径	角度	L_1、L_2	L_3、L_4	L_5	调整值	保护层	下料长度 $L_1+L_2+L_3+L_4+L_5-4\times$调整值
$d\leqslant25$	45°	20d	1.414×(梁高－0.05)	次梁宽＋0.1	0.608d	0.025	2.828×主梁高＋次梁宽＋37.568d－0.041
	60°	20d	1.115×(梁高－0.05)	次梁宽＋0.1	1.061d	0.025	2.31×主梁高＋次梁宽＋35.756d－0.02
$d>25$	45°	20d	1.414×(梁高－0.05)	次梁宽＋0.1	0.694d	0.025	2.828×主梁高＋次梁宽＋35.224d－0.041
	60°	20d	1.115×(梁高－0.05)	次梁宽＋0.1	1.276d	0.025	2.31×主梁高＋次梁宽＋34.896d－0.02

表 5-74 平法钢筋 C25～C45 混凝土附加吊筋钢筋下料计算表(二类环境的 a 类)

(单位：m)

直径	角度	L_1、L_2	L_3、L_4	L_5	调整值	保护层	下料长度 $L_1+L_2+L_3+L_4+L_5-4\times$调整值
$d\leqslant25$	45°	20d	1.414×(梁高－0.06)	次梁宽＋0.1	0.608d	0.03	2.828×主梁高＋次梁宽＋37.568d－0.07
	60°	20d	1.15×(梁高－0.06)	次梁宽＋0.1	1.061d	0.03	2.31×主梁高＋次梁宽＋35.756d－0.04
$d>25$	45°	20d	1.414×(梁高－0.06)	次梁宽＋0.1	0.694d	0.03	2.828×主梁高＋次梁宽＋37.224d－0.07
	60°	20d	1.155×(梁高－0.06)	次梁宽＋0.1	1.276d	0.03	2.31×主梁高＋次梁宽＋34.896d－0.04

表 5-75　平法钢筋 C25～C45 混凝土附加吊筋钢筋下料计算表(二类环境的 b 类)

(单位:m)

直径	角度	L_1、L_2	L_3、L_4	L_5	调整值	保护层	下料长度 $L_1+L_2+L_3+L_4+L_5-4\times$调整值
$d\leqslant25$	45°	$20d$	1.414×(梁高－0.07)	次梁宽＋0.1	0.608d	0.035	2.828×主梁高＋次梁宽＋37.568d－0.07
	60°	$20d$	1.155×(梁高－0.07)	次梁宽＋0.1	1.061d	0.035	2.31×主梁高＋次梁宽＋35.756d－0.1
$d>25$	45°	$20d$	1.414×(梁高－0.06)	次梁宽＋0.1	0.694d	0.035	2.828×主梁高＋次梁宽＋37.224d－0.01
	60°	$20d$	1.155×(梁高－0.07)	次梁宽＋0.1	1.276d	0.035	2.31×主梁高＋次梁宽＋34.896d－0.06

表 5-76　平法钢筋 C25～C45 混凝土附加吊筋钢筋下料计算表(三类环境)

(单位:m)

直径	角度	L_1、L_2	L_3、L_4	L_5	调整值	保护层	下料长度 $L_1+L_2+L_3+L_4+L_5-4\times$调整值
$d\leqslant25$	45°	$20d$	1.414×(梁高－0.08)	次梁宽＋0.1	0.608d	0.04	2.828×主梁高＋次梁宽＋37.568d－0.13
	60°	$20d$	1.155×(梁高－0.08)	次梁宽＋0.1	1.061d	0.04	2.31×主梁高＋次梁宽＋35.756d－0.09
$d>25$	45°	$20d$	1.414×(梁高－0.08)	次梁宽＋0.1	0.694d	0.04	2.828×主梁高＋次梁宽＋37.224d－0.13
	60°	$20d$	1.155×(梁高－0.08)	次梁宽＋0.1	1.276d	0.04	2.31×主梁高＋次梁宽＋34.896d－0.09

三、框架梁附加吊筋钢筋下料计算实例

【例 5-17】　某框架梁的钢筋采用 HRB335 级钢筋,$d=22$ mm,抗震等级三级,混凝土强度等级为 C30,一类环境工程,主梁高 600 mm,次梁宽 300 mm,试计算附加吊筋的下料长度。

解:

已知主梁高 600 mm<800 mm,可得出附加吊筋的弯起角度为 45°,$d=22$ mm<25 mm,一类工程,根据上表可知其下料计算公式为:

$L=2.828\times$主梁高$+$次梁宽$+37.568d-0.041$

$=2.828\times0.6+0.3+37.568\times0.022-0.041$

$=2.782$(m)

第六章

平法框架柱纵向钢筋下料计算

第一节　钢筋布置

一、框架柱的形式

框架柱中的钢筋，按位置不同可区分为顶层钢筋、中层钢筋、底层钢筋。若柱中的钢筋较多的时候，同类钢筋需要长短交错排列放置，由此又有长筋和短筋之分。

框架柱根据柱所处的位置的不同，可分为中柱、边柱和角柱三种，如图 6-1 所示。

框架柱根据柱的形式不同，可分为下图所列十种柱，如图 6-2～图 6-11 所示。

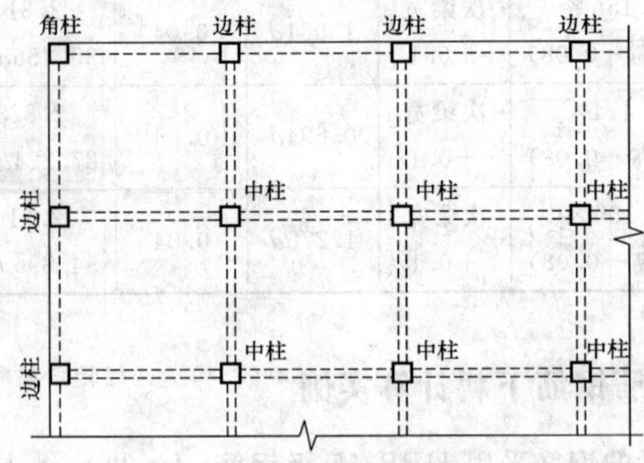

图 6-1　中柱、边柱和角柱位置示意图

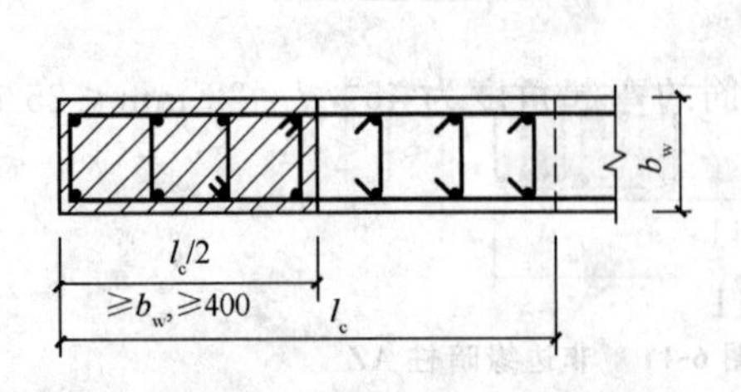

图 6-2　约束边缘暗柱 YAZ(单位：mm)

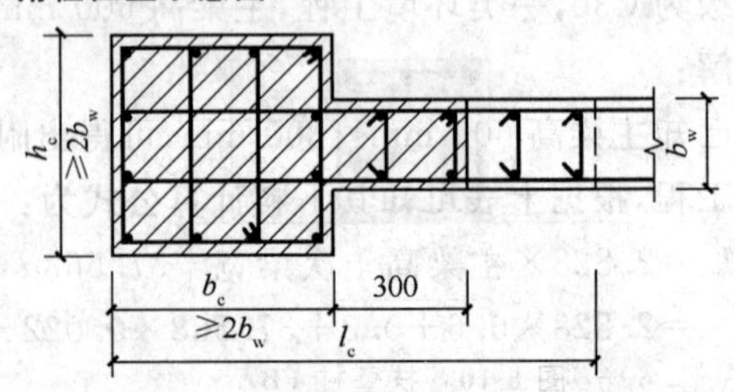

图 6-3　约束边缘端柱 YDZ(单位：mm)

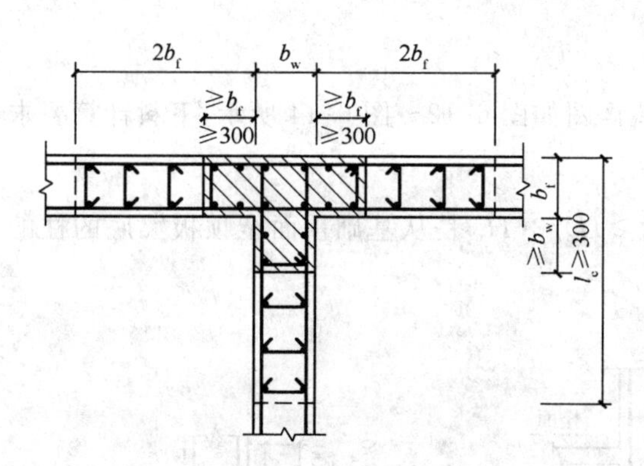

图 6-4　约束边缘翼墙(柱)YYZ(单位:mm)

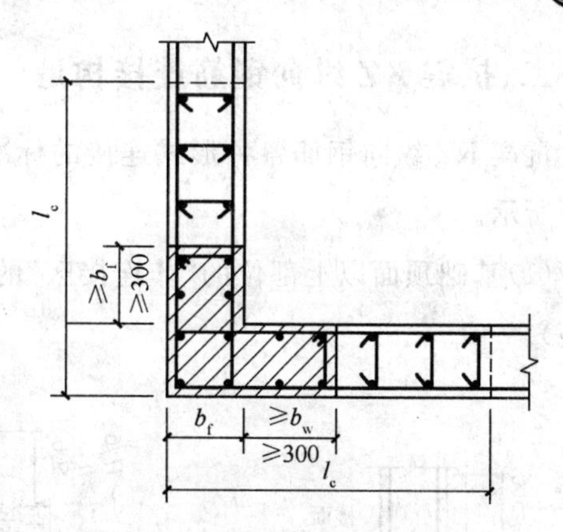

图 6-5　约束边缘转角墙(柱)YJZ(单位:mm)

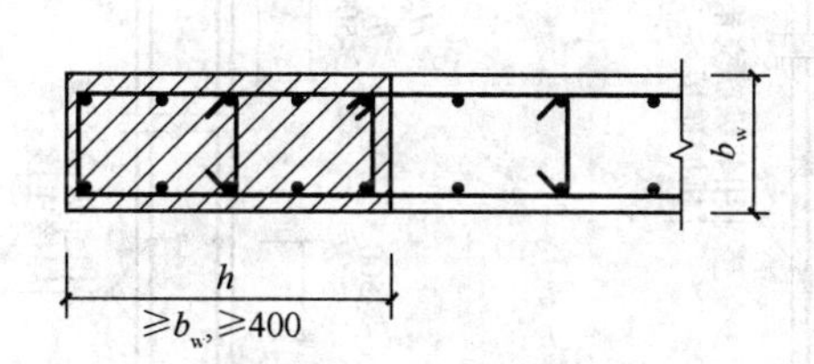

图 6-6　构造边缘暗柱 GAZ(单位:mm)

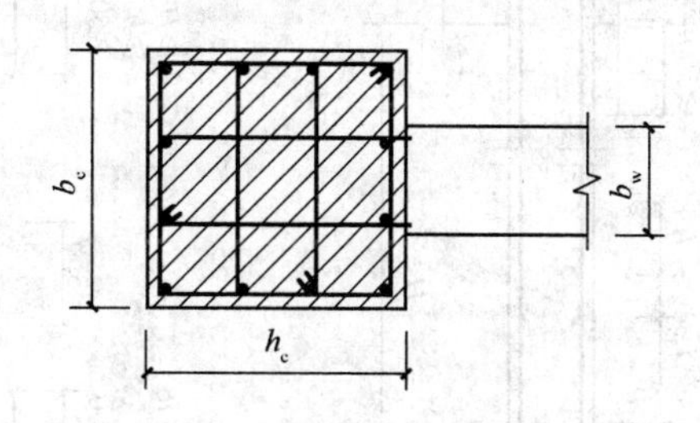

图 6-7　构造边缘端柱 GDZ

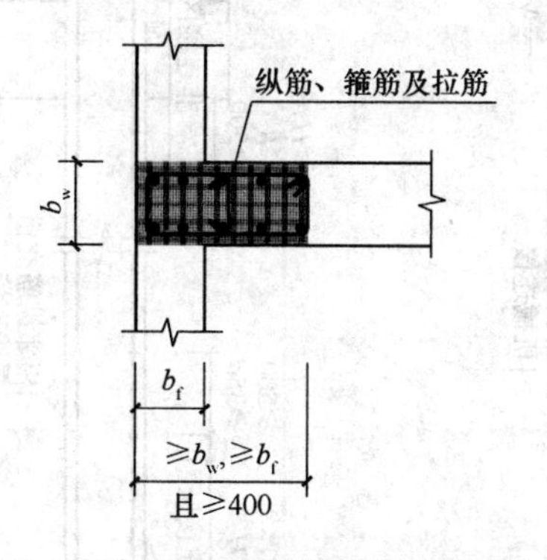

图 6-8　构造边缘翼墙(柱)GYZ(单位:mm)

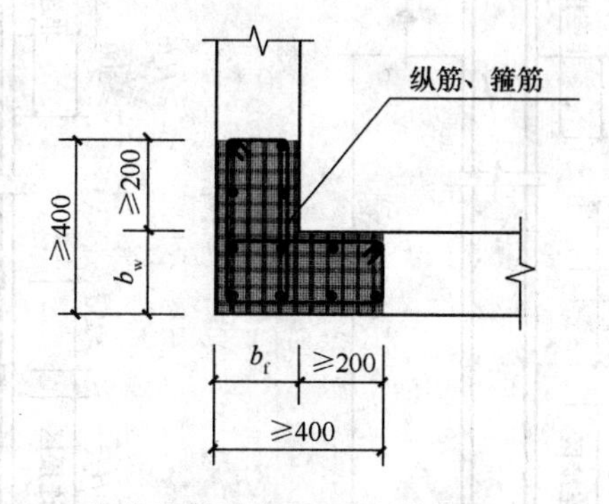

图 6-9　构造边缘转角柱 GJZ(单位:mm)

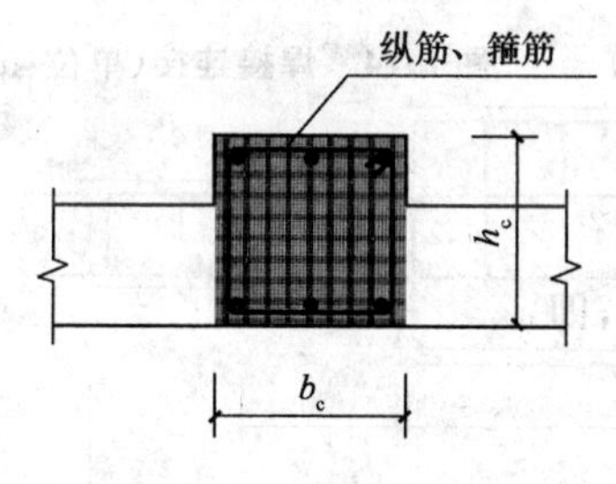

图 6-10　扶壁柱 FBZ

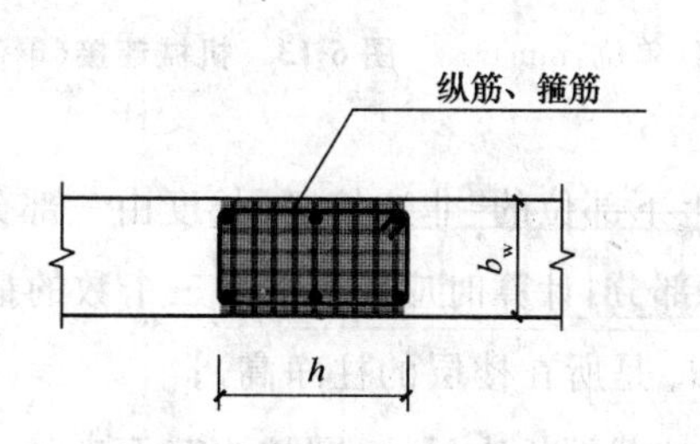

图 6-11　非边缘暗柱 AZ

二、抗震 KZ 纵向钢筋连接构造

抗震 KZ 纵向钢筋各种形式连接的标准构造详图如图 6-12～图 6-14 所示，下料计算要求如下所示。

(1)基础顶面以上部位的“非连接区”的长度$\geqslant H_n/3$(H_n 是从基础顶面至顶板梁底的柱的净高)。

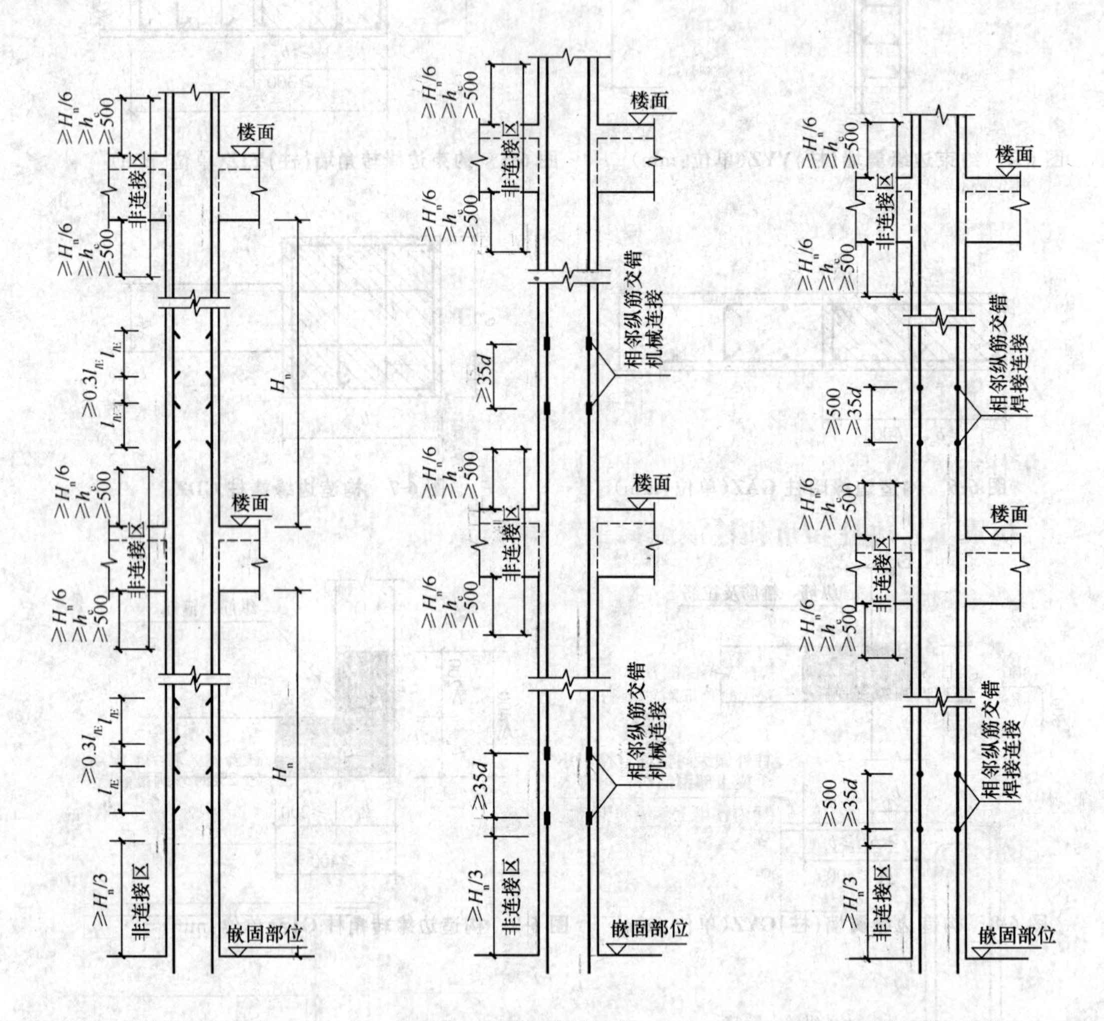

图 6-12 绑扎搭接(单位:mm) 图 6-13 机械连接(单位:mm) 图 6-14 焊接连接(单位:mm)

(2)楼板梁上下部位的“非连接区”长度由三部分组成：

1)梁底以下部分，计算时应取 a、b、c 三个数的最大值，即：

$a\geqslant H_n/6$(H_n 是所在楼层的柱净高)；

$b\geqslant h_c$(h_c 为柱截面长边尺寸，圆柱为截面直径)；

$c\geqslant 500$ mm。

2）楼板顶以上部分的“非连接区”长度及取值同 1），也是取 a、b、c 三个数的最大值。

3）计算时还应加上一个梁高再减去一个保护层。

（3）柱相邻纵向钢筋连接接头应相互错开，在同一截面内钢筋接头面积百分率不应大于50％，通俗地讲，就是在摆放钢筋时应该一长一短交错摆放，长钢筋和短钢筋是人为确定的，但长、短钢筋各半（指长短钢筋的根数各占 1/2）且长、短钢筋间距是不会改变的，顶层钢筋的长和短，应表现在钢筋的下端。

（4）绑扎搭接：绑扎搭接的长度是 l_{lE}（l_{lE}是抗震的绑扎搭接长度），接头错开距离应不小于 $0.3\ l_{lE}$。

应特别说明：绑扎搭接是最不经济的做法，整个柱高可能还不够用。

（5）机械连接（例如现在最常用的“直螺纹套筒接头”），接头错开距离应不小于 $35d$。

（6）焊接连接：接头错开距离应不小于 $35d$ 且不小于 500 mm。

（7）框架柱纵向钢筋直径 $d>28$ mm 时，以及偏心受拉柱内的钢筋，不宜采用绑扎搭接。

（8）三个特殊情况说明：

1）上柱钢筋比下柱钢筋多时，多出的钢筋应伸入楼板以下 l_{lE}。

2）上柱钢筋直径比下柱钢筋直径大时，在下层柱中搭接。

3）下柱钢筋比上柱钢筋多时，多出的钢筋应伸出楼板以上。

三、抗震 KZ 边柱和角柱柱顶纵向钢筋构造

柱顶纵向钢筋构造形式，如图 6-15～图 6-19 所示。

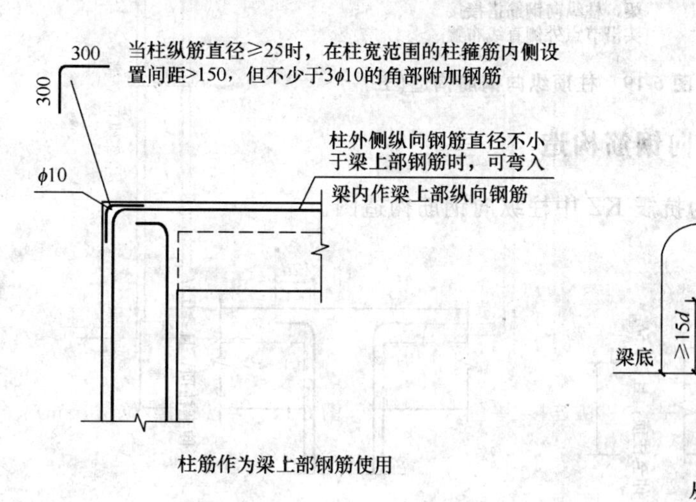

图 6-15　柱顶纵向钢筋构造（一）（单位：mm）

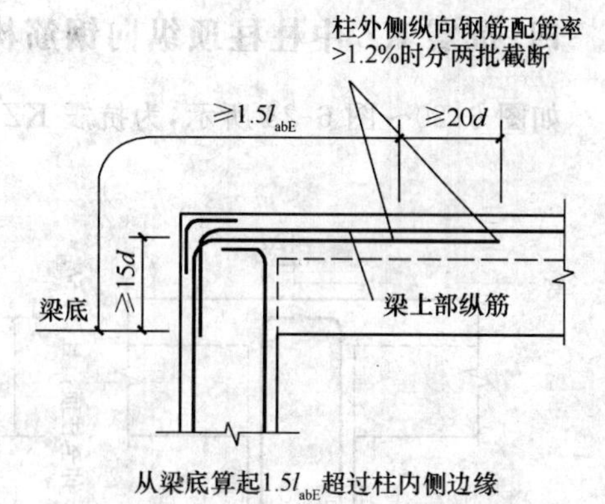

图 6-16　柱顶纵向钢筋构造（二）

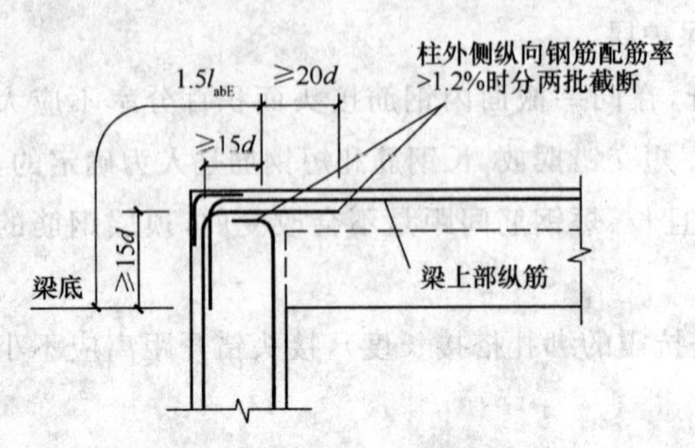

图 6-17 柱顶纵向钢筋构造(三)

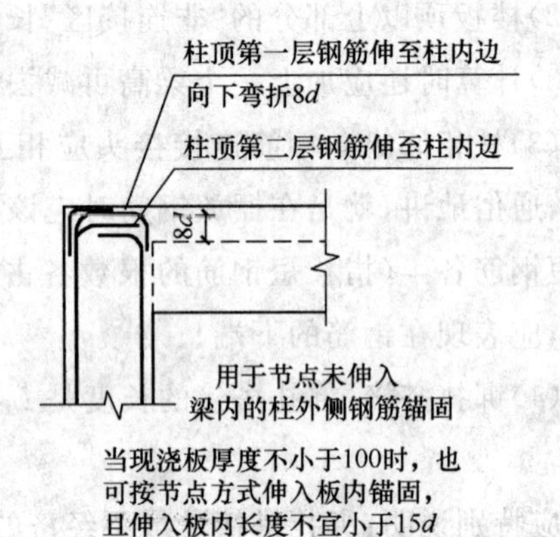

图 6-18 柱顶纵向钢筋构造(四)

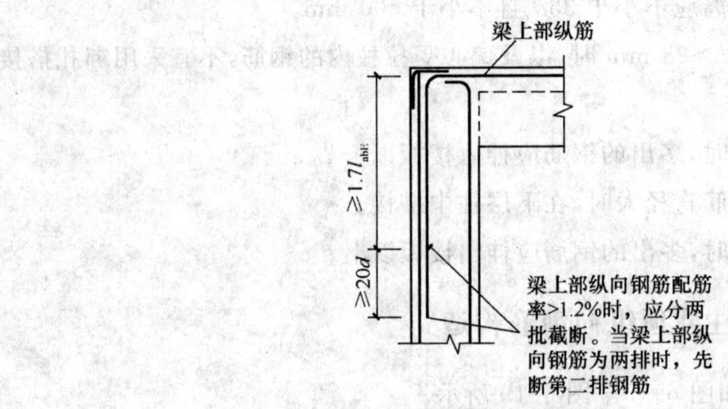

图 6-19 柱顶纵向钢筋构造(五)

四、抗震 KZ 中柱柱顶纵向钢筋构造

如图 6-20～图 6-23 所示，为抗震 KZ 中柱纵向钢筋构造图。

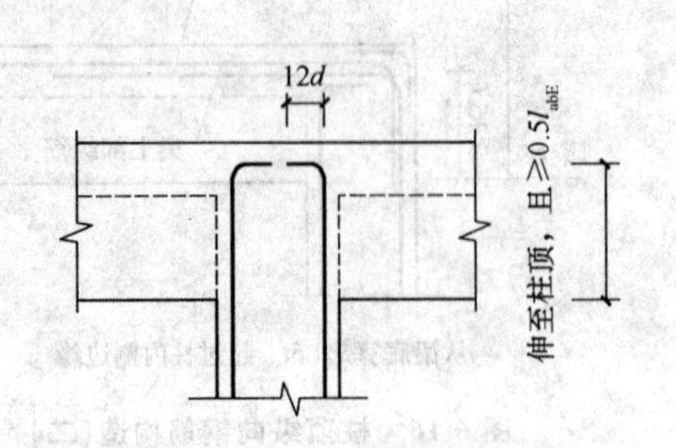

图 6-20 抗震 KZ 中柱纵向钢筋构造图(一)

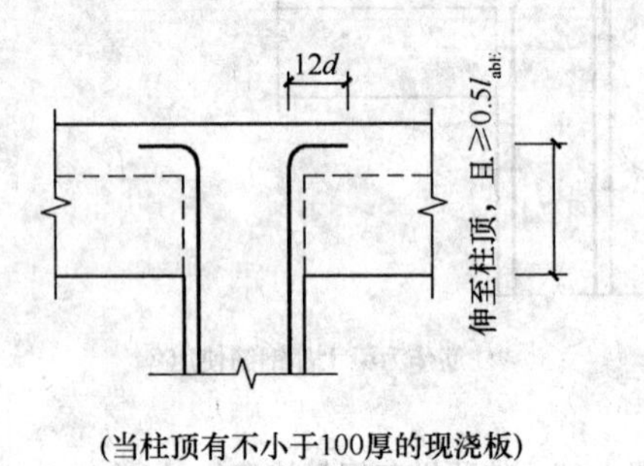

图 6-21 抗震 KZ 中柱纵向钢筋构造图(二)

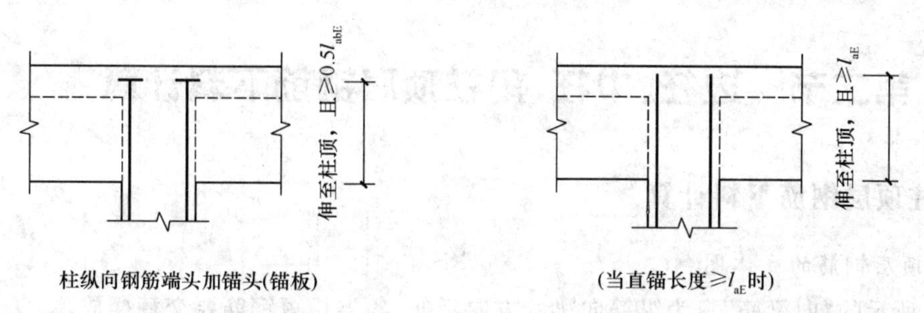

图 6-22　抗震 KZ 中柱纵向钢筋构造图(三)　　**图 6-23　抗震 KZ 中柱纵向钢筋构造图(四)**

五、框架柱的基础插筋构造及下料数值

框架柱纵筋"坐底"，即伸至基础底部纵筋位置。当柱纵筋伸入基础的直锚长度满足锚固长度 l_{aE}(l_a)的要求时，要求弯折 $12d$；当插至基础底部不足 l_{aE}(l_a)时，直段要不小于 $0.5\ l_{aE}$(l_a)，弯折 $15d$。

六、框架柱钢筋根数计算公式

由于框架柱的根数很多，不能轻易查清有几根纵向钢筋，于是我们将这一难点总结为公式，即：

纵向钢筋总根数＝(长边根数＋短边根数)×2－4

【例 6-1】　试利用公式计算图 6-24、图 6-25 中纵向钢筋的根数。

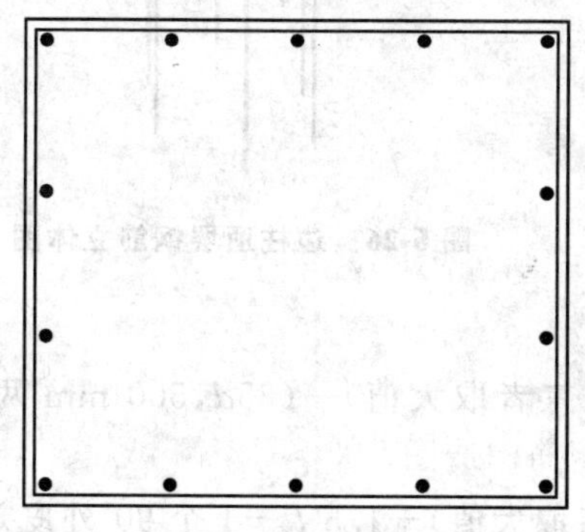

图 6-24　例 6-1 图例(一)

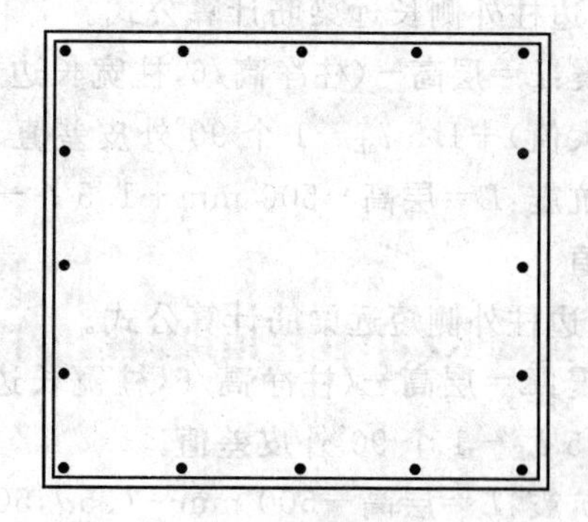

图 6-25　例 6-1 图例(二)

解：

图 6-24 中长边根数为 5 根，短边根数为 4 根，故

纵向钢筋总根数＝(5＋4)×2－4＝14(根)

图 6-25 中长边和短边根数均为 5 根，故

纵向钢筋总根数＝(5＋5)×2－4＝16(根)

七、顶层钢筋的种类

我们根据钢筋的弯向不同，把它分为向梁筋(就近弯向梁的一侧)、向边筋(弯向远离对边那一侧)、远梁筋(弯向远离梁的那一边)，位于柱角处的向梁筋称为角部向梁筋，位于非角部的向梁筋，称为中部向梁筋，依此类推。

第二节　边柱、中柱、角柱顶层钢筋下料计算

一、边柱顶层钢筋下料计算

1. 边柱顶层钢筋的立体图

图 6-26 所示的“向梁筋”意为纵筋向梁的方向延伸，各类长短钢筋要交替摆放。

2. 计算各类钢筋的根数

从图 6-26 中可以计算出钢筋总根数：

纵向钢筋总根数＝(4＋4)×2－4＝12(根)

其中：

1 根边柱外侧长中部远梁筋；

1 根边柱外侧短中部远梁筋；

1 根边柱内侧长中部向边筋；

1 根边柱内侧短中部向边筋；

4 根边柱向梁长纵筋(每侧 2 根)；

4 根边柱向梁短纵筋(每侧 2 根)。

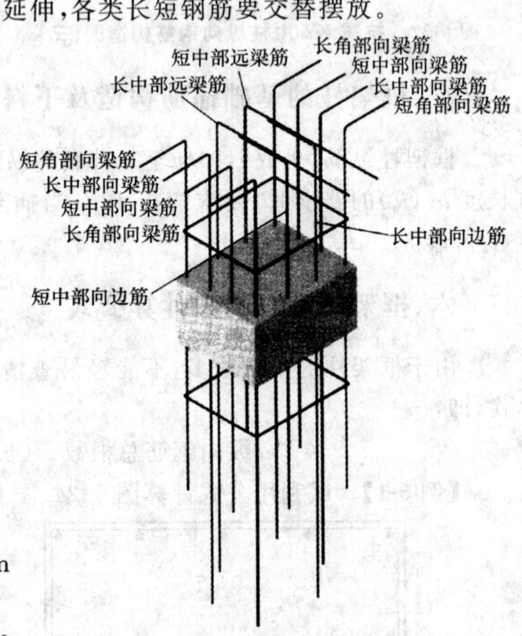

图 6-26　边柱顶层钢筋立体图

3. 边柱顶层各类钢筋计算公式的总结

(1)边柱外侧长远梁筋计算公式。

抗震：L＝层高－(柱净高/6，柱宽长边，500 mm 三者取大值)＋1.5 l_{aE}－1 个 90°外皮差值

非抗震：L＝层高－500 mm＋1.5 l_a－1 个 90°外皮差值

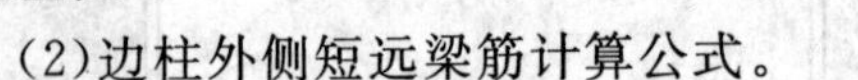

(2)边柱外侧短远梁筋计算公式。

抗震：L＝层高－(柱净高/6，柱宽长边，500 mm 三者取大值)—(35d，500 mm 两者取大值)＋1.5 l_{aE}－1 个 90°外皮差值

非抗震：L＝层高－500 mm—(35d，500 mm 两者取大值)＋1.5 l_a－1 个 90°外皮差值

(3)边柱内侧长向边筋计算公式。

抗震：当直锚长度＜l_{aE}时(需向外弯折 12d)，

L＝层高－(柱净高/6，柱宽长边，500 mm 三者取最大值)＋梁高－梁保护层＋12d－(d＋30)－1 个 90°外皮差值

当直锚长度达到 l_{aE}要求时(不需弯折)，

L＝层高－(柱净高/6，柱宽长边，500 mm 三者取最大值)＋l_{aE}－(d＋30)

非抗震：当直锚长度＜l_a 时(需向梁边弯折 12d)，

L＝层高－500－(35d，500 mm 两者取最大值)＋梁高－梁保护层＋12d－(d＋30)－1 个 90°外皮差值

当直锚长度达到 l_a 要求时(不需弯折)，

L＝层高－500－(35d，500 mm 两者取最大值)＋l_a－(d＋30)

注：施工时，边柱内侧的纵向钢筋均比边柱外侧的纵向钢筋低一排，所以要减去(d+30)。

(4)边柱内侧短向边筋计算公式。

抗震：当直锚长度＜l_{aE}时(需向外弯折 12d)，

L＝层高－(柱净高/6，柱宽长边，500 mm 三者取最大值)－(35d，500 mm 两者取最大值)＋梁高－梁保护层＋12d－(d＋30)－1 个 90°外皮差值

当直锚长度达到 l_{aE}要求时(不需弯折)，

L＝层高－(柱净高/6，柱宽长边，500 mm 三者取最大值)－(35d，500 mm 两者取最大值)＋l_{aE}－(d＋30)

非抗震：当直锚长度＜l_a 时(需向外弯折 12d)，

L＝层高－500－(35d，500 mm 两者取最大值)＋梁高－梁保护层＋12d－(d＋30)－1 个 90°外皮差值

当直锚长度达到 l_a 要求时(不需弯折)，

L＝层高－500－(35d，500 mm 两者取最大值)＋l_a－(d＋30)

(5)边柱长向梁钢筋计算公式。

抗震：当直锚长度＜l_{aE}时(需向梁边弯折 12d)：

L＝层高－(柱净高/6，柱宽长边，500 mm 三者取最大值)＋梁高－梁保护层＋12d－1 个 90°外皮差值

当直锚长度达到 l_{aE}要求时(不需弯折)，

L＝层高－(柱净高/6，柱宽长边，500 mm 三者取最大值)＋l_{aE}

非抗震：当直锚长度＜l_a 时(需向梁边弯折 12d)，

L＝层高－500 mm＋梁高－梁保护层＋12d－1 个 90°外皮差值

当直锚长度达到 l_a 要求时(不需弯折)，

L＝层高－500 mm＋l_a

(6)边柱短向梁钢筋计算公式。

抗震：当直锚长度＜l_{aE}时(需向梁边弯折 12d)，

L＝层高－(柱净高/6，柱宽长边，500 mm 三者取最大值)－(35d，500 mm 两者取最大值)＋梁高－梁保护层＋12d－1 个 90°外皮差值

当直锚长度达到 l_{aE}正要求时(不需弯折)，

L＝层高－(柱净高/6，柱宽长边，500 mm 三者取最大值)－(35d，500 mm 两者取最大值)＋l_{aE}

非抗震：当直锚长度＜l_a 时(需向梁边弯折 12d)，

L＝层高－500－(35d，500 mm 两者取最大值)＋梁高－梁保护层＋12d－1 个 90°外皮差值

当直锚长度达到 l_a 要求时(不需弯折)，

L＝层高－500－(35d，500 mm 两者取最大值)＋l_a

二、中柱顶层钢筋的下料计算

不论任何柱的顶层钢筋，都会弯成直角，分为水平部分和竖直部分。钢筋的摆放，可以在

立体图中清晰看到(图 6-27)。

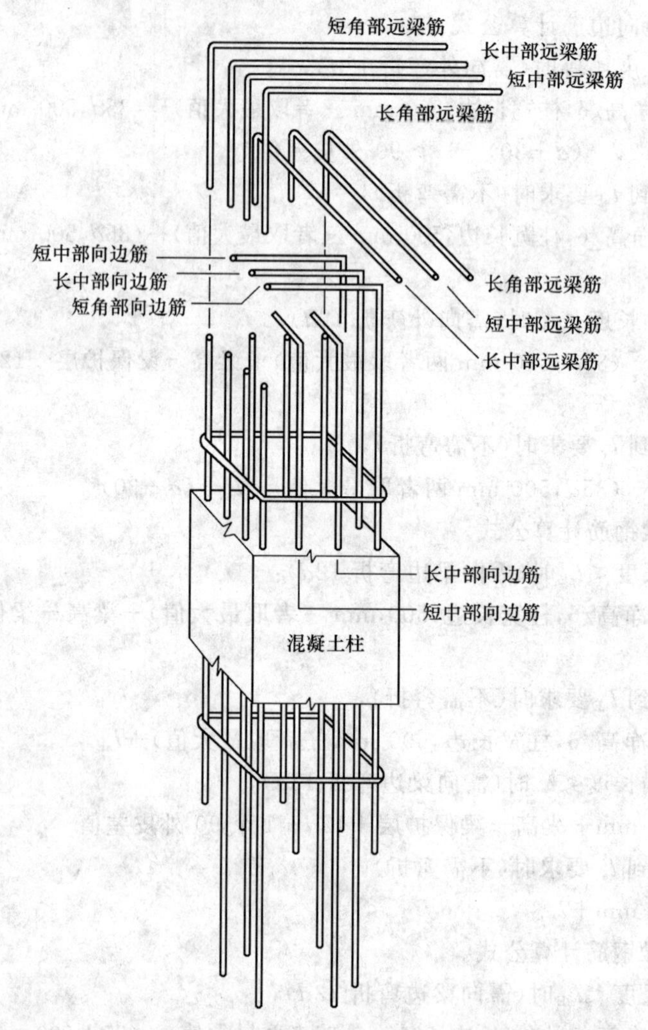

图 6-27　中柱顶层钢筋立体图

1. 中柱顶筋的类别和数量

表 6-1 给出了中柱截面中各种加工类形钢筋的计算，表中 i、j 的概念图如图 6-28 所示。

表 6-1　柱顶筋类别及其数量表

	长角部向梁筋	短角部向梁筋	长中部向梁筋	短中部向梁筋
i 为偶数，j 为偶数	2	2	$i+j-4$	$i+j-4$
i 为偶数，j 为奇数				
i 为奇数，j 为偶数				
i 为奇数，j 为奇数	4	0	$i+j-6$	$i+j-2$

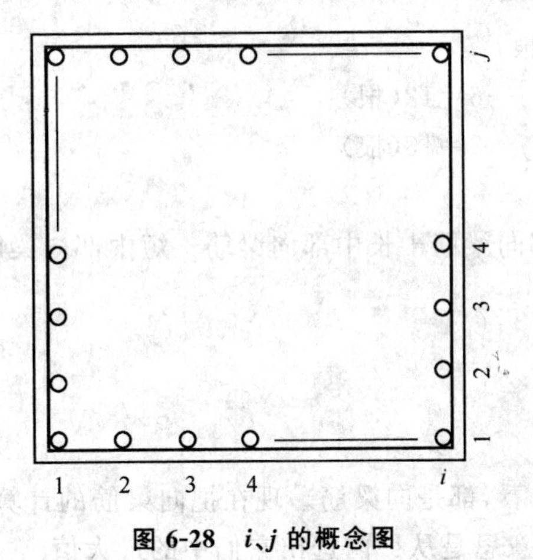

图 6-28　i、j 的概念图

$$柱截面中的钢筋数=2\times(i+j)-4 \tag{6-1}$$

公式(6-1)适用于中柱、边柱和角柱中的钢筋数量计算。

【例 6-1】 已知中柱截面中钢筋分布为：$i=8$；$j=8$。求中柱截面中钢筋根数及长角部向梁筋、短角部向梁筋、长中部向梁筋和短中部向梁筋各为多少。

解：

(1)中柱截面中钢筋根数

$=2\times(i+j)-4$

$=2\times(8+8)-4$

$=28$(根)

(2)长角部向梁筋＝2(根)

(3)短角部向梁筋＝2(根)

(4)长中部向梁筋$=i+j-4=12$(根)

(5)短中部向梁筋$=i+j-4=12$(根)

验算：

长角部向梁筋＋短角部向梁筋＋长中部向梁筋＋短中部向梁筋

$=2+2+12+12$

$=28$(根)

正确无误。

【例 6-2】 已知中柱截面中钢筋分布为：$i=9$；$j=9$。求中柱截面中钢筋根数及长角部向梁筋、短角部向梁筋、长中部向梁筋和短中部向梁筋各为多少。

解：

(1)中柱截面中钢筋根数。

$=2\times(i+j)-4$

$=2\times(9+9)-4$

$=32$(根)

(2)长角部向梁筋＝4(根)

(3)短角部向梁筋＝0(根)

(4)长中部向梁筋＝$i+j$—6＝12(根)

(5)短中部向梁筋＝$i+j-2$＝16(根)

验算：

长角部向梁筋＋短角部向梁筋＋长中部向梁筋＋短中部向梁筋

＝4＋0＋12＋16

＝32(根)

正确无误。

2. 中柱顶筋计算

从中柱的两个剖面方向看，都是向梁筋。现在把向梁筋的计算公式列在下面。在图 6-29 的算式中，有“max{}”符号，意思是从{}内选出它们中的最大值。

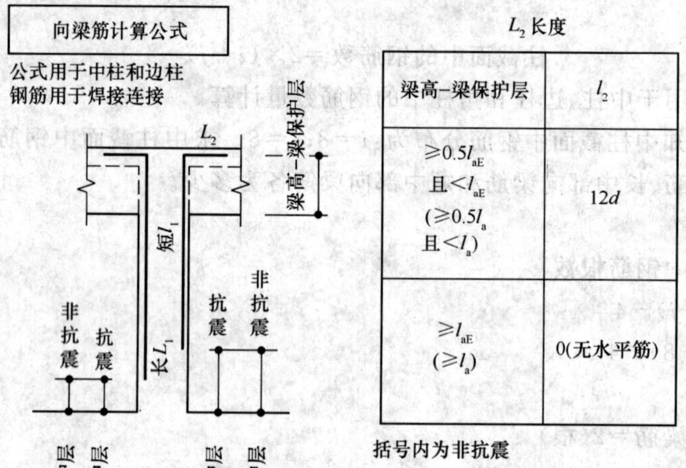

梁高-梁保护层	l_2
$\geqslant 0.5l_{aE}$ 且$<l_{aE}$ ($\geqslant 0.5l_a$ 且$<l_a$)	$12d$
$\geqslant l_{aE}$ ($\geqslant l_a$)	0(无水平筋)

图 6-29 梁筋的计算公式(单位：mm)

【例 6-3】 已知：三级抗震楼层中柱，钢筋 d＝20 mm，HRB335 级钢筋；混凝土 C30；梁高

700 mm；梁保护层 25 mm；柱净高 2 600 mm；柱宽 400 mm。

求向梁筋的长 L_1、短 L_1 和 L_2 的加工、下料尺寸。

解：

长 L_1 ＝层高－max{柱净高/6，柱宽，500}－梁保护层

＝2 600＋700－max{2 600/6，400，500}－25

＝3 300－500－25

＝2 775（mm）

短 L_1 ＝层高－max{柱净高/6，柱宽，500} －max{35d，500}－梁保护层

＝2 600＋700－max{2 600/6，400，500)－max{700，500} －25

＝3 300－500－700－25

＝2 075（mm）

梁高－梁保护层

＝700－25

＝675（mm）

三级抗震，d＝20 mm，HRB335 级钢筋，C30 时，$l_{aE}=31d=620$（mm）。

因为，（梁高－梁保护层）≥l_{aE}

所以，L_2＝0（mm）

即无需弯有水平段的筋 L_2。因此，长 L_1、短 L_1 的下料长度分别等于自身。

【例 6-4】 已知：二级抗震楼层中柱，钢筋 d＝20 mm，HRB335 级钢筋；混凝土 C30；梁高 500 mm；梁保护层 25 mm；柱净高 2 600 mm；柱宽 400 mm。$i=8$；$j=8$。

求向梁筋的长 L_1、短 L_1 和 L_2 的加工、下料尺寸。

解：

长 L_1 ＝层高－max{柱净高/6，柱宽，500}－梁保护层

＝2 600＋500－max{2 600/6，400，500)－25

＝3 100－500－25

＝2 575（mm）

短 L_1' ＝层高－max{柱净高/6，柱宽，500}－max{35d，500)－梁保护层

＝2 600＋500－max{2 600/6， 400， 500)－max{700，500)－25

＝3 100－500－700－25

＝1 875（mm）

梁高－梁保护层

＝500－25

＝475（mm）

二级抗震，d＝20 mm，HRB335 级钢筋，C30 时，$l_{aE}=33d=33\times20=660$（mm）。

因为，$0.5\ l_{aE}<$（梁高－梁保护层）$<l_{aE}$

所以，$L_2=12d=240$（mm）

长向梁筋下料长度＝长 L_1+L_2－外皮差值

＝2 575＋240－2.931d

＝2 575＋240－2.931×20

＝2 575＋240－58.62

＝2 756.38 (mm)

短向梁筋下料长度＝短 $L_1'+L_2$－外皮差值

＝1 875＋240－2.931d

＝1 875＋240－2.931×20

＝1 875＋240－58.62

＝2 056.38(mm)

前面已经说过，中柱顶筋的类别划分是为了讲解各类钢筋的部位摆放。对于加工及其尺寸来说，只是长向梁筋和短向梁筋两种。

钢筋数量＝2×(8＋8)－4＝28(根)

也就是说，每根柱中：长向梁筋 14 根；短向梁筋 14 根，如图 6-30 所示。

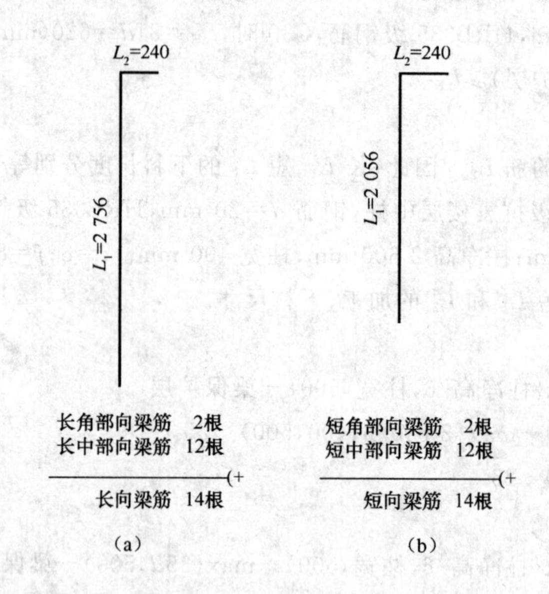

图 6-30 中柱长向筋和短向筋示意图(单位：mm)

(a)长向筋；(b)短向筋

三、角柱顶层钢筋的下料计算

1. 角柱顶层钢筋的类别和数量

表 6-2 给出了角柱截面的各种加工类形钢筋数量的计算。

表 6-2　角柱顶筋类别及其数量表

	长角部远梁筋（一排）	短角部远梁筋（一排）	长中部远梁筋（一排）	短中部远梁筋（一排）	短中部远梁筋（二排）	长中部远梁筋（二排）	长角部远梁筋（二排）	长角部远梁筋（二排）	长角部向边筋（三排）	短中部向边筋（三排）	长中部向边筋（三排）	短角部向边筋（三排）	短中部向边筋（四排）	长中部向边筋（四排）
i为偶数 j为偶数	1	1	$\frac{j}{2}-1$	$\frac{j}{2}-1$	$\frac{i}{2}-1$	$\frac{i}{2}-1$	1	0	1	$\frac{j}{2}-1$	$\frac{j}{2}-1$	0	$\frac{i}{2}-1$	$\frac{i}{2}-1$
i为偶数 j为奇数	2	0	$\frac{j}{2}-\frac{3}{2}$	$\frac{j}{2}-\frac{1}{2}$	$\frac{i}{2}-1$	$\frac{i}{2}-1$	1	0	0	$\frac{j}{2}-\frac{3}{2}$	$\frac{j}{2}-\frac{1}{2}$	1	$\frac{i}{2}-1$	$\frac{i}{2}-1$
i为奇数 j为偶数	1	1	$\frac{j}{2}-1$	$\frac{j}{2}-1$	$\frac{i}{2}-\frac{1}{2}$	$\frac{i}{2}-\frac{3}{2}$	0	1	0	$\frac{j}{2}-1$	$\frac{j}{2}-1$	1	$\frac{i}{2}-\frac{3}{2}$	$\frac{i}{2}-\frac{1}{2}$
i为奇数 j为奇数	2	0	$\frac{j}{2}-\frac{3}{2}$	$\frac{j}{2}-\frac{1}{2}$	$\frac{i}{2}-\frac{1}{2}$	$\frac{i}{2}-\frac{3}{2}$	0	1	1	$\frac{j}{2}-\frac{1}{2}$	$\frac{j}{2}-\frac{3}{2}$	0	$\frac{i}{2}-\frac{1}{2}$	$\frac{i}{2}-\frac{3}{2}$

【例 6-5】　已知角柱截面中钢筋分布为：$i=8$；$j=8$。

求角柱截面中钢筋根数及长角部远梁筋（一排）、短角部远梁筋（一排）、长中部远梁筋（一排）、短中部远梁筋（一排）、短中部远梁筋（二排）、长中部远梁筋（二排）、短角部远梁筋（二排）、长角部远梁筋（二排）、长角部向边筋（三排）、短中部向边筋（三排）、长中部向边筋（三排）、短角部向边筋（三排）、短中部向边筋（四排）、长中部向边筋（四排）各为多少。

解：

（1）角柱截面中钢筋根数

$=2\times(i+j)-4$

$=2\times(8+8)-4$

$=28$（根）

（2）长角部远梁筋（一排）$=1$（根）

（3）短角部远梁筋（一排）$=1$（根）

（4）长中部远梁筋（一排）$=j/2-1=3$（根）

(5)短中部远梁筋(一排)＝$j/2-1=3$(根)

(6)短中部远梁筋(二排)＝$i/2-1=3$(根)

(7)长中部远梁筋(二排)＝$i/2-1=3$(根)

(8)短角部远梁筋(二排)－1(根)

(9)长角部远梁筋(二排)＝0(根)

(10)长角部向边筋(三排)＝1(根)

(11)短中部向边筋(三排)＝$j/2-1=3$(根)

(12)长中部向边筋(三排)＝$j/2-1=3$(根)

(13)短角部向边筋(三排)＝0(根)

(14)短中部向边筋(四排)＝$i/2-1=3$(根)

(15)长中部向边筋(四排)＝$i/2-1=3$(根)

验算：

长角部远梁筋(一排)＋短角部远梁筋(一排)＋长中部远梁筋(一排)＋短中部远梁筋(一排)＋短中部远梁筋(二排)＋长中部远梁筋(二排)＋短角部远梁筋(二排＋长角部远梁筋(二排)＋长角部向边筋(三排)＋短中部向边筋(三排)＋长中部向边筋(三排)＋短角部向边筋(三排)＋短中部向边筋(四排)＋长中部向边筋(四排)

$=1+1+3+3+3+3+1+0+1+3+3+0+3+3$

＝28(根)

正确无误。

【例 6-6】 已知角柱截面中钢筋分布为：$i=8$；$j=9$。

求角柱截面中钢筋根数及长角部远梁筋(一排)、短角部远梁筋(一排)、长中部远梁筋(一排)、短中部远梁筋(一排)、短中部远梁筋(二排)、长中部远梁筋(二排)、短角部远梁筋(二排)、长角部远梁筋(二排)、长角部向边筋(三排)、短中部向边筋(三排)、长中部向边筋(三排)、短角部向边筋(三排)、短中部向边筋(四排)、长中部向边筋(四排)各为多少？

解：

(1)角柱截面中钢筋根数

$=2\times(i+j)-4$

$=2\times(8+9)-4$

＝30(根)

(2)长角部远梁筋(一排)＝2(根)

(3)短角部远梁筋(一排)＝0(根)

(4)长中部远梁筋(一排)＝$j/2-3/2=3$(根)

(5)短中部远梁筋(一排)＝$j/2-1/2=4$(根)

(6)短中部远梁筋(二排)＝$i/2-1=3$(根)

(7)长中部远梁筋(二排)＝$i/2-1=3$(根)

(8)短角部远梁筋(二排)＝1(根)

(9)长角部远梁筋(二排)＝0(根)

(10)长角部向边筋(三排)＝0(根)

(11)短中部向边筋(三排)＝$j/2-3/2=3$(根)

(12)长中部向边筋(三排)＝$j/2-1/2=4$(根)

(13)短角部向边筋(三排)＝1(根)

(14)短中部向边筋(四排)＝$i/2-1=3$(根)

(15)长中部向边筋(四排)＝$i/2-1=3$(根)

验算：

长角部远梁筋(一排)＋短角部远梁筋(一排)＋长中部远梁筋(一排)＋短中部远梁筋(一排)＋短中部远梁筋(二排)＋长中部远梁筋(二排)＋短角部远梁筋(二排)＋长角部远梁筋(二排)＋长角部向边筋(三排)＋短中部向边筋(三排)＋长中部向边筋(三排)＋短角部向边筋(三排)＋短中部向边筋(四排)＋长中部向边筋(四排)

＝2＋0＋3＋4＋3＋3＋1＋0＋0＋3＋4＋1＋3＋3

＝30(根)

正确无误。

【例 6-7】 已知角柱截面中钢筋分布为：$i=9$；$j=8$。

求角柱截面中钢筋根数及长角部远梁筋(一排)、短角部远梁筋(一排)、长中部远梁筋(一排)、短中部远梁筋(一排)、短中部远梁筋(二排)、长中部远梁筋(二排)、短角部远梁筋(二排)、长角部远梁筋(二排)、长角部向边筋(三排)、短中部向边筋(三排)、长中部向边筋(三排)、短角部向边筋(三排)、短中部向边筋(四排)、长中部向边筋(四排)各为多少。

解：

(1)角柱截面中钢筋根数

$=2\times(i+j)-4$

$=2\times(9+8)-4$

＝30(根)

(2)长角部远梁筋(一排)＝1(根)

(3)短角部远梁筋(一排)＝1(根)

(4)长中部远梁筋(一排)＝$j/2-1=3$(根)

(5)短中部远梁筋(一排)＝$j/2-1=3$(根)

(6)短中部远梁筋(二排)＝$i/2-1/2=4$(根)

(7)长中部远梁筋(二排)＝$i/2-3/2=3$(根)

(8)短角部远梁筋(二排)＝0(根)

(9)长角部远梁筋(二排)＝1(根)

(10)长角部向边筋(三排)0(根)

(11)短中部向边筋(三排)＝$j/2-1=3$(根)

(12)长中部向边筋(三排)＝$j/2-1=3$(根)

(13)短角部向边筋(三排)＝1(根)

(14)短中部向边筋(四排)＝$i/2-3/2=3$(根)

(15)长中部向边筋(四排)＝$i/2-1/2=4$(根)

验算：

长角部远梁筋(一排)＋短角部远梁筋(一排)＋长中部远梁筋(一排)＋短中部远梁筋(一排)＋短中部远梁筋(二排)＋长中部远梁筋(二排)＋短角部远梁筋(二排)＋长角部远梁筋(二排)＋长角部向边筋(三排)＋短中部向边筋(三排)＋长中部向边筋(三排)＋短角部向边筋(三排)＋短中部向边筋(四排)＋长中部向边筋(四排)

＝1＋1＋3＋3＋4＋3＋0＋1＋0＋3＋3＋1＋3＋4

＝30(根)

正确无误。

【例 6-8】 已知角柱截面中钢筋分布为：$i=9$；$j=9$。

求角柱截面中钢筋根数及长角部远梁筋(一排)、短角部远梁筋(一排)、长中部远梁筋(一排)、短中部远梁筋(一排)、短中部远梁筋(二排)、长中部远梁筋(二排)、短角部远梁筋(二排)、长角部远梁筋(二排)、长角部向边筋(三排)、短中部向边筋(三排)、长中部向边筋(三排)、短角部向边筋(三排)、短中部向边筋(四排)、长中部向边筋(四排)各为多少。

解：

(1)角柱截面中钢筋根数

$=2\times(i+j)-4$

$=2\times(9+9)-4$

$=32$(根)

(2)长角部远梁筋(一排)＝2(根)

(3)短角部远梁筋(一排)＝0(根)

(4)长中部远梁筋(一排)$=j/2-3/2=3$(根)

(5)短中部远梁筋(一排)$=j/2-1/2=4$(根)

(6)短中部远梁筋(二排)$=i/2-1/2=4$(根)

(7)长中部远梁筋(二排)$=i/2-3/2=3$(根)

(8)短角部远梁筋(二排)＝0(根)

(9)长角部远梁筋(二排)＝1(根)

(10)长角部向边筋(三排)＝1(根)

(11)短中部向边筋(三排)$=j/2-1/2=4$(根)

(12)长中部向边筋(三排)$=j/2-3/2=3$(根)

(13)短角部向边筋(三排)＝0(根)

(14)短中部向边筋(四排)$=i/2-1/2=4$(根)

(15)长中部向边筋(四排)$=i/2-3/2=3$(根)

验算：

长角部远梁筋(一排)＋短角部远梁筋(一排)＋长中部远梁筋(一排)＋短中部远梁筋(一排)＋短中部远梁筋(二排)＋长中部远梁筋(二排)＋短角部远梁筋(二排)＋长角部远梁筋(二排)＋长角部向边筋(三排)＋短中部向边筋(三排)＋长中部向边筋(三排)＋短角部向边筋(三排)＋短中部向边筋(四排)＋长中部向边筋(四排)

＝2＋0＋3＋4＋4＋3＋0＋1＋1＋4＋3＋0＋4＋3

＝32(根)

正确无误。

2. 角柱顶筋计算

角柱顶筋中没有向梁筋。角柱顶筋中的远梁筋一排，可以利用边柱远梁筋的公式来计算。

角柱顶筋中的弯筋，分为四层，因而，二、三、四排筋要分别缩短，如图 6-31 所示。

角柱顶筋中的远梁筋二排计算公式如图 6-32 所示。

角柱顶筋中的向边筋三、四排计算公式如图 6-33、图 6-34 所示。

30
$\frac{d}{2}$
30+d
远梁筋一排
远梁筋二排
$\frac{d}{2}$
30+d
向边筋三排
30+d
向边筋四排

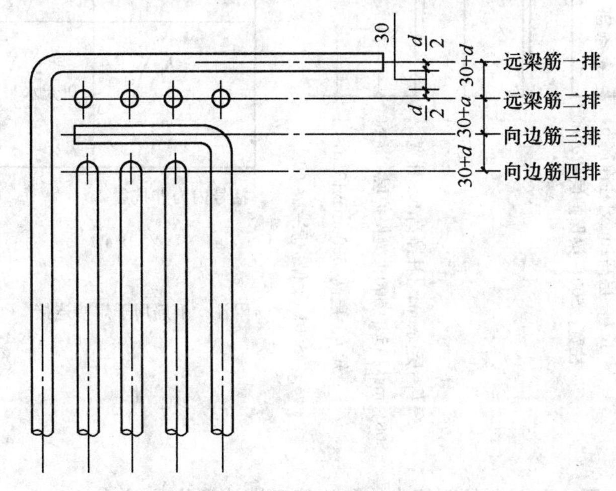

图 6-31　角柱顶筋中的弯筋(单位：mm)

角柱远梁筋二排计算公式	抗震$L_2=1.5l_{aE}$−梁高+梁保护层 非抗震$L_2=1.5l_a$−梁高+梁保护层

附注：钢筋用于焊接连接。

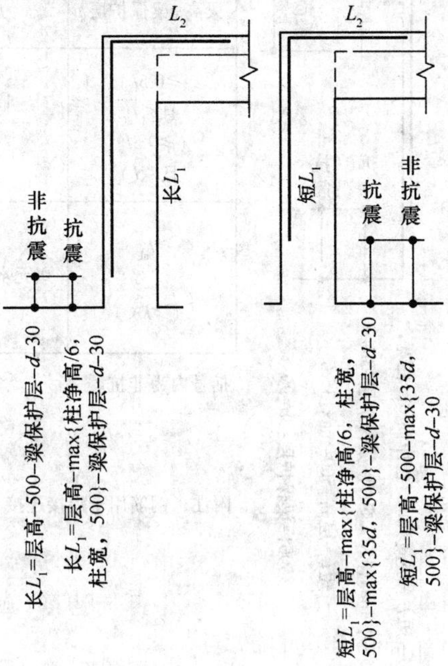

L_2
L_2
长L_1
短L_1
非抗震
抗震
抗震
非抗震
长L_1=层高−500−梁保护层−d−30
长L_1=层高−max{柱净高/6, 柱宽，500}−梁保护层−d−30
短L_1=层高−max{柱净高/6，柱宽，500}−max{35d，500}−梁保护层−d−30
短L_1=层高−500−max{35d，500}−梁保护层−d−30

图 6-32　角柱顶筋中的远梁筋二排计算公式(单位：mm)

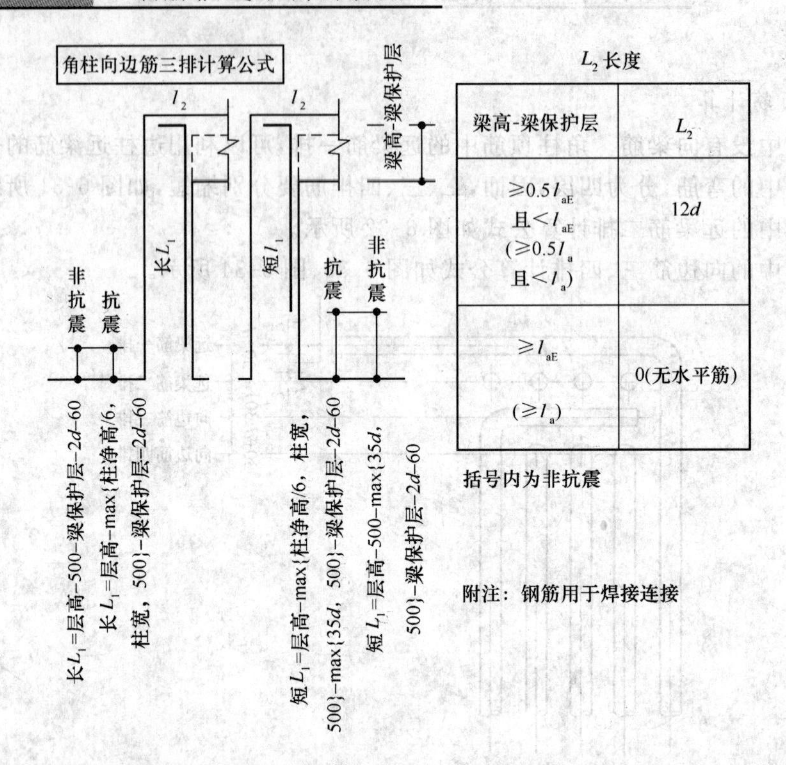

梁高-梁保护层	L_2
$\geqslant 0.5l_{aE}$ 且$<l_{aE}$ ($\geqslant 0.5l_a$ 且$<l_a$)	12d
$\geqslant l_{aE}$ ($\geqslant l_a$)	0(无水平筋)

图 6-33 角柱顶筋中的向边筋三排计算公式(单位:mm)

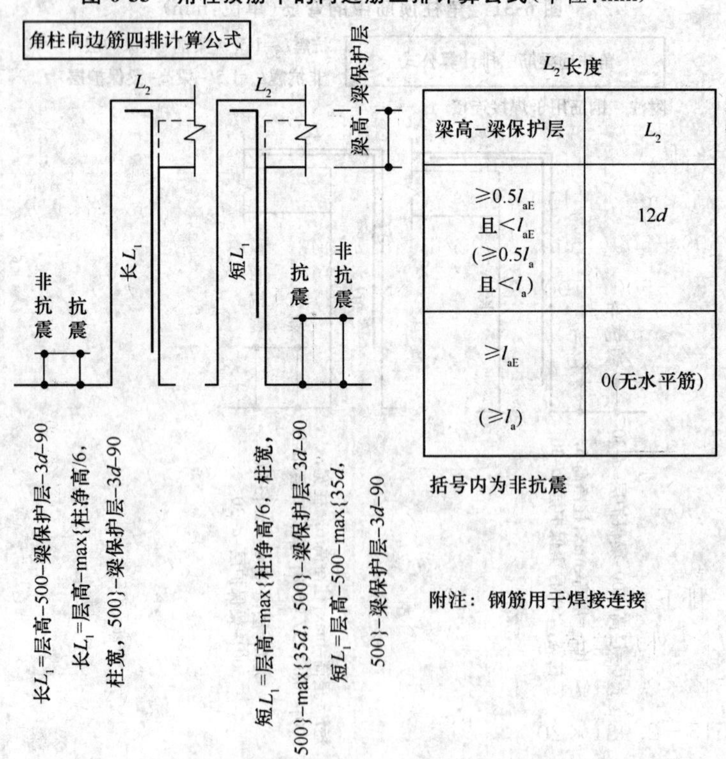

梁高-梁保护层	L_2
$\geqslant 0.5l_{aE}$ 且$<l_{aE}$ ($\geqslant 0.5l_a$ 且$<l_a$)	12d
$\geqslant l_{aE}$ ($\geqslant l_a$)	0(无水平筋)

图 6-34 角柱顶筋中的向边筋四排计算公式(单位:mm)

【例 6-9】 已知:二级抗震顶层角柱,钢筋 $d=20$ mm;混凝土 C30;梁高 500 mm;梁保护层 25 mm;柱净高 2 600 mm;柱宽 400 mm。$i=9$;$j=9$。

求各种钢筋的加工、下料尺寸。

解:

(1)长远梁筋一排。

1)长 L_1 =层高－max{柱净高/6,柱宽,500}－梁保护层

=2 600+500－max{2 600/6,400,500}－25

=3 100－500－25

=2 575(mm)

2)$L_2=1.5\ l_{aE}$－梁高+梁保护层

$=1.5\times33d-500+25$

$=1.5\times33\times20-500+25$

=990－500+25

=515(mm)

3)长远梁筋一排下料长度

=长 L_1+L_2－外皮差值

$=2\ 575+515-2.931d$

$=2\ 575+515-2.931\times20$

$=2\ 575+515-58.62$

≈3 031(mm)

(2)短远梁筋一排。

1)短 L_1 =层高－max{柱净高/6,柱宽,500}－max{35d,500}－梁保护层

=2 600+500－max{2 600/6, 400,500}－700－25

=3 100－500－700－25

=1 875(mm)

2)$L_2=1.5\ l_{aE}$－梁高+梁保护层

$=1.5\times33d-500+25$

$=1.5\times33\times20-500+25$

=990－500+25

=515(mm)

3)短远梁筋一排下料长度

=长 L_1+L_2－外皮差值

$=1\ 875+515-2.931d$

$=1\ 875+515-2.931\times20$

$=1\ 875+515-58.62$

≈2 331(mm)

(3)长远梁筋二排。

1)长 L_1 =层高－max{柱净高/6,柱宽,500)－梁保护层－d－30

=2 600＋500－max{2 600/6,400, 500}－25－20－30

=3 100－500－75

=2 525(mm)

2)L_2=1.5 l_{aE}－梁高＋梁保护层

=1.5×33d－500＋25

=1.5×33×20－500＋25

=990－500＋25

=515(mm)

3)长远梁筋二排下料长度

=长 L_1＋L_2－外皮差值

=2 525＋515－2.931d

=2 525＋515－2.931×20

=2 525＋515－58.62

≈2 981(mm)

(4)短远梁筋二排。

1)短 L_1 =层高－max{柱净高/6,柱宽,500}－max{35d,500}－梁保护层－d－30

=2 600＋500－max{2 600/6,400,500}－700－25－20－30

=3 100－500－700－25－20－30

=1 825(mm)

2)L_2 =1.5 l_{aE}－梁高＋梁保护层

=1.5×33d－500＋25

=1.5×33×20－500＋25

=990－500＋25

=515(mm)

3)短远梁筋二排下料长度

=长 L_1＋L_2－外皮差值

=1 825＋515－2.931d

=1 825＋515－2.931×20

=1 825＋515－58.62

≈2 281(mm)

(5)长向边筋三排。

1)长 L_1 =层高－max{柱净高/6,柱宽,500}－梁保护层－2d－60

=2 600＋500－max{2 600/6,400,500)－25－40－60

=3 100－500－25－40－60

=2 475(mm)

2) L_2－12d=240(mm)

3)长远梁筋三排下料长度

$=$长 L_1+L_2-外皮差值

$=2\ 475+240-2.931d$

$\approx 2\ 656$(mm)

(6)短向边筋三排。

1)短 $L_1=$层高$-\max\{$柱净高/6,柱宽,500$\}-\max\{35d,500\}-$梁保护层$-2d-60$

$=2\ 600+500-\max\{2\ 600/6,400,500)-700-25-2d-60$

$=3\ 100-500-700-25-40-60$

$=1\ 775$(mm)

2)$L_2=12d=240$(mm)

3)短远梁筋三排下料长度

$=$长 L_1+L_2-外皮差值

$=1\ 775+240-2.931d$

$\approx 1\ 956$(mm)

(7)长向边筋四排。

1)长 $L_1=$层高$-\max\{$柱净高/6,柱宽,500$\}-$梁保护层$-3d-90$

$=2\ 600+500-\max\{2\ 600/6,400,500)-25-60-90$

$=3\ 100-500-25-60-90$

$=2\ 425$(mm)

2)$L_2=12d=240$ mm

3)长远梁筋四排下料长度

$=$长 L_1+L_2-外皮差值

$=2\ 425+240-2.931d$

$\approx 2\ 606$(mm)

(8)短向边筋四排。

1)短 $L_1=$层高$-\max\{$柱净高/6,柱宽,500$\}-\max\{35d,500\}-$梁保护层$-3d-90$

$=2\ 600+500-\max\{2\ 600/6,400,500\}-700-25-3d-90$

$=3\ 100-500-700-25-60-90$

$=1\ 725$(mm)

2)$L_2=12d=240$(mm)

3)短远梁筋四排下料长度

$=$长 L_1+L_2-外皮差值

$=1\ 725+240-2.931d$

$\approx 1\ 906$(mm)

各类钢筋的下料长度及根数的计算结果如图 6-35 所示。

由于前面讲的钢筋连接是针对接焊，所以中层筋和底层筋的长度，都等于层高。底层筋是和基础梁中伸出的钢筋相连接。

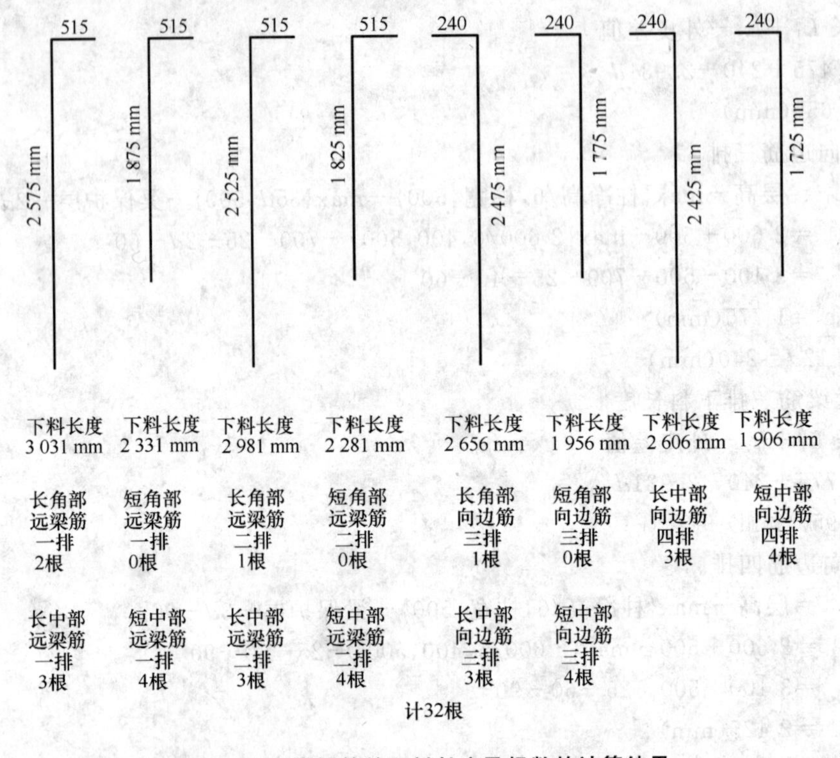

图 6-35 各类钢筋的下料长度及根数的计算结果

第三节 角柱、边柱、中柱顶层钢筋机械、焊接连接计算

1. 焊接连接

【例 9-10】 某框架楼顶层钢筋采用 HRB335 级钢筋制作,(抗震等级为三级),钢筋直径为 $d=25$ mm,混凝土为 C30,梁高为 0.7 m;柱净高为 2.6 m,柱长边尺寸为 0.4 m,框架梁保护层为 25 mm,试计算顶层角柱、边柱、中柱各类钢筋的下料尺寸。

分析:

(1)从图 6-36 中可以看出,本例共有 7 根远梁钢筋,其中长 3 根、短 4 根;5 根向边钢筋,其中长 3 根、短 2 根。

(2)考虑需直锚还是弯锚。

$$梁高-保护层=0.5-0.25=0.475(\text{m})$$

三级抗震,C30,HRB335 级钢筋,$d=25$ mm 的 l_{aE} 为 $31d=31\times0.025=0.775(\text{m})$,说明直锚长度$<l_{aE}$(需弯锚)。

(3)考虑柱净高/6,柱长边尺寸,500 mm 的最大值。

柱净高/6=2.6÷6≈0.433(m),柱长边尺寸为 0.4 m,500 mm=0.5 m,

故取最大值 0.5 m。

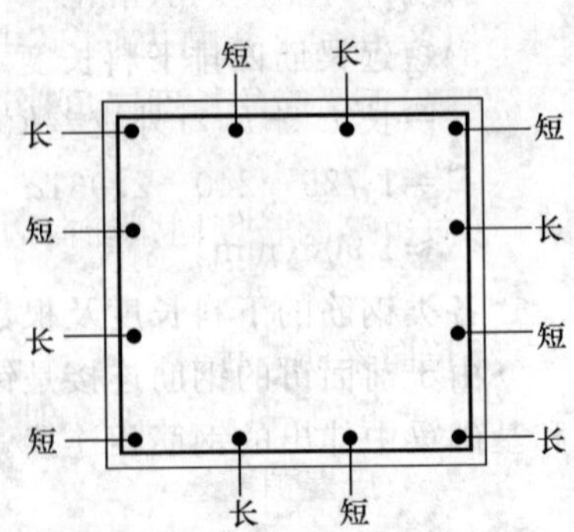

图 6-36 各类长短钢筋示意图

(4)考虑 $35d$ 和 500 mm 的最大值。

$35d=35\times0.025=0.875(m)$,500 mm=0.5 m,

故取最大值 0.875 m。

(5)90°外皮差值$=3.79d=3.79\times0.025\approx0.095(m)$。

解:

计算钢筋根数:

$$钢筋总根数=(4+4)\times2-4=12(根)$$

(1)计算角柱顶层钢筋。

长远梁筋(外侧)的计算:

L=层高-(柱净高/6,柱长边,500 mm 三者取最大值)+1.5 l_{aE}-1 个 90°外皮差值

$=2.6-0.5+1.5\times31\times0.025-0.095$

$\approx3.17(m)$

短远梁筋(外侧)的计算:

L=层高-(柱净高/6,柱长边,500 mm 三者取最大值)-(35d,500 mm 两者取最大值)+1.5 l_{aE}-1 个 90°外皮差值

$=2.6-0.5-0.875+1.5\times31\times0.025-0.095$

$\approx2.29(m)$

长向边筋的计算:

L=层高-(柱净高/6,柱长边,500 mm 三者取最大值)+梁高-保护层+12d-(d+30)-1 个 90°外皮差值

$=2.6-0.5+0.7-0.025+12\times0.025-(0.025+0.03)-0.095$

$\approx2.93(m)$

短向边筋的计算:

L=层高-(柱净高/6,柱长边,500 mm 三者取最大值)-(35d,500 mm)+梁高-保护层+12d-(d+30)-1 个 90°外皮差值

$=2.6-0.5-0.875+0.7-0.025+12\times0.025-(0.025+0.03)-0.095$

$=2.05(m)$

(2)计算边柱顶层钢筋。

分析:从图 6-36 中可以看出,本例共有 8 根向梁筋,其中长、短各 4 根;2 根远梁筋,其中长、短各 1 根;2 根向边筋,其中长、短各 1 根。

则:远梁筋的长度同角柱远梁筋的长度

$$L_{长}=3.17\ m,\ L_{短}=2.29\ m$$

向边筋的长度同角筋向边筋的长度

$$L_{长}=2.93\ m,\ L_{短}=2.05\ m$$

长向梁筋的计算:

L=层高-(柱净高/6,柱长边,500 mm 三者取最大值)+梁高-保护层+12d-1 个 90°外皮差值

$=2.6-0.5+0.7-0.025+12\times0.025-0.095$

$=2.98(m)$

短向边筋的计算：

L＝层高－(柱净高/6，柱长边，500 mm 三者取最大值)－(35d，500 mm)＋梁高－保护层＋12d－1 个 90°外皮差值

＝2.6－0.5－0.875＋0.7－0.025＋12×0.025－0.095

＝2.105(m)

(3)计算中柱顶层钢筋。

分析：中柱中的顶层钢筋全部属于向梁筋，其中长、短向梁筋各 6 根。

则：向梁筋的长度同边柱向梁筋的长度

$$L_{长}=2.98\ \text{m},\ L_{短}=2.105\ \text{m}$$

2. 机械连接

机械连接与焊接数值及计算公式相同，不同之处在于：

(1)机械连接在连接区的长度是不小于 35d；

(2)焊接连接在连接区的长度是不小于 35d 和不小于 500 mm 取最大值。

第四节 框架柱基础(插筋)角柱、边柱、中柱钢筋焊接连接计算

一、框架柱基础插筋角柱、边柱、中柱钢筋焊接连接计算公式

框架柱的基础插筋，要求框架柱纵筋"坐底"，即伸至基础底部纵筋位置，①当柱纵筋伸入基础的直锚长度满足 $l_{aE}(l_a)$的要求时，要求弯折 12d，总长度就是 $l_{aE}(l_a)+12d$；②当插至基础底部不足 $l_{aE}(l_a)$时，直段要不小于 0.5 $l_{aE}(l_a)$，弯折 15d，总长度就是 0.5 $l_{aE}(l_a)+15d$。

底层角柱、边柱、中柱的下料长度计算公式(底层角柱、边柱、中柱的钢筋形式都是一样的，只不过有和短之分)：

(1)抗震情况。

1)当伸入基础直锚长度满足 l_{aE}要求时：

①$L_{长}$＝ l_{aE}＋12d＋柱净高/3＋(35d，500 mm 两者取最大值)－1 个 90°外皮差值

②$L_{短}$＝ l_{aE}＋12d＋柱净高/3－1 个 90°外皮差值

2)当伸入基础直锚长度不满足 l_{aE}要求时：

①$L_{长}$＝0.5 l_{aE}＋15d＋柱净高/3＋(35d，500 mm 两者取最大值)－1 个 90°外皮差值

②$L_{短}$＝0.5 l_{aE}＋15d＋柱净高/3－1 个 90°外皮差值

(2)非抗震情况。

1)当伸入基础直锚长度满足 l_{aE}要求时：

①$L_{长}$＝l_a＋12d＋500 mm＋(35d，500 mm 两者取最大值)－1 个 90°外皮差值

②$L_{短}$＝l_a＋12d＋500 mm－1 个 90°外皮差值

2)当伸入基础直锚长度不满足 l_{aE}要求时：

①$L_{长}$＝0.5 l_a＋15d＋500 mm＋(35d，500 mm 两者取最大值)－1 个 90°外皮差值

②$L_{短}$＝0.5 l_a＋15d＋500 mm－1 个 90°外皮差值

二、底层钢筋下料长度计算实例

【例 9-11】 某三级抗震框架柱采用 C30，HRB335 级钢筋制作，钢筋直径 d＝28 mm，底梁

高度为 450 mm，柱净高 6 000 mm，保护层为 25 mm，试计算长、短钢筋的下料长度。

解：

先要知道直锚长度是否满足 l_{aE} 的要求

$$l_{aE}=31d=31\times0.028=0.868(\text{m})$$

$$\text{梁高}-\text{保护层}=0.45-0.025=0.425(\text{m})$$

$$l_{aE}>\text{梁高}-\text{保护层}$$

说明直锚长度不能满足 l_{aE} 的要求，应弯锚，还需计算出 $35d$ 与 500 mm 两者哪个值最大。

$$35d=35\times0.028=0.98(\text{m})$$

$$500\text{ mm}=0.5(\text{m})$$

故 $35d>500$ mm，应采用 $35d$。

1 个 90°外皮差值 $=3.79d=3.79\times0.028=0.106(\text{m})$

根据计算公式：

$L_{长}=0.5\ l_{aE}+15d+$柱净高/3+(35d，500 mm 两者取最大值)−1 个 90°外皮差值

$=0.5\times0.868+15\times0.028+6/3+0.98-0.106$

$=0.434+0.42+2+0.98-0.106$

$=3.728(\text{m})$

$L_{短}=0.5\ l_{aE}+15d+$柱净高/3−1 个 90°外皮差值

$=0.5\times0.868+15\times0.028+6/3-0.106$

$=0.434+0.42+2-0.106$

$=2.748(\text{m})$

第五节　框架柱底层角柱、边柱、中柱钢筋机械连接计算

框架柱底层角柱、边柱、中柱钢筋机械连接时的计算，基础插筋的计算长度与焊接连接时是相同的，只是在连接时长度不同。焊接时要求取 $35d$ 和 500 mm 的最大值，而机械连接时要求取 $35d$。

一、抗震情况

(1)当伸入基础直锚长度满足 l_{aE} 要求时：

$L_{长}=l_{aE}+12d+$柱净高/3+$35d$−1 个 90°外皮差值

$L_{短}=l_{aE}+12d+$柱净高/3−1 个 90°外皮差值

(2)当伸入基础直锚长度不满足 l_{aE} 要求时：

$L_{长}=0.5\ l_{aE}+15d+$柱净高/3+$35d-l$ 个 90°外皮差值

$L_{短}=0.5\ l_{aE}+15d+$柱净高/3−1 个 90°外皮差值

二、非抗震情况

(1)当伸入基础直锚长度满足 l_{aE} 要求时：

$L_{长}=l_{a}+12d+500\text{ mm}+35d-1$ 个 90°外皮差值

$L_{短}=l_a+12d+500$ mm－1 个 90°外皮差值

(2)当伸入基础直锚长度不满足 l_{aE} 要求时：

$L_{长}=0.5\ l_a+15d+500$ mm＋(35d,500 mm 两者取最大值)－1 个 90°外皮差值

$L_{短}=0.5\ l_a+15d+500$ mm－1 个 90°外皮差值

第六节 框架柱角柱、边柱、中柱中层钢筋的计算

框架柱中层纵筋计算公式比较简单。角柱、边柱、中柱的钢筋形式也都是一样，也不分长纵筋和短纵筋，为了施工方便，每层柱纵筋要有一个连接点，其公式如下所述。

一、焊接连接(表 6-3)

表 6-3 焊接连接

项目	内 容
抗震情况	最底层：L＝层高－底层柱净高/3＋(二层柱净高/6，柱长边尺寸，500 mm 三者取最大值) 第二层～顶层柱节点每层每根长度：L＝层高
非抗震情况	最底层：L＝底层层高 第二层～顶层柱节点每层每根长度：L＝层高

二、机械连接(表 6-4)

表 6-4 机械连接

项目	内 容
抗震情况	最底层：L＝层高－底层柱净高/3＋(二层柱净高/6，柱长边尺寸，500 mm 三者取最大值) 第二层～顶层柱节点每层每根长度：L＝层高
非抗震情况	最底层：L＝底层层高 第二层～顶层柱节点每层每根长度：L＝层高

第七节 其他各类抗震柱的下料计算

一、抗震 KZ 柱变截面位置纵向钢筋构造

抗震 KZ 柱变截面位置纵向钢筋构造详图如图 6-37 所示。

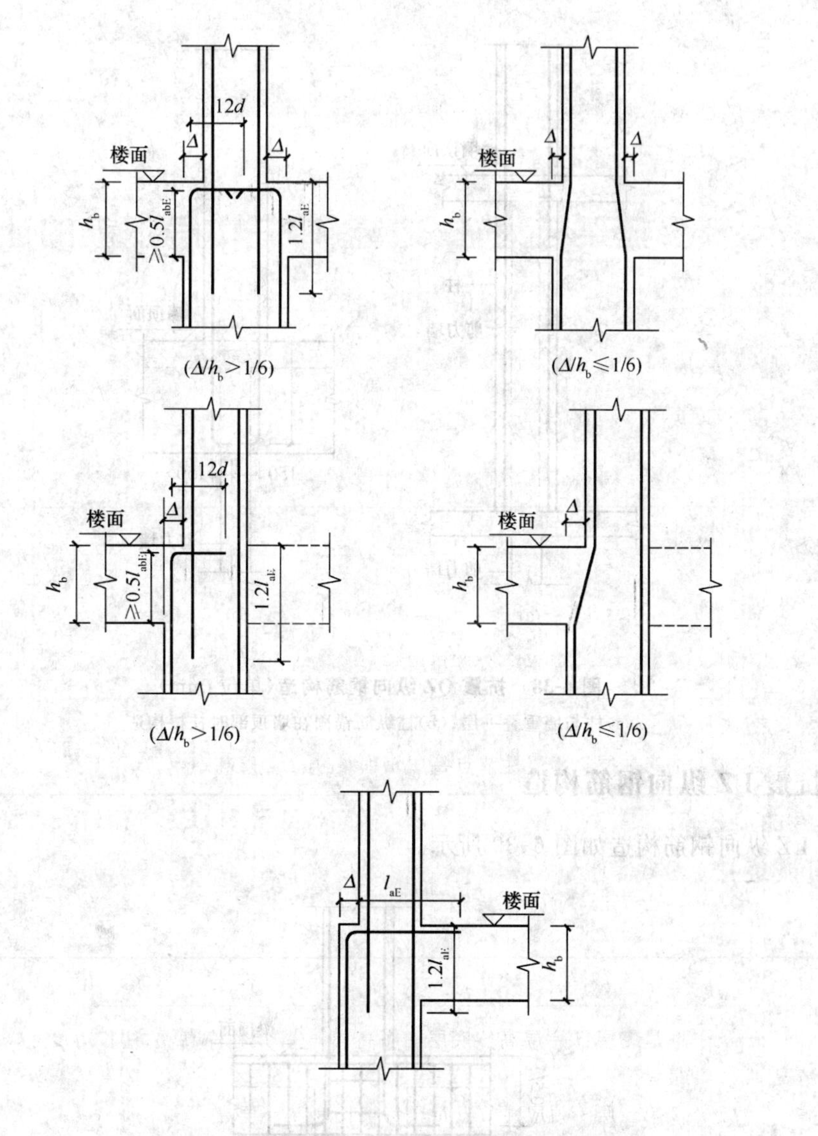

图 6-37　抗震 KZ 柱变截面位置纵向钢筋构造详图

二、抗震 QZ 纵向钢筋构造

抗震 QZ 纵向钢筋构造如图 6-38(表明柱纵筋锚固在墙顶部时柱根构造)所示。

(1)剪力墙上柱 QZ 与下层剪力墙重叠一层剪力墙顶面以上的墙上柱部分同框架柱计算方法相同,可分为绑扎搭接、机械连接和对焊连接。

(2)剪力墙上柱 QZ 的纵筋锚固在下层剪力墙的上部,锚入下层剪力墙上部,其直锚长度为 1.6 l_{aE},弯直钩并与对边纵筋的直钩重叠 $5d$。

(3)"非抗震 QZ 纵向钢筋构造"与"抗震 QZ 纵向钢筋构造"相似,只是 l_{aE}变成了 l_a。

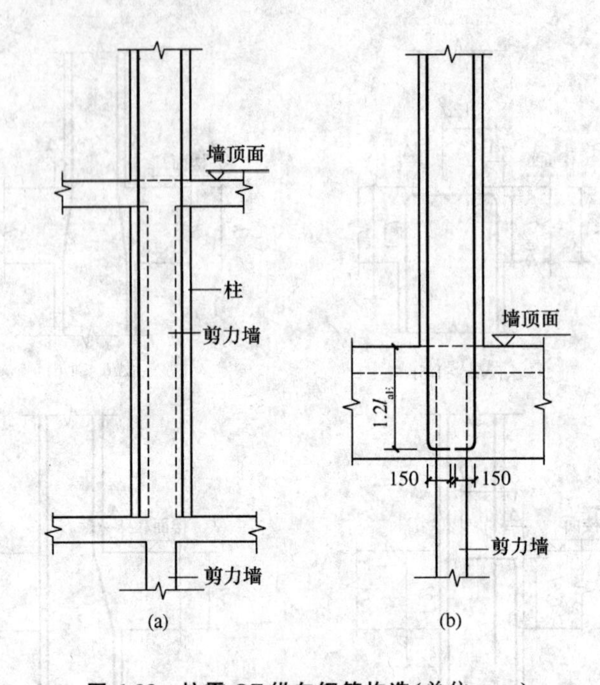

图 6-38 抗震 QZ 纵向钢筋构造(单位:mm)

(a)柱与墙重叠一层;(b)柱纵筋锚固在墙顶部时柱根构造

三、抗震 LZ 纵向钢筋构造

抗震 LZ 纵向钢筋构造如图 6-39 所示。

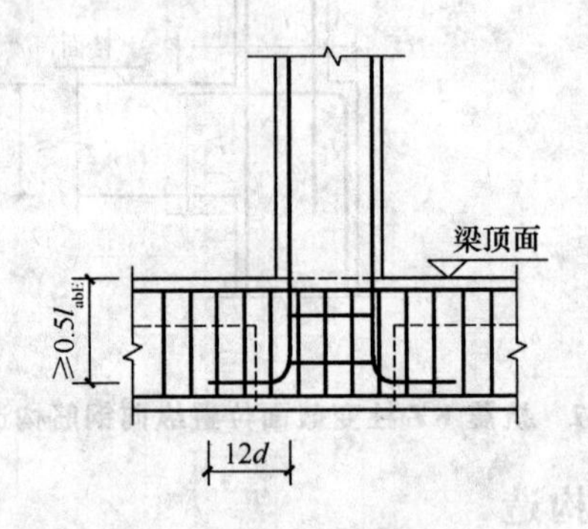

图 6-39 抗震 LZ 纵向钢筋构造

(1)梁上柱 LZ 纵筋“坐底”并弯直钩 12d,要求直锚长度不小于 0.5 l_{aE},即总长度=0.5 l_{aE}+12d。

(2)梁顶面以上的梁上柱构造同框架柱。

(3)“非抗震 LZ 纵向钢筋构造”与“抗震 LZ 纵向钢筋构造”相似,只是 l_{aE}变成了 l_a。

四、芯柱 XZ 配筋构造

芯柱 XZ 配筋构造如图 6-40 所示。

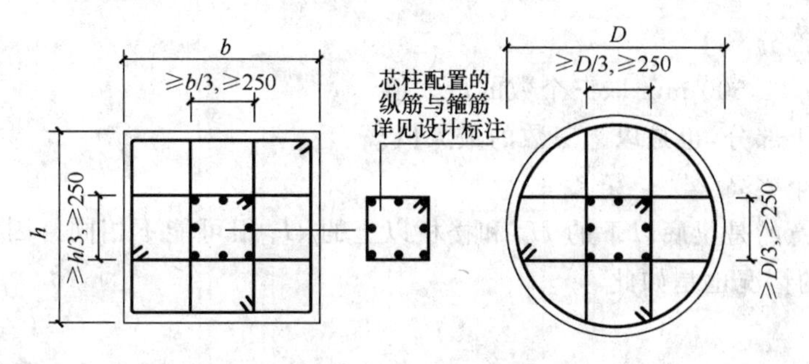

图 6-40　芯柱 XZ 配筋构造（单位：mm）

（1）芯柱是在柱的中心增加纵向钢筋与箍筋（也有加型钢的）。

（2）芯柱纵筋连接及根部锚固同框架柱，往上直通至芯柱柱顶标高。

五、抗震 KZ、QZ、LZ 箍筋加密区的范围

抗震 KZ、QZ、LZ 箍筋加密区范围如图 6-41 所示。

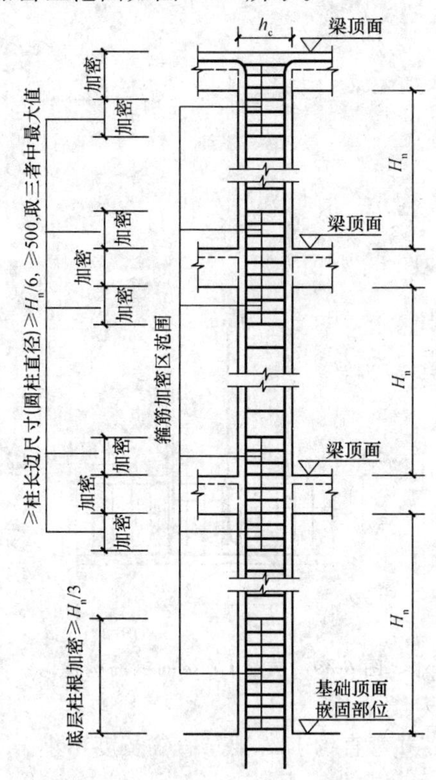

图 6-41　抗震 KZ、QZ、LZ 箍筋加密区范围

（1）底层柱根加密区≥H_n/3（H_n 是从基础顶面至顶板梁底的柱净高）。

（2）楼板梁上下部位的“箍筋加密区”长度由以下三部分组成（构成一个完整的“箍筋加密区”）：

1)梁底以下部分：

$\geqslant H_n/6$，$\geqslant h_c$，$\geqslant 500$ mm 取三个数的最大值。

2)楼板顶以上部分，也是以上三数的最大值。

3)再加上一个梁高。

计算时需注意的是梁底以下的 H_n 和楼板以上的 H_n 很可能不相同。因为它代表的是本层的柱净高，h_c 的情况也是如此。

剪力墙钢筋下料计算

第一节　剪力墙钢筋计算注意事项

剪力墙钢筋计算注意事项见表 7-1。

表 7-1　剪力墙钢筋计算注意事项

项目	内　　容
注意事项 1	剪力墙是竖向受弯构件，抵抗水平地震力
注意事项 2	剪力墙的暗柱并不是剪力墙墙身的支座，暗柱本身是剪力墙的一部分。剪力墙尽端不存在水平钢筋的支座，只存在“收边”的问题，所以“剪力墙水平分布筋伸入暗柱一个锚固长度”的说法是错误的。 剪力墙的水平分布筋从暗柱纵筋的外侧通过暗柱，这就是说，墙的水平分布筋与暗柱的箍筋平行，与箍筋在同一个垂直层面上通过暗柱
注意事项 3	剪力墙的水平分布钢筋不是抗弯的，而是抗剪的；而暗柱箍筋没有能力抵抗横向水平力。剪力墙水平分布筋配置按总墙肢长度考虑，并未扣除暗柱长度。计算钢筋下料时，应特别注意两个问题： (1)“剪力墙墙肢”就是一个剪力墙的整个直段，其长度算至墙外皮(包括暗柱)； (2)剪力墙的水平分布钢筋要伸至柱对边，其原理就是剪力墙暗柱与墙身，剪力墙端柱与墙身本身是一个共同工作的整体，不是几个构件的连接组合，不能套用梁与柱两种不同构件的连接概念，这在计算钢筋下料时也是一个特别需要区别清楚的问题
注意事项 4	暗梁并不是梁，而是剪力墙的水平线性“加强带”，暗梁是剪力墙的一部分，大量的暗梁在实墙中，暗梁纵筋也是“水平筋”。剪力墙顶部有暗梁时，剪力墙身竖向分布钢筋不能锚入暗梁，而应该穿越暗梁锚入现浇板内。剪力墙水平分布筋从暗梁或连梁箍筋的外侧通过暗梁或连梁
注意事项 5	剪力墙竖向分布钢筋弯折伸入板内的构造不是“锚入板中”(因板不是墙的支座)，而是完成墙与板的相互连接
注意事项 6	相对于剪力墙(含墙柱、墙身、墙梁)而言，基础是其支座，但相对连梁而言，其支座就是墙柱和墙身

（续表）

项目	内　　容
注意事项 7	如果框架梁延伸入剪力墙内，那么其性质就发生了改变，成为“剪力墙的边框梁”，下料时一定要对号入座，按边框梁（BKL）的配筋构造下料，边框梁不是梁，它只是剪力墙的“边框”，有了边框梁就可以不设暗梁
注意事项 8	钢筋的“直通原则”：“能直通则直通”是结构配筋的重要原则，这个原则会在实际施工及钢筋下料中产生很大的影响

第二节　各类墙柱的截面尺寸与计算

各类墙柱的截面形状与计算尺寸如图 7-1、图 7-2 所示。

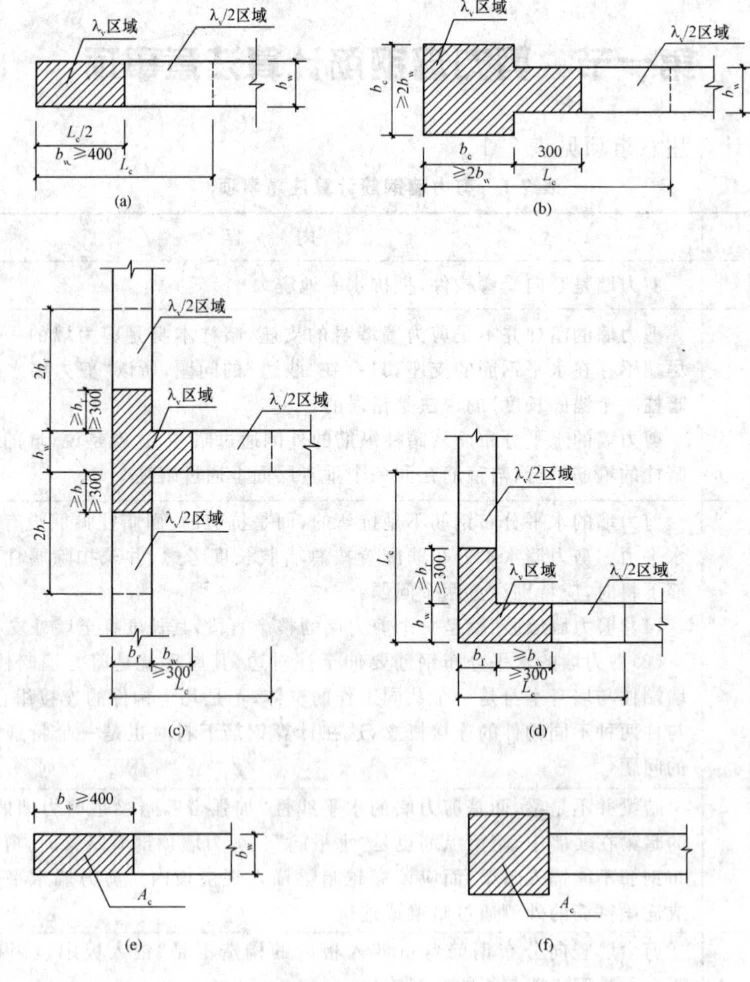

图 7-1　各类墙柱的截面形状与计算尺寸(一)（单位：mm）

(a)约束边缘暗柱；(b)约束边缘端柱；(c)约束边缘翼墙(柱)；(d)约束边缘转角墙(柱)；

(e)构造边缘暗柱 GAZ；(f)构造边缘端柱 GDZ

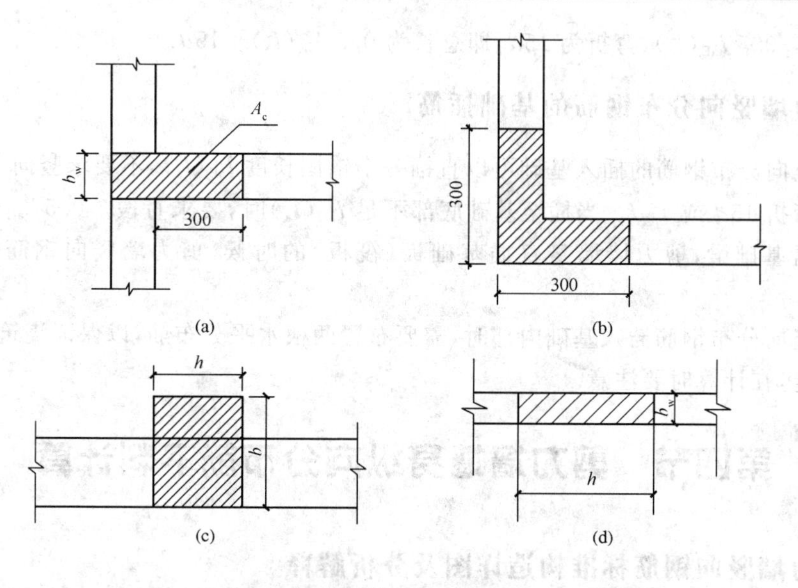

图 7-2　各类墙柱的截面形状与计算尺寸(二)(单位:mm)

(a)构造边缘翼暗柱(柱)GYZ;(b)构造边缘转角(柱)GJZ;

(c)扶壁柱 BZ;(d)非边缘暗柱 AZ

约束边缘构件沿墙肢的长度 L_c 及配筋特征值 λ_v,见表 7-2。

表 7-2　约束边缘构件沿墙肢的长度 L_c 及配筋特征值 λ_v

抗震等级(设防烈度)		一级(9 度)	一级(7、8 度)	二级
λ_v		0.2	0.2	0.2
L_c(mm)	暗柱	$0.25h_w$、$1.5b_w$、450 中的最大值	$0.25h_w$、$1.5b_w$、450 中的最大值	$0.2h_w$、$1.5b_w$、450 中的最大值
	端柱、翼墙或转角墙	$0.2h_w$、$1.5b_w$、450 中的最大值	$0.15h_w$、$1.5b_w$、450 中的最大值	$0.15h_w$、$1.5b_w$、450 中的最大值

注:1. 翼墙长度小于其厚度的 3 倍时,视为无翼墙剪力墙;端柱截面边长小于墙厚 2 倍时,视为无端柱剪力墙。

2. 约束边缘构件沿墙肢长度,除满足表 7-1 中的要求外,当有端柱、翼墙或转角墙时,也不应小于翼墙厚度或墙柱沿墙肢方向截面高度加 300 mm。

3. 约束边缘构件的箍筋或拉筋沿竖向的间距,对于一级抗震等级不宜大于 100 mm。

4. h_w 为剪力墙墙肢的长度。

第三节　剪力墙暗柱和纵向分布钢筋的基础插筋计算

一、剪力墙暗柱的基础插筋

要求暗柱纵筋"坐底",即伸至基础底部纵筋位置。当暗柱纵筋伸入基础的直锚长度满足锚固长度 $l_{aE}(l_a)$的要求时,要求弯折 $12d$,即总长为 $l_{aE}(l_a)+12d$;当插至基础底部不足 $l_{aE}(l_a)$

时，要求直段≥0.5 l_{aE}（l_a），弯折为 15d，即总长为 0.5 l_{aE}（l_a）+15d。

二、剪力墙竖向分布钢筋的基础插筋

剪力墙竖向分布钢筋的插入基础可以直锚一个锚固长度 l_{aE}（l_a），不要求竖向分布钢筋“坐底”，也不要弯折 15d 或 12d。当插至基础底部不足 l_{aE}（l_a）时，要求直段≥0.5 l_{aE}（l_a），弯折为 15d；当不设置基础梁，剪力墙墙身直插基础板（筏板）的时候，剪力墙竖向钢筋的弯折长度为 35d。

剪力墙竖向分布钢筋插入基础内部时，需要布置两根水平分布筋，以保证浇筑振捣混凝土时插筋的稳定，在计算时要注意。

第四节　剪力墙墙身纵向分布筋下料计算

一、剪力墙竖向钢筋标准构造详图及分析解释

（1）剪力墙竖向钢筋标准构造详图如图 7-3、图 7-4 所示。

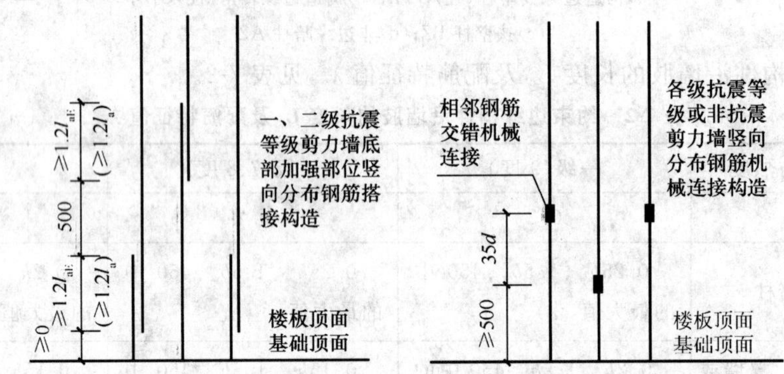

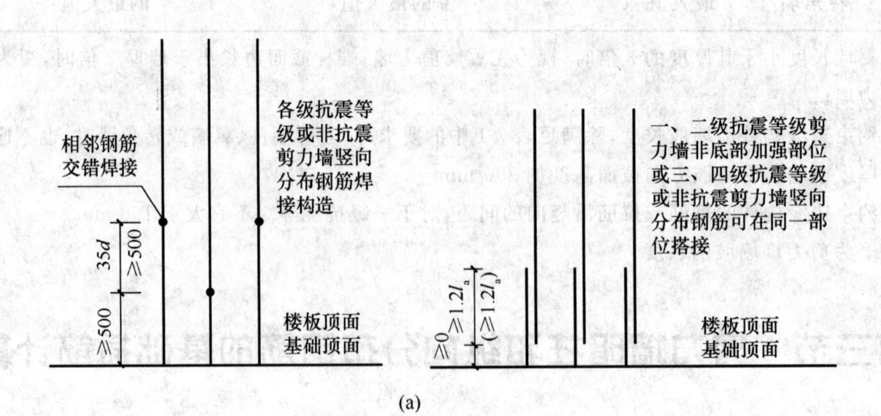

(a)

图 7-3　剪力墙竖向钢筋连接构造（一）（单位：mm）

（a）剪力墙身竖向分布钢筋连接结构

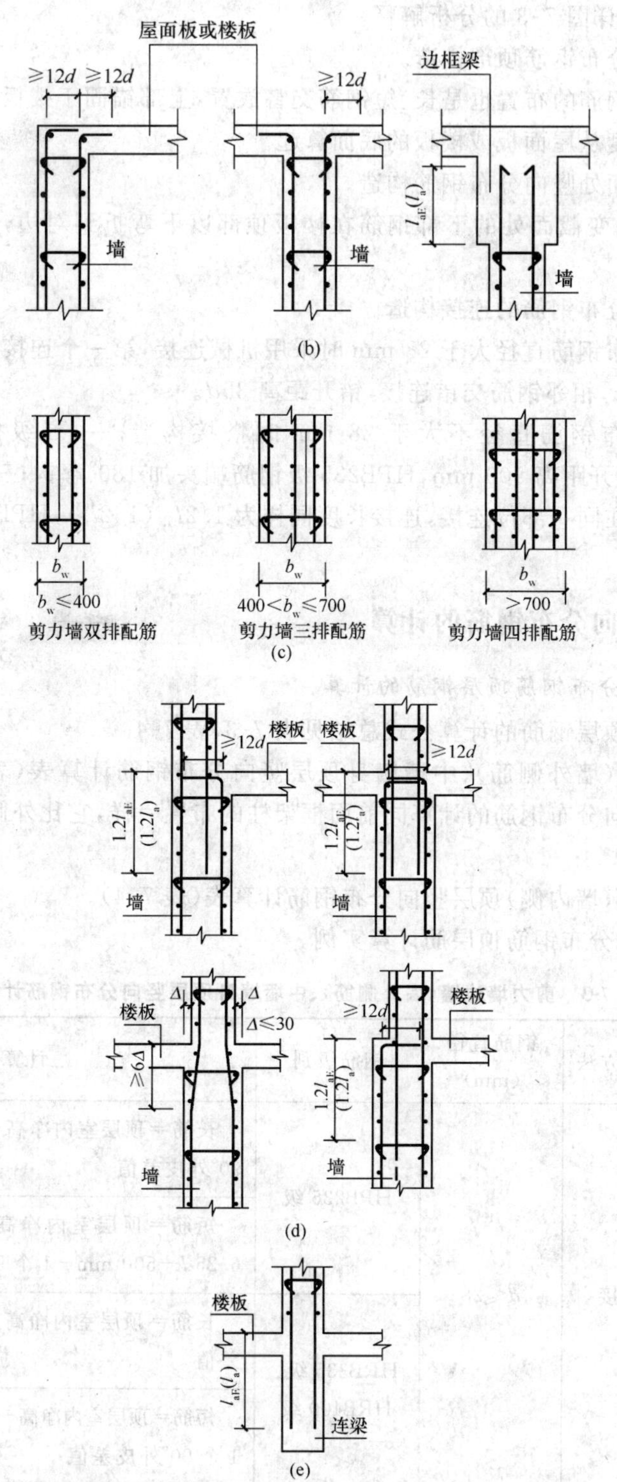

图 7-4　剪力墙竖向钢筋连接构造(二)(单位:mm)

(b)剪力墙竖向钢筋顶部构造;(c)剪力墙配筋;

(d)剪力墙变截面处竖向分布钢筋构造;(e)剪力墙竖向分布钢筋入连梁构造

(2)对标准构造详图 7-3 的分析解释。

1)剪力墙竖向分布钢筋顶部构造。

顶层竖向分布钢筋的布置也是长、短钢筋交替放置，上部锚固于楼板或屋面板上的长度为 $l_{aE}(l_a)$，$l_{aE}(l_a)$的长度从屋面板或楼板的底面算起。

2)剪力墙变截面处竖向分布钢筋构造。

常用的做法是：变截面处的下部钢筋在楼板顶部以下弯折到对边，上部钢筋下插 $1.5l_{aE}$ $(1.5l_a)$。

3)剪力墙竖向分布钢筋的连接构造。

剪力墙竖向分布钢筋直径大于 28 mm 时采用机械连接，第一个连接点距楼板顶面或基础顶面不小于 500 mm，相邻钢筋交错连接，错开距离 $35d$。

剪力墙竖向分布钢筋直径不大于 28 mm 时搭接构造；一、二级抗震时，搭接长度为 $1.2l_{aE}$，交错搭接，错开距离 500 mm，HPB235 级钢筋端头加 180°弯钩；三、四级抗震或非抗震时竖向分布钢筋可在同一部位连接，连接长度同样为 $1.2l_{aE}(1.2l_a)$，HPB235 级钢筋端头应加 $5d$ 直钩。

二、剪力墙竖向分布钢筋的计算

1. 剪力墙竖向分布钢筋顶层钢筋的计算

各种形式下的顶层钢筋的计算公式总结见表 7-3、表 7-4。

(1)剪力墙边墙(墙外侧筋)、中墙墙身顶层竖向分布钢筋计算表(表 7-3)。剪力墙边墙(贴墙内侧)顶层竖向分布钢筋的计算同前面框架柱的布置一样，它比外侧钢筋要低一排钢筋，即低$(d+30)$mm。

(2)剪力墙边墙(墙内侧)顶层竖向分布钢筋计算表(表 7-4)。

(3)剪力墙竖向分布钢筋顶层筋计算实例。

表 7-3 剪力墙边墙(墙外侧筋)、中墙墙身顶层竖向分布钢筋计算表

抗震等级	连接方法	钢筋直径(mm)	钢筋级别	计算公式
一、二级抗震	搭接	$d \leqslant 28$	HPB235 级	长筋＝顶层室内净高＋$l_{aE}(l_a)+6.25d-1$ 个 90°外皮差值
				短筋＝顶层室内净高－$1.2l_{aE}(1.2l_a)+2\times6.25d-500$ mm－1 个 90°外皮差值
			HRB335 级、HRB400 级	长筋＝顶层室内净高＋$l_{aE}(l_a)-1$ 个 90°外皮差值
				短筋＝顶层室内净高－$1.2l_{aE}(1.2l_a)-500$ mm－1 个 90°外皮差值

（续表）

抗震等级	连接方法	钢筋直径（mm）	钢筋级别	计算公式
三、四级抗震及非抗震	搭接	$d\leqslant 28$	HPB235 级	长筋＝短筋＝顶屋室内净高＋l_{aE}（l_a）＋5d－2 个 90°外皮差值
			HRB335 级、HRB400 级	长筋＝短筋＝顶屋室内净高＋l_{aE}（l_a）－1 个 90°外皮差值
一、二、三、四级及非抗震	机械连接	$d>28$	HPB235 级、HRB335 级、HRB400 级	长筋＝顶层室内净高＋l_{aE}（l_a）－500 mm－1 个 90°外皮差值
				短筋＝顶层室内净高＋l_{aE}（l_a）－500 mm－35d－1 个 90°外皮差值

表 7-4 剪力墙边墙（墙内侧）顶层竖向分布钢筋计算表

抗震等级	连接方法	钢筋直径（mm）	钢筋级别	计算公式
一、二级抗震	搭接	$d\leqslant 28$	HPB235 级	长筋＝顶层室内净高＋l_{aE}（l_a）＋6.25d－1 个 90°外皮差值－（d＋30）
				短筋＝顶层室内净高－0.2l_{aE}（0.2l_a）＋2×6.25d－500 mm－1 个 90°外皮差值－（d＋30）
			HRB335 级、HRB400 级	长筋＝顶层室内净高＋l_{aE}（l_a）－1 个 90°外皮差值－（d＋30）
				短筋＝顶层室内净高－0.2l_{aE}（0.2l_a）－500 mm－1 个 90°外皮差值－（d＋30）
三、四级抗震及非抗震	搭接	$d\leqslant 28$	HPB235 级	长筋＝短筋＝顶屋室内净高＋l_{aE}（l_a）＋5d－2 个 90°外皮差值－（d＋30）
			HRB335 级、HRB400 级	长筋＝短筋＝顶屋室内净高＋l_{aE}（l_a）－1 个 90°外皮差值－（d＋30）
一、二、三、四级及非抗震	机械连接	$d>28$	HPB235 级、HRB335 级、HRB400 级	长筋＝顶层室内净高＋l_{aE}（l_a）－500 mm－1 个 90°外皮差值－（d＋30）
				短筋＝顶层室内净高＋l_{aE}（l_a）－500 mm－35d－1 个 90°外皮差值－（d＋30）

【例 7-1】 某三级抗震剪力墙边墙顶层分布钢筋，钢筋直径为 ϕ20（HPB235 级钢筋），混凝土强度等级为 C30，采用搭接连接，其层高为 3.3 m，屋面板厚 300 mm，试计算其顶层分布钢筋外侧筋和内侧筋的下料长度。

解：

已知 d=20 mm<28 mm，HPB235 级钢筋，故

顶层室内净高=层高-屋面板厚度=3.3-0.3=3.0(m)

C30 时的锚固值 l_{aE} 为 25d，HPB235 级 90°外皮差值为 3.79d。

代入公式得：

外侧筋	长筋=顶层室内净高+l_{aE}+6.25d-1 个 90°外皮差值 =3.0+25×0.02+6.25×0.02-3.79×0.02 =3.56(m) 短筋=顶层室内净高-1.2l_{aE}+2×6.25d-500 mm-1 个 90°外皮差值 =3.0-1.2×25×0.02+2×6.25×0.02-0.5-3.79×0.02 =2.08(m)
内侧筋	长筋=顶层室内净高+l_{aE}+6.25d-1 个 90°外皮差值-(d+30) =3.0+25×0.02+6.25×0.02-3.79×0.02-(0.02+0.03) =3.5(m) 短筋=顶层室内净高-0.2 l_{aE}+6.25d-500 mm-1 个 90°外皮差值-(d+30) =3.0-0.2×25×0.02+6.25×0.02-0.5-3.79×0.02-(0.02+0.03) =2.4(m)

【例 7-2】 某二级抗震剪力墙中墙身顶层竖向分布筋，钢筋直径为 ϕ32（HRB335 级钢筋），混凝土强度等级为 C35，采用机械连接，其层高为 3.3 m，屋面板厚为 150 mm，试计算其顶层分布钢筋的下料长度。

解：

已知 d=32 mm>28 mm，HRB335 级钢筋，故

顶层室内净高=层高-屋面板厚度=3.3-0.15=3.15(m)

C35 时的锚固值 l_{aE} 为 31d，HRB335 级框架顶层节点 90°外皮差值为 4.648d。

代入公式，得：

长筋=顶层室内净高+l_{aE}-500 mm-1 个 90°外皮差值

=3.15+31×0.032-0.5-4.648×0.032

=3.15+0.992-0.5-0.148 736

≈3.49(m)

短筋=顶层室内净高+l_{aE}-500 mm-35d-1 个 90°外皮差值

=3.15+31×0.032-0.5-35×0.032-4.648×0.032

=3.15+0.992-0.5-1.12-0.148 736

≈2.37(m)

2. 剪力墙竖向分布钢筋基础插筋钢筋的计算

前面我们讲过，剪力墙竖向分布钢筋的插入基础可以直锚一个锚固长度，不要求竖向分布钢筋“坐底”，也不要弯折 15d 或 12d。当插至基础底部不足 l_{aE}(l_a)时，要求直段≥0.5 l_{aE}(3.5

l_a)，弯折为 $15d$。各种形式下的基础插筋的计算公式见表 7-5 和表 7-6。

表 7-5　竖向分布钢筋基础插筋钢筋计算表[锚固长满足 l_{aE}(l_a)时]

抗震等级	连接方法	钢筋直径(mm)	钢筋级别	计算公式
一、二级抗震	搭接	$d \leqslant 28$	HPB235 级	长筋 $=3.4l_{aE}(3.4l_a)+6.25d+500$ mm
				短筋 $=2.2l_{aE}(2.2l_a)+2.25d$
			HRB335 级、HRB400 级	长筋 $=3.4l_{aE}(3.4l_a)+500$ mm
				短筋 $=2.2l_{aE}(2.2l_a)$
三、四级抗震及非抗震	搭接	$d \leqslant 28$	HPB235 级	长筋 = 短筋 $=2.2l_{aE}(2.2l_a)+5d-2$ 个 90°外皮差值
			HRB335 级、HRB400 级	长筋 = 短筋 $=2.2l_{aE}(2.2l_a)$
一、二、三、四级及非抗震	机械连接	$d>28$	HPB235 级、HRB335 级、HRB400 级	长筋 $=35d+l_{aE}(l_a)+500$ mm
				短筋 $=l_{aE}(l_a)+500$ mm

表 7-6　剪力墙竖向分布钢筋基础插筋钢筋计算表[锚固长不能满足 l_{aE}(l_a)时]

抗震等级	连接方法	钢筋直径(mm)	钢筋级别	计算公式
一、二级抗震	搭接	$d \leqslant 28$	HPB23 级	长筋 $=2.9l_{aE}(2.9l_a)+21.25d+500$ mm $-$ 1 个 90°外皮差值
				短筋 $=1.7l_{aE}(1.7l_a)+21.25d-1$ 个 90°外皮差值
			HRB335 级、HRB400 级	长筋 $=2.9l_{aE}(2.9l_a)+500$ mm $+15d-1$ 个 90°外皮差值
				短筋 $=1.7l_{aE}(1.7l_a)+15d-1$ 个 90°外皮差值
三、四级抗震及非抗震	搭接	$d \leqslant 28$	HPB235 级	长筋 = 短筋 $=1.7l_{aE}(1.7l_a)+21.25d-2$ 个 90°外皮差值
			HRB335 级、HRB400 级	长筋 = 短筋 $=1.7l_{aE}(1.7l_a)+15d-1$ 个 90°外皮差值

（续表）

抗震等级	连接方法	钢筋直径（mm）	钢筋级别	计算公式
一、二、三、四级及非抗震	机械连接	$d>28$	HPB235级、HRB335级、HRB400级	长筋$=50d+0.5l_{aE}(0.5l_a)+500$ mm-1个90°外皮差值
				短筋$=0.5l_{aE}(0.5l_a)+500$ mm$+15d-1$个90°外皮差值

3. 剪力墙竖向分布筋基础插筋计算实例

【例 7-3】 某四级抗震剪力墙竖向分布基础插筋，钢筋直径为ϕ20（HRB335级钢筋），混凝土强度等级为C30，采用搭接连接，其基础墙梁高600 mm，试计算竖向分布基础插筋的下料尺寸。

解：

已知$d=20$ mm<28 mm HRB335级钢筋。

C30时的锚固值l_{aE}为$29d$，$29d=29\times20=580$ mm<600 mm满足l_{aE}的要求。

HRB335级90°外皮差值为$2.931d$。

代入表中公式，得：

长筋$=$短筋$=2.2\ l_{aE}+5d-2$个90°外皮差值

$=2.2\times29\times0.02+5\times0.02-2\times2.931\times0.02$

$=1.276+0.1-0.11\ 724$

≈1.26(m)

【例 7-4】 某三级抗震剪力墙竖向分布基础插筋，钢筋直径为ϕ32（HRB335级钢筋），混凝土强度等级为C30，采用机械连接，其基础墙梁高800 mm，试计算竖向分布筋基础插筋的下料尺寸。

解：

已知$d=32$ mm>28 mm应采用机械连接，HRB335级钢筋。

C30时的锚固值l_{aE}为$31d$，$31d=31\times32=992$ mm>800 mm不能满足l_{aE}的要求。

HRB335级90°外皮差值为$3.79d$。

代入表中公式，得：

长筋$=50d+0.5\ l_{aE}+500-1$个90°外皮差值

$=50\times0.032+0.5\times31\times0.032+0.5-1\times3.79\times0.032$

$=2.47$(m)

短筋$=0.5\ l_{aE}+15d+500-1$个90°外皮差值

$=0.5\times31\times0.032+15\times0.032+0.5-1\times3.79\times0.032$

$=1.36$(m)

4. 剪力墙边墙和中墙的中、底层竖向分布筋

从前面的剪力墙竖向分布钢筋连接构造中可以看出，在连接方法中，机械连接不需要计算

搭接长度，所以中底层竖向钢筋的长度，就等于钢筋所在的层高。搭接连接时就不一样，它需要增加连接长度 $1.2l_{aE}$；如果搭接的钢筋为 HPB235 级钢筋且抗震等级为一、二级时，钢筋的端头还需增加 180°弯钩，即增加 $6.25d$ 的长度，如果抗震等级为三、四级时，钢筋的端头还需增加 $5d$ 的直钩，同时还应注意，机械连接适用于钢筋直径大于 28 mm 时的情况。

为了方便计算，我们将各种形式下的剪力墙边墙和中墙的中、底层竖向分布筋下料长度总结为公式，供计算时查阅。

5. 剪力墙边墙和中墙墙身的中、底层竖向分布筋计算公式(表 7-7)

表 7-7　剪力墙边墙和中墙墙身的中、底层竖向分布筋计算公式表

抗震等级	连接方法	钢筋直径(mm)	钢筋级别	计算公式
一、二级抗震	搭接	$d\leqslant28$	HPB235 级	层高 $+1.2l_{aE}+6.25d$
			HRB335 级、HPRB400 级	层高 $+1.2l_{aE}$
三、四级抗震及非抗震	搭接	$d\leqslant28$	HPB235 级	层高 $+1.2l_{aE}+5d-2$ 个 90°外皮差值
			HRB335 级、HPRB400 级	层高 $+1.2l_{aE}$
一、二、三、四级及非抗震	机械连接	$d>28$	HPB235 级、HRB335 级、HRB400 级	层高

6. 剪力墙边墙和中墙墙身中底层竖向分布筋计算实例

【例 7-5】　三级抗震剪力墙中、底层竖向分布筋的直径为 ϕ20(HRB335 级钢筋)，其混凝土强度等级为 C30，搭接连接，层高 3.3 m，试计算中、底层竖向分布筋的下料长度。

解：

已知 $d=20$ mm<28 mm，钢筋级别为 HRB335 级。

三级抗震 C30 的锚固值 l_{aE} 为 $31d$。

代入公式，得：

$$钢筋长度=层高+1.2l_{aE}=3.3+1.2\times31\times0.028=4.34(m)$$

【例 7-6】　某二级抗震剪力墙中、底层竖向分布筋的直径为 ϕ30(HRB335 级钢筋)，其混凝土强度等级为 C30，搭接连接，层高 3.3 m，试计算其中底层竖向分布钢筋的下料长度。

解：

已知 $d=30$ mm<28 mm，钢筋级别为 HRB335 级。

所以，钢筋下料长度＝层高＝3.3(m)。

第五节 剪力墙暗柱竖向钢筋下料计算

我们知道剪力墙的暗柱并不是剪力墙墙身的支座，暗柱本身是剪力墙的一部分，剪力墙的尽端不存在水平钢筋的支座，只存在"收边"的问题，所以"剪力墙水平分布筋伸入暗柱一个锚固长度"的说法是错误的。

暗柱本身是剪力墙的一部分，所以其计算方法与剪力墙墙身的计算方法是基本一样的，也存在顶层、中层、底层、基础插筋等相同的问题。

一、约束边缘构件 YAZ、YDZ、YYZ、YJZ 标准详图、解释及计算公式

(1)约束边缘构件 YAZ、YDZ、YYZ、YJZ 标准构造详图见图 6-2～图 6-5。

(2)分析解释。

1)剪力墙约束边缘构件，仅用于一、二级抗震设计的剪力墙底部加强部位及其上一层墙肢。

2)约束边缘构件纵向钢筋连接构造。

①各级抗震等级钢筋直径大于 28 mm 时采用机械连接，第一个连接点距楼顶面或基础顶面不小于 500 mm，相邻钢筋交错连接，错开距离 $35d$。

②一、二级抗震等级钢筋直径不大于 28 mm 时搭接构造，搭接长度 $1.2l_{aE}$，交错搭接，错开距离 500 mm，HPB235 级钢筋端头应加 180°弯钩($6.25d$)。

(3)计算公式。

各种形式下的约束边缘暗柱顶层竖向钢筋下料长度总结公式，见表 7-8。

剪力墙约束边缘暗柱中、底层竖向分布钢筋计算公式和前面剪力墙中、底层竖向分布钢筋的计算方法基本一样，也即机械连接时的长度等于层高，而搭接连接时，则需要计算它的连接长度 $1.2l_{aE}$。表 7-9 即为剪力墙约束边缘暗柱中、底层竖向钢筋计算公式。

表 7-8 剪力墙约束边缘暗柱顶层外侧及内侧竖向分布钢筋计算公式

部位	抗震等级	连接方法	钢筋直径(mm)	钢筋级别	计算公式
外侧	一、二级抗震	搭接	$d\leqslant 28$	HPB235 级	长筋＝顶层室内净高＋$l_{aE}(l_a)$＋$6.25d$－1 个 90°外皮差值
					短筋＝顶层室内净高－$0.2l_{aE}(0.2l_a)$＋$6.25d$－500 mm－1 个 90°外皮差值
				HRB335 级、HRB400 级	长筋＝顶层室内净高＋$l_{aE}(l_a)$－1 个 90°外皮差值
					短筋＝顶层室内净高－$0.2l_{aE}(0.2l_a)$－500 mm－1 个 90°外皮差值

（续表）

部位	抗震等级	连接方法	钢筋直径(mm)	钢筋级别	计算公式
内侧	一、二级抗震	搭接	$d\leqslant28$	HPB235级	长筋＝顶层室内净高＋l_{aE}(l_a)＋6.25d−(d＋30)−1个90°外皮差值
					短筋＝顶层室内净高−0.2l_{aE}(0.2l_a)＋6.25d−500 mm−(d＋30)−1个90°外皮差值
				HRB335级、HRB400级	长筋＝顶层室内净高＋l_{aE}(l_a)−1个90°外皮差值−(d＋30)
					短筋＝顶层室内净高−0.2l_{aE}(0.2l_a)−500 mm−(d＋30)−1个90°外皮差值
外侧	一、二、三、四级及非抗震	机械连接	$d\geqslant28$	HPB235级、HRB335级、HRB400级	长筋＝顶层室内净高＋l_{aE}(l_a)−500 mm−1个90°外皮差值
					短筋＝顶层室内净高＋l_{aE}(l_a)−500 mm−35d−1个90°外皮差值
内侧					长筋＝顶层室内净高＋l_{aE}(l_a)−500 mm−(d＋30)−1个90°外皮差值
					短筋＝顶层室内净高＋l_{aE}(l_a)−500 mm−35d−(d＋30)−1个90°外皮差值

表 7-9　剪力墙约束边缘暗柱中、底层竖向钢筋计算公式

抗震等级	连接方法	钢筋直径(mm)	钢筋级别	计算公式
一、二级抗震	搭接	$d\leqslant28$	HPB235级	层高＋1.2l_{aE}(1.2l_a)＋6.25d
			HRB335级、HPRB400级	层高＋1.2l_{aE}
一、二、三、四级抗震及非抗震	机械连接	$d\leqslant28$	HPB235级、HRB335级、HRB400级	层高

在讨论剪力墙约束边缘暗柱基础插筋的下料计算之前，我们必须先搞清楚边缘构件（暗柱、端柱）的纵筋与墙身分布纵筋所担负的“任务”，这对钢筋下料有很大的指导性。

边缘构件纵筋的锚固要求：一是要插到基础底部，二是端头必须再加弯钩≥12d。对于墙身分布钢筋，请注意用词：“可以”直锚一个锚固长，其条件是根据剪力墙的抗震等级，低抗震等级时“可以”，但当抗震等级高时就要严格限制。

其中的原理并不复杂，剪力墙受地震作用来回摆动时，基本上以墙肢的中心为平衡线（抗压零点),平衡线两侧受拉一侧受压且周期性变化,抗应力或压应力值越往外越大,至边缘达到最大值。边缘构件受拉时所受拉应力大于墙身,只要保证边缘构件纵筋的可靠锚固,边缘构件就不会被破坏,边缘构件未受破坏,墙身就不可能先于边缘构件发生破坏。

总之,剪力墙约束边缘暗柱最底层的锚固长度等于基础构件厚+$12d$。

各种形式下的剪力墙构造边缘暗柱的基础插筋下料长度总结公式见表 7-10。

表 7-10 剪力墙约束边缘暗柱基础插筋计算公式

抗震等级	连接方法	钢筋直径(mm)	钢筋级别	计算公式
一、二级抗震	搭接	$d\leqslant 28$	HPB235 级	长筋=$2.4l_{aE}$($2.4l_a$)+500+基础构件厚+$12d$+$6.25d$−1 个 90°外皮差值
				短筋=基础构件厚+$12d$+$12.5d$−1 个保护层
			HRB335 级 HRB400 级	长筋=$1.2l_{aE}$($1.2l_a$)+基础构件厚+$6.25d$−1 个 90°外皮差值
				短筋=$1.2l_{aE}$($1.2l_a$)+基础构件厚+$12d$−1 个 90°外皮差值
一、二、三、四级及抗震	机械连接	$d\leqslant 28$	HPB235 级、HRB335 级、HRB400 级	长筋=$35d$+500 mm+基础构件厚+$12d$−1 个 90°外皮差值
				短筋=500 mm+基础构件厚+$12d$−1 个 90°外皮差值

(4)剪力墙约束边缘暗柱钢筋下料计算实例。

【例 7-7】 某三级抗震剪力墙约束边缘暗柱,其钢筋级别为 HRB335 级钢筋,钢筋直径 ϕ32 mm,混凝土强度等级为 C30,层高为 3.3 m,屋面板厚 200 mm,基础梁高 600 mm,机械连接,试计算钢筋顶层、中层、底层基础插筋的下料长度。

解:

已知钢筋级别为 HRB335 级,d=32 mm>28 mm,混凝土保护层厚度为 30 mm。

层高=3.3 m,顶层室内净高=3.3−0.2=3.1 m。

混凝土强度等级为 C30,三级抗震时的 $l_{aE}=31d$。

90°外皮差值:顶层为 $4.648d$,顶层以下为 $3.79d$。

(1)计算顶层外侧与内侧的竖向钢筋下料长度。

外侧,长筋=顶层室内净高+l_{aE}−500−1 个 90°外皮差值

$=3.1+31\times0.032-0.5-4.648\times0.032$

$=3.1+0.992-0.5-0.148\ 736$

≈ 3.44(m)

短筋＝顶层室内净高＋l_{aE}－500－35d－1 个 90°外皮差值

＝3.1＋31×0.032－0.5－35×0.032－4.648×0.032

＝3.1＋0.992－0.5－1.12－0.148 736

≈2.32(m)

内侧，长筋＝顶层室内净高＋l_{aE}－500－(d＋30)－1 个 90°外皮差值

＝3.1＋31×0.032－0.5－(0.032＋0.03)－4.648×0.032

＝3.1＋0.992－0.5－0.062－0.148 736

≈3.38(m)

短筋＝顶层室内净高＋l_{aE}－500－35d－(d－30)－1 个 90°外皮差值

＝3.1＋31×0.032－0.5－35×0.032－(0.032＋0.03)－4.648×0.032

＝3.1＋0.992－0.5－1.12－0.052－0.148 736

≈2.27(m)

(2)计算中、底层竖向钢筋下料长度。

中、底层竖向钢筋的下料长度＝3.3 m。

(3)计算基础插筋的钢筋下料长度。

长筋＝35d＋500＋基础构件厚＋12d－1 个 90°外皮差值

＝35×0.032＋0.5＋0.6＋12×0.032－3.79×0.032

≈2.48(m)

短筋＝500＋基础构件厚＋12d－1 个保护层－1 个 90°外皮差值

＝0.5＋0.6＋12×0.032－3.79×0.032

≈1.36(m)

二、构造边缘构件 GAZ、GDZ、GYZ、GJZ 构造及 FBZ、非边缘暗柱 AZ 构造标准详图、解释及计算公式

(1)构造边缘构件 GAZ、GDZ、GYZ、GJZ 构造及 FBZ、非边缘暗柱 AZ 构造标准详图如图 6-6～图 6-11 所示(第六章)。

(2)分析解释。

各类边缘构件纵向钢筋连接构造，如图 7-5 所示。

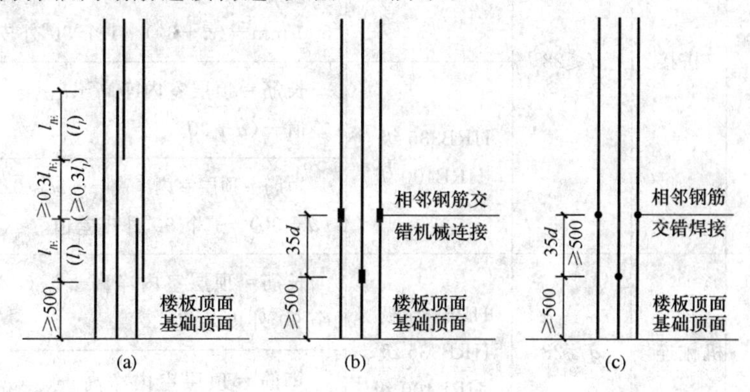

图 7-5　边缘构件纵向钢筋连接构造(单位：mm)

(a)绑扎搭接；(b)机械连接；(c)焊接

钢筋直径大于 28 mm 时采用机械连接，第一个连接点距楼板顶面或基础顶面不小于 500 mm，相邻钢筋交错搭接，错开距离 $35d$。

钢筋直径不大于 28 mm 时搭接构造，搭接长度 $1.2l_{aE}$，交替搭接，错开距离 500 mm，HPB235 级钢筋端头加 180°弯钩，即 $6.25d$。

扶壁柱 FBZ 及非边缘暗柱的构造应按设计计算，其纵筋计算方法与各类构造边缘构件相同。

可以说，构造边缘构件的计算与构件的计算基本是一样的，不同的是约束边缘构件在钢筋直径 $d\leqslant28$ mm 时，仅适用于一、二级抗震范围，而构造边缘构件在钢筋直径 $d\leqslant28$ mm 时，各类抗震等级均适用，其他的均与构造边缘构件完全相同，在此不再赘述，只写出计算公式（表 7-11～表 7-12，剪力墙构造边缘暗柱中、底层竖向钢筋计算公式表同剪力墙约束边缘暗柱中、底层竖向钢筋计算公式表），供大家计算时查阅使用。

表 7-11　剪力墙构造边缘暗柱顶层外侧与内侧竖向分布钢筋计算公式

部位	抗震等级	连接方法	钢筋直径（mm）	钢筋级别	计算公式
外侧	一、二级抗震	搭接	$d\leqslant28$	HPB235 级	长筋＝顶层室内净高＋l_{aE}（l_a）＋$6.25d$－1 个 90°外皮差值
					短筋＝顶层室内净高－$0.2l_{aE}$（$0.2l_a$）＋$6.25d$－500 mm－1 个 90°外皮差值
				HRB335 级、HRB400 级	长筋＝顶层室内净高＋l_{aE}（l_a）－1 个 90°外皮差值
					短筋＝顶层室内净高－$0.2l_{aE}$（$0.2l_a$）－500 mm－1 个 90°外皮差值
内侧	三、四级抗震及非抗震	搭接	$d\leqslant28$	HPB235 级	长筋＝顶层室内净高＋l_{aE}（l_a）＋$6.25d$－（d＋30）－1 个 90°外皮差值
					短筋＝顶层室内净高－$0.2l_{aE}$（$0.2l_a$）＋$6.25d$－500 mm－（d＋30）－1 个 90°外皮差值
				HRB335 级、HRB400 级	长筋＝顶层室内净高＋l_{aE}（l_a）－1 个 90°外皮差值－（d＋30）
					短筋＝顶层室内净高－$0.2l_{aE}$（$0.2l_a$）－500 mm－（d＋30）－1 个 90°外皮差值
外侧	非抗震	机械连接	$d>28$	HPB235 级、HRB335 级、HRB400 级	长筋＝顶层室内净高＋l_{aE}（l_a）－500 mm－1 个 90°外皮差值
					短筋＝顶层室内净高＋l_{aE}（l_a）－500 mm－$35d$－1 个 90°外皮差值

（续表）

部位	抗震等级	连接方法	钢筋直径（mm）	钢筋级别	计算公式
内侧	非抗震	机械连接	$d>28$	HPB235 级、HRB335 级、HRB400 级	长筋＝顶层室内净高＋l_{aE}（l_a）－500 mm－（d＋30）－1 个 90°外皮差值
					短筋＝顶层室内净高＋l_{aE}（l_a）－500 mm－35d－（d＋30）－1 个 90°外皮差值

表 7-12　剪力墙构造边缘暗柱基础插筋计算公式

抗震等级	连接方法	钢筋直径（mm）	钢筋级别	计算公式
一、二级抗震	搭接	$d\leqslant28$	HPB235 级	长筋＝2.4l_{aE}（2.4l_a）＋500 mm＋基础构件厚＋12d＋6.25d
				短筋＝1.2l_{aE}（1.2l_a）＋基础构件厚＋12d＋6.25d
			HRB335 级 HRB400 级	长筋＝1.2l_{aE}＋基础构件厚＋12d－1 个保护层－1 个 90°外皮差值
				短筋＝2.4l_{aE}（2.4l_a）＋500 mm＋基础构件厚＋12d－1 个 90°外皮差值
非抗震	机械连接	$d>28$	HPB235 级、HRB335 级、HRB400 级	长筋＝35d＋500 mm＋基础构件厚＋12d－1 个 90°外皮差值
				短筋＝500 mm＋基础构件厚＋12d－1 个 90°外皮差值

第六节　剪力墙墙身水平钢筋下料计算

一、剪力墙墙身水平钢筋构造详图（图 7-6～图 7-8）

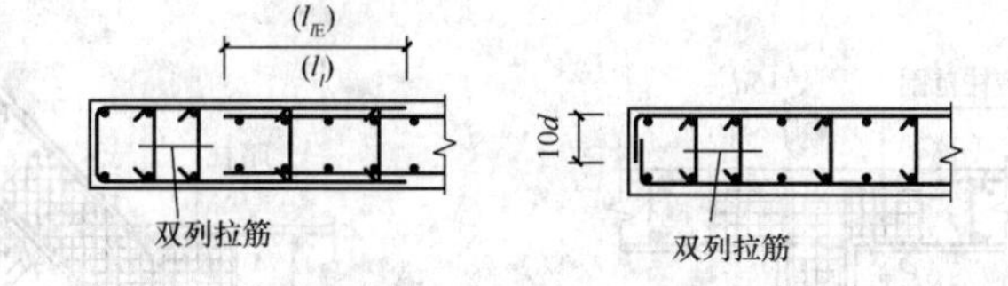

端部无暗柱时剪力墙水平钢筋端部做法(一)　端部无暗柱时剪力墙水平钢筋端部做法(二)

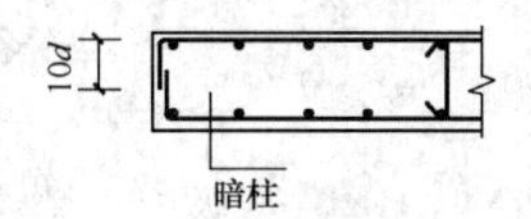

端部有暗柱时剪力墙水平钢筋端部做法(三)

图 7-6　剪力墙墙身水平钢筋构造详图(一)（单位：mm）

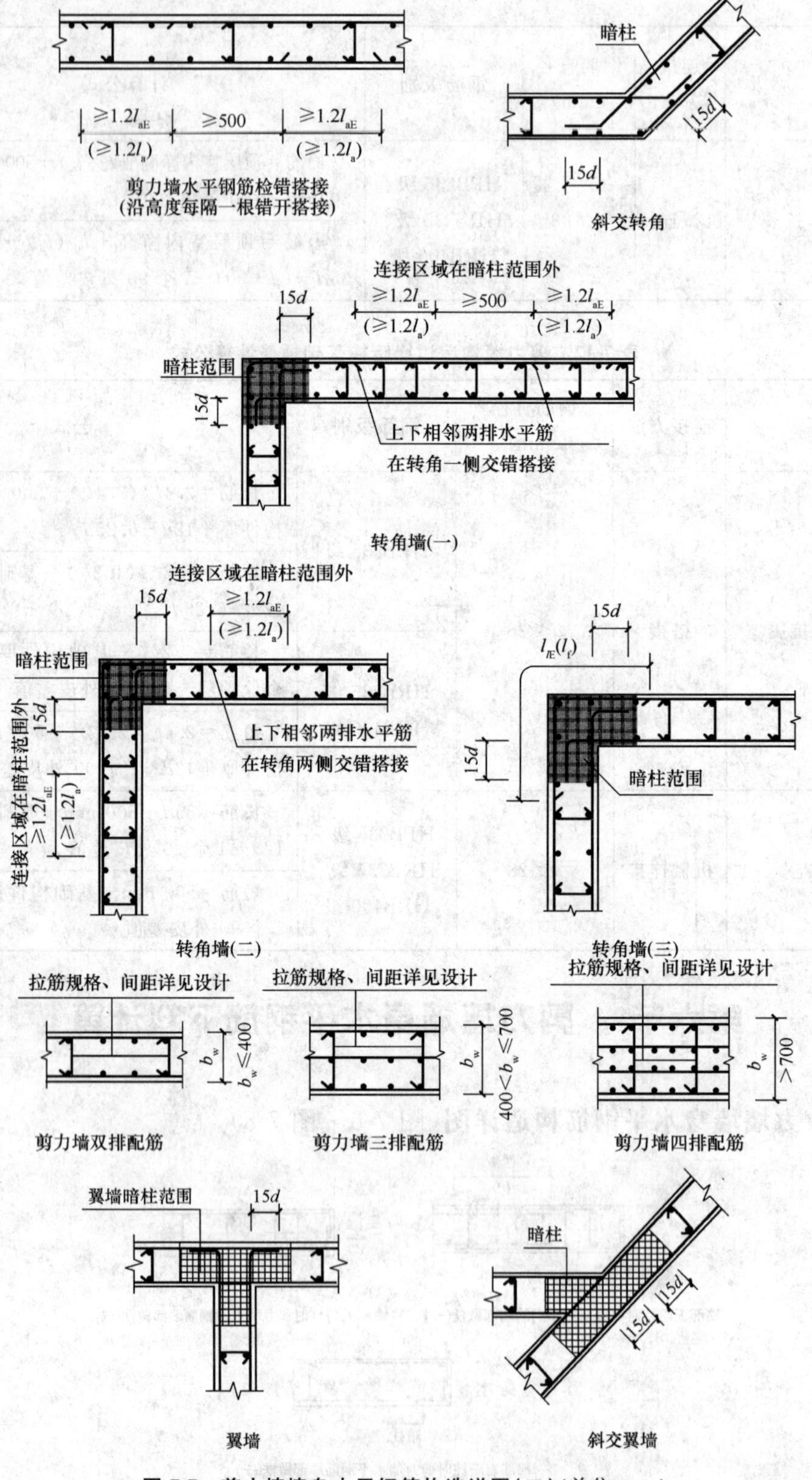

图 7-7　剪力墙墙身水平钢筋构造详图(二)(单位：mm)

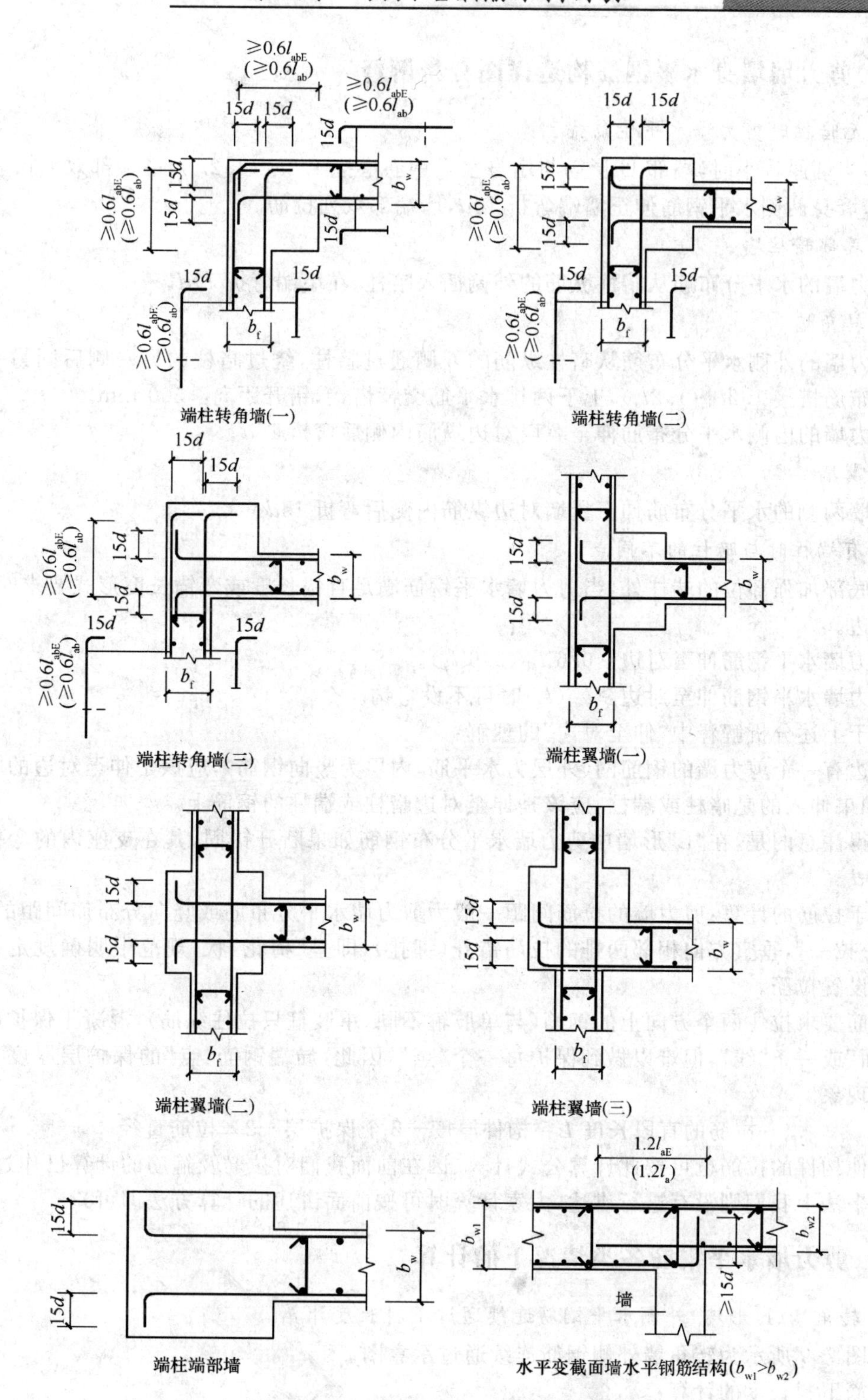

图 7-8　剪力墙墙身水平钢筋构造详图(三)(单位:mm)

二、剪力墙墙身水平钢筋构造详图分析解释

1. 无暗柱时剪力墙水平钢筋锚固

(1)当墙厚较小时，端部U形筋与墙身水平钢筋搭接 $1.2l_{aE}$($1.2l_a$)，墙端部双列拉筋。

(2)墙身两侧水平钢筋伸至墙端弯折 $10d$，墙端部双列拉筋。

2. 端部暗柱墙

剪力墙的水平分布筋从暗柱纵筋的外侧插入暗柱，在墙端弯折 $10d$。

3. 转角墙

剪力墙的外侧水平分布筋从暗柱纵筋的外侧通过暗柱，绕过暗柱的另一侧后同另一侧的水平分布筋搭接 $1.2l_{aE}$($1.2l_a$)，上下两排水平筋交替搭接，错开距离≥500 mm。

剪力墙的内侧水平分布筋伸至翼墙对边纵筋内侧后弯折 $15d$。

4. 翼墙

端墙两侧的水平分布筋伸至翼墙对边纵筋内侧后弯折 $15d$。

5. 有端柱时与暗柱的不同点

除底部加强部位的端柱外，当剪力墙水平钢筋满足直锚长度或弯锚长度形式要求时，可不伸至对边。

剪力墙水平钢筋伸至对边≥$0.6\ l_{aE}$($0.6\ l_a$)。

剪力墙水平钢筋伸至对边≥l_{aE}(l_a)时可不设弯钩。

关于上述分析解释中“伸至对边”的理解：

对边有一个剪力墙的钢筋网(外层为水平筋，内层为竖向钢筋)，应该是伸至对边的竖向钢筋上；如果伸入的是暗柱或端柱，应该是伸至对边暗柱或端柱的钢筋上。

值得注意的是，在“L”形墙中剪力墙水平分布钢筋如果断开锚固，其在支座内的弯折长度则为 $20d$。

关于拉筋的计算：剪力墙的拉筋间距一般为剪力墙水平分布筋或竖向分布筋间距的两倍，即“隔一拉一”，垂直方向相邻两排的拉筋错开(绑扎)，即呈“梅花”状，规范中明确规定在暗柱中也应设置拉筋。

拉筋要求拉住两个方向上的钢筋(与单肢箍不同，单肢箍只拉住纵筋)，混凝土保护层保护一个“面”或一条“线”，但难以做到保护每一个“点”，因此，局端钢筋“点”的保护层厚度不够应属正常现象。

$$拉筋的直段长度\ L=构件厚度-2\ 个保护层+2\times 拉筋直径$$

其他构件的拉筋也可按此计算公式计算(因在前面我们对拉筋及箍筋的计算已作过讲述，所以在平法上我们则没有进行讲述，大家计算时可按前面讲述的计算方法即可)。

三、剪力墙水平钢筋各类情况下的计算

1. 转角墙(L形墙)外侧水平钢筋连续通过下料长度计算

如图7-9所示为转角墙外侧钢筋连续通过示意图。

钢筋下料长度的计算：

$$钢筋下料长度=墙长-4\ 个保护层+2\ 个弯折(2\times 15d)-3\ 个\ 90°外皮差值$$

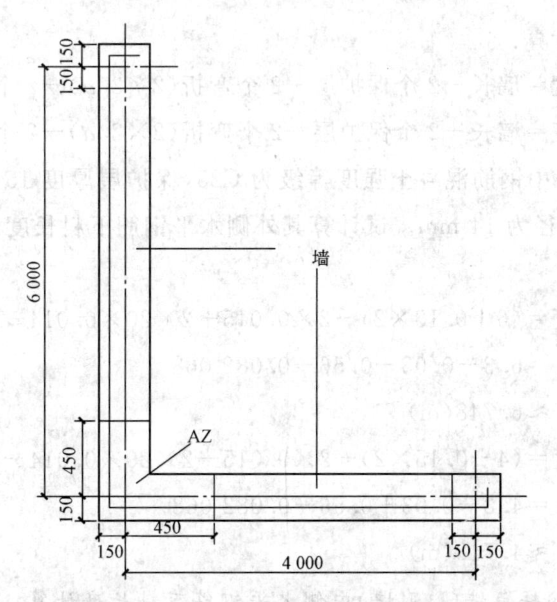

图 7-9　转角墙外(L 形墙)侧钢筋连续通过示意图(单位:mm)

【例 7-8】 图 7-9 中钢筋混凝土强度等级为 C25,保护层厚度 150 mm,抗震等级为二级,钢筋为 HRB335 级,直径为 14 mm。试计算其外侧水平钢筋下料长度。

解:

钢筋下料长度＝(6＋4＋0.15×4)－4×0.015＋2×15×0.014－3×2.931×0.014

＝10.6－0.06＋0.42－0.123 102

≈10.837(m)

2. 转角墙(L 形墙)外侧水平钢筋断开通过下料长度计算

如图 7-10 所示为转角墙(L 形墙)外侧钢筋断开通过示意图。

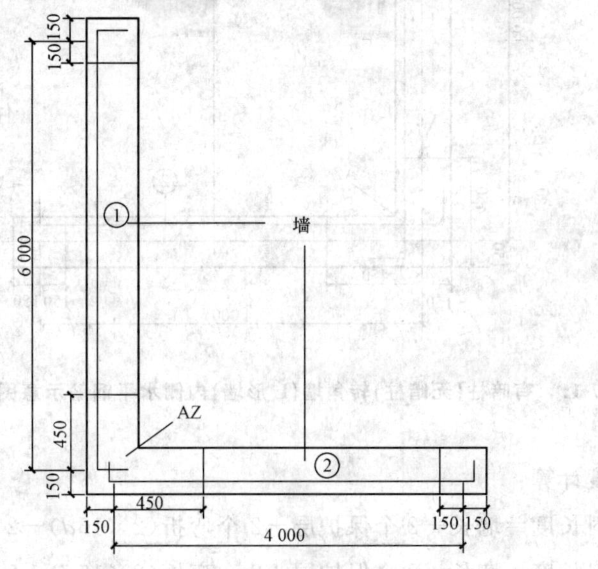

图 7-10　转角墙外侧钢筋断开通过示意图(单位:mm)

钢筋下料长度的计算：

①号钢筋下料长度＝墙长－2 个保护层＋2 个弯折(2×20d)－2 个 90°外皮差值

②号钢筋下料长度＝墙长－2 个保护层＋2 个弯折(2×20d)－2 个 90°外皮差值

【例 7-9】 图 7-10 中钢筋混凝土强度等级为 C25，保护层厚度 15 mm，抗震等级为二级，钢筋为 HRB335 级，直径为 14 mm。试计算其外侧水平钢筋下料长度。

解：

①号钢筋下料长度＝(6＋0.15×2)－2×0.015＋2×20×0.014－2×2.931×0.014

＝6.3－0.03＋0.56－0.082 068

≈6.748(m)

②号钢筋下料长度＝(4＋0.15×2)－2×0.015＋2×20×0.014－2×2.931×0.014

＝4.3－0.03＋0.56－0.082 068

≈4.748(m)

3. 有暗柱(无暗柱)转角墙(L 形墙)内侧水平钢筋下料长度计算

如图 7-11 所示为有暗柱(无暗柱)转角墙(L 形墙)内侧钢筋示意图。

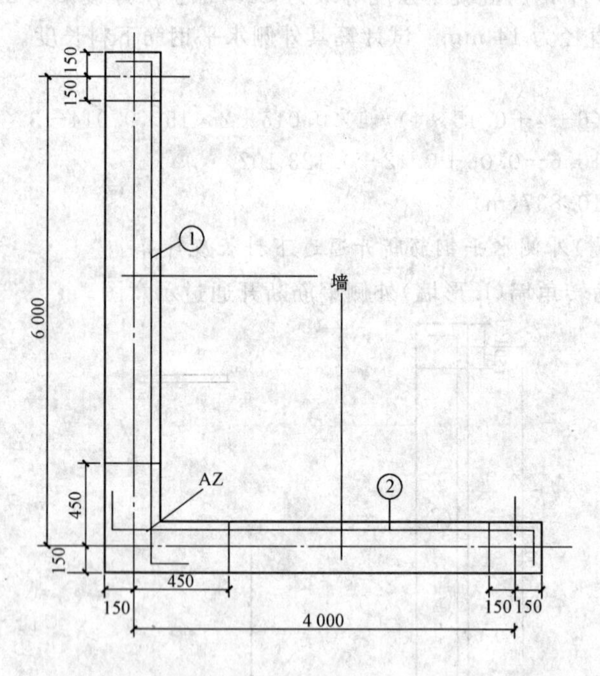

图 7-11 有暗柱(无暗柱)转角墙(L 形墙)内侧水平钢筋示意图(单位：mm)

钢筋下料长度计算：

①号钢筋下料长度＝墙长－2 个保护层＋2 个弯折(2×15d)－2 个 90°外皮差值

②号钢筋下料长度＝墙长－2 个保护层＋2 个弯折(2×15d)－2 个 90°外皮差值

【例 7-10】 图 7-11 中钢筋混凝土强度等级为 C25,保护层厚度 15 mm,抗震等级为二级,钢筋为 HRB335 级,直径为 14 mm。试计算其内侧水平钢筋下料长度。

解:

①号钢筋下料长度＝墙长－2 个保护层＋2 个弯折($2\times15d$)－2 个 90°外皮差值

$=(6+0.15\times2)-2\times0.015+2\times15\times0.014-2\times2.931\times0.014$

$\approx6.608(\text{m})$

②号钢筋下料长度＝墙长－2 个保护层＋2 个弯折($2\times15d$)－2 个 90°外皮差值

$=(4+0.15\times2)-2\times0.015+2\times15\times0.014-2\times2.931\times0.014$

$\approx4.608(\text{m})$

4. 转角墙(L 形墙)内侧水平钢筋锚入端柱内长度计算(直锚)

如图 7-12 所示为转角墙(L 形墙)内侧水平钢筋锚(直锚)示意图。

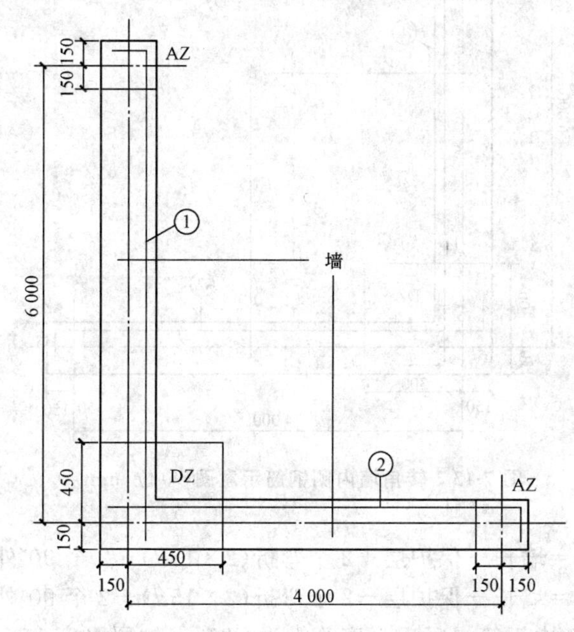

图 7-12　转角墙(L 形墙)内侧水平钢筋锚入端柱内长度计算(直锚)(单位:mm)

钢筋下料长度计算:

①号钢筋下料长度＝墙长－保护层＋弯折($15d$)＋端柱直锚－1 个 90°外皮差值

②号钢筋下料长度＝墙长－保护层＋弯折($15d$)＋端柱直锚－1 个 90°外皮差值

【例 7-11】 图 7-12 中钢筋混凝土强度等级为 C25,保护层厚度 15 mm,抗震等级为二级,钢筋为 HRB335 级,直径为 14 mm。试计算其内侧水平钢筋下料长度。

解:

判断内侧钢筋在端柱内的锚固方式:

$(h_c=600\ \text{mm})>(l_{aE}=38d=38\times14=532\ \text{mm})$,故采用直锚。

①号钢筋下料长度＝墙长－保护层＋弯折(15d)＋端柱直锚－1 个 90°外皮差值

＝(6＋0.15－0.45)－0.015＋15×0.014＋38×0.014－2.931×0.014

≈6.386(m)

②号钢筋下料长度＝墙长－保护层＋弯折(15d)＋端柱直锚－1 个 90°外皮差值

＝(4＋0.15－0.45)－0.015＋15×0.014＋38×0.014－2.931×0.014

≈4.386(m)

5．转角墙(L 形墙)内侧水平钢筋锚入端柱内长度计算(弯锚)

如图 7-13 所示为转角墙(L 形墙)内侧钢筋(弯锚)示意图。

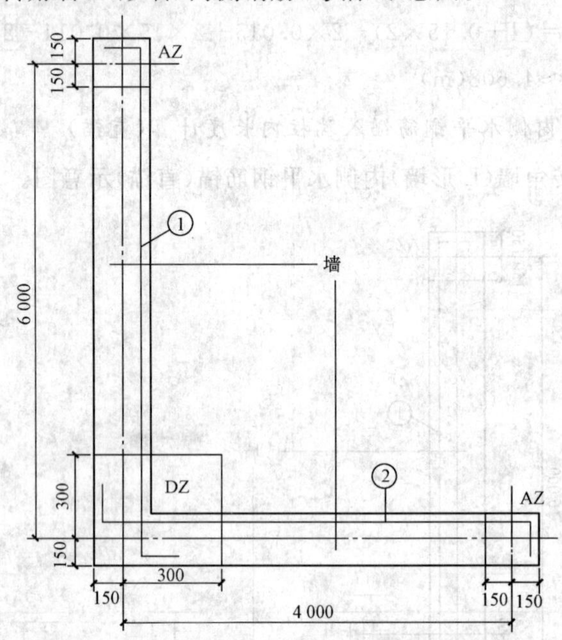

图 7-13　转角墙内侧钢筋示意图(单位：mm)

钢筋下料长度计算：

①号钢筋下料长度＝墙长－保护层＋2 个弯折(2×15d)－2 个 90°外皮差值

②号钢筋下料长度＝墙长－保护层－2 个弯折(2×15d)－2 个 90°外皮差值

【例 7-12】 图 7-13 中钢筋混凝土强度等级为 C25，保护层厚度 15 mm，抗震等级为二级，钢筋为 HRB335 级，直径为 14 mm。试计算其内侧水平钢筋下料长度。

解：

判断内侧钢筋在端柱内的锚固方式：

(h_c＝450 mm)＜(l_{aE}＝38d＝38×14＝532 mm)，故采用弯锚。

①号钢筋下料长度＝墙长－保护层＋2 个弯折(2×15d)－2 个 90°外皮差值

＝(6＋0.15×2)－2×0.015＋2×15×0.014－2×2.931×0.014

＝6.608(m)

②号钢筋下料长度＝墙长－保护层－2 个弯折(2×15d)－2 个 90°外皮差值

＝(4＋0.15×2)－2×0.015＋2×15×0.014－2×2.931×0.014

＝4.608(m)

第七节　剪力墙连梁、暗梁、边框梁钢筋下料计算

一、剪力墙连梁的钢筋构造详图(图 7-14)

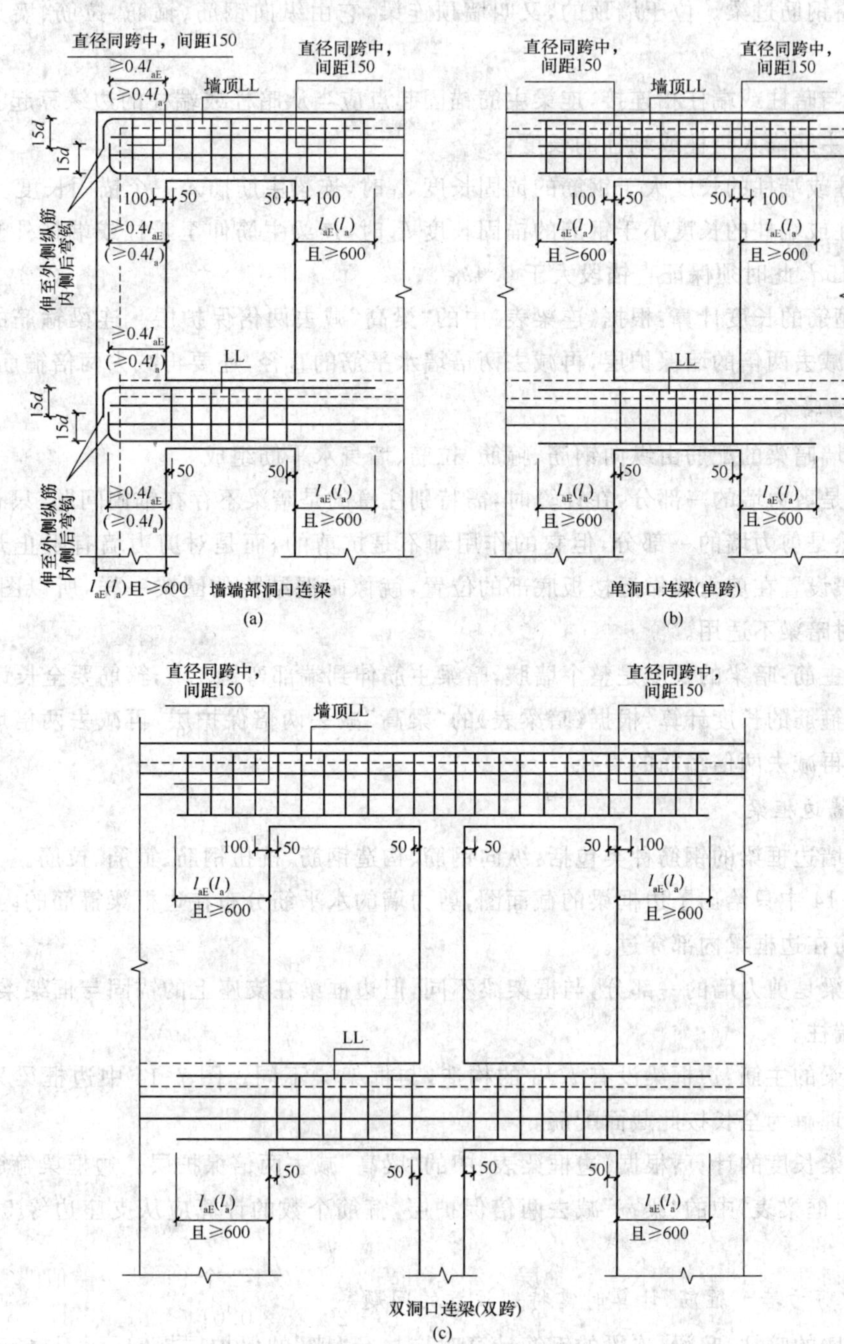

图 7-14　剪力墙连梁的钢筋构造详图(单位:mm)

二、对连梁、暗梁、边框梁的分析解释

1. 剪力墙连梁

(1)剪力墙连梁的概念:剪力墙连梁是剪力墙的一个组成部分,准确地说是和剪力墙浇筑成一体的门窗钢筋过梁。位于墙顶的,又叫墙顶连梁,它由纵向钢筋、箍筋、拉筋、墙身水平钢筋组成。

(2)连梁与暗柱或端柱相连接,连梁主筋锚固起点应当从暗柱或端柱的边缘算起。

(3)连梁主筋锚入暗柱或端柱的长度:

1)当暗柱或端柱的长度大于钢筋的锚固长度 l_{aE}时,连梁主筋插入一个锚固长度。

2)当暗柱或端柱的长度小于钢筋的锚固长度 l_{aE}时,连梁主筋伸至暗柱或端柱外侧纵筋的内侧后弯钩 $15d$,此时须保证直锚段大于 $0.4l_{aE}$。

4)连梁箍筋的长度计算:根据《连梁表》中的“梁高”减去两倍保护层。连梁箍筋的宽度计算:等于墙厚减去两倍的墙保护层,再减去两倍墙水平筋的直径,还要再减去两倍箍筋的直径。

2. 剪力墙暗梁

(1)剪力墙暗梁的配筋由纵向钢筋、箍筋、拉筋、墙身水平筋组成。

(2)暗梁是剪力墙的一部分,在计算时,需特别注意的是暗梁不存在锚固问题,只有收边问题。暗梁虽然是剪力墙的一部分,但它的作用却不是抗剪的,而是对剪力墙有阻止开裂的作用。暗梁一般设置在剪力墙靠近楼板底部的位置,就像砖混结构的圈梁一样,所以图 7-14 连梁构造详图对暗梁不适用。

(3)暗梁主筋:暗梁的长度是整个墙肢,暗梁主筋伸到端部弯钩 $15d$,箍筋要全长设置。

(4)暗梁箍筋的长度计算:根据《暗梁表》的“梁高”减去两倍保护层,再减去两倍墙水平筋的直径,还要再减去两倍箍筋的直径。

3. 剪力墙边框梁

(1)剪力墙边框梁的钢筋种类包括:纵向钢筋、构造钢筋、抗扭钢筋、箍筋、拉筋。

(2)图 7-14 中只给出了边框梁的截面图,剪力墙的水平筋分布在边框梁箍筋的内侧,剪力墙的竖向钢筋在边框梁内部穿过。

(3)边框梁是剪力墙的一部分,与框架梁不同,但边框梁在支座上的锚固与框架梁相同,有边框梁就有端柱。

(4)边框梁的主筋:边框梁没有 $l_n/3$ 的构造,与框架梁不同。图 7-14 中边框梁只有一个截面图,可以理解为全长按此截面配筋。

(5)边框梁长度的计算:根据《边框梁表》中的“梁高”减去两倍保护层。边框梁箍筋的宽度计算:根据《边框梁表》中的“梁宽”减去两倍保护层,箍筋个数的计算应从支座边缘 50 mm 处算起。

4. 关于“剪力墙一箍筋”计算时需特别注意的问题

(1)剪力墙的暗柱、暗梁、连梁的钢筋计算时应执行“墙”的保护层规定,而不执行普通梁、柱保护层的规定。

(2)同前面讲过的一样，箍筋标注的尺寸均是"内侧尺寸"(净内尺寸)，计算钢筋下料时，也是从箍筋的净内尺寸出发进行计算的。

(3)剪力墙的水平分布筋从暗柱纵筋的外侧通过，也就是说，墙的水平分布筋与暗柱的箍筋平行，与箍筋在同一个垂直层面上通过暗柱，如果墙的水平分布筋直径大于箍筋直径，暗柱"箍筋的宽度(b)"等于墙厚减去两倍的保护层，再减去两倍墙水平分布筋的直径；但若箍筋直径较粗，就应等于墙厚减去两倍的墙保护层，再减去两倍箍筋直径。

(4)剪力墙暗梁和连梁箍筋的计算与暗柱有所不同，剪力墙水平筋从暗梁或连梁箍筋的外侧通过暗梁或连梁。因此，暗梁和连梁"箍筋的宽度(b)"等于墙厚减去两倍的墙保护层，再减去两倍墙水平筋的直径，还要再减去两倍箍筋的直径。

在这里，我们特别对箍筋的计算进行了详细分析，希望大家在计算时注意这些问题。

三、连梁水平分布筋的钢筋下料计算

前面图 7-12 所示为连梁的钢筋构造，由于详图中的钢筋太多，为了更清楚地反映其水平分布筋的特点，我们将其简图画出来，使大家能够更进一步地准确进行水平分布筋的下料计算。

1. 墙端部洞口连梁的钢筋下料计算

图 7-15 即是墙端部洞口连梁水平分布筋示意图。

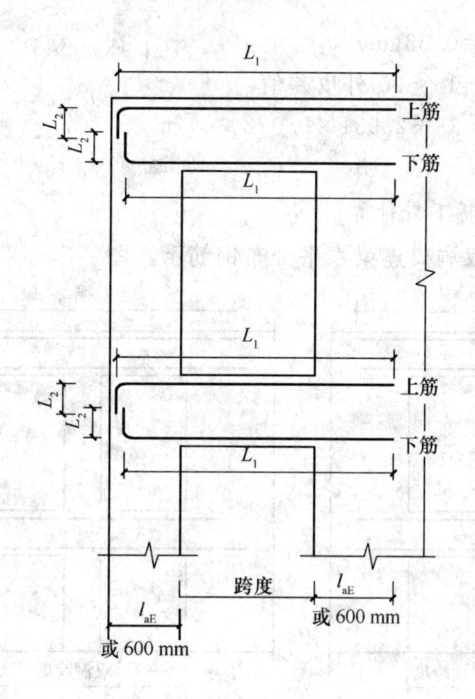

图 7-15　墙端部洞口连梁

表 7-13 即是端部洞口连梁水平分布筋计算公式。

表 7-13　端部洞口连梁水平分布筋计算公式表

钢筋部位	L_1 长度	L_2 长度	下料长度
上筋、下筋	跨度总长＋$0.4l_{aE}$（$0.4l_a$）＋［l_{aE}（l_a），600 mm］两者取最大值	$15d$	$L=L_1+L_2-1$ 个 90°外皮差值

【例 7-13】　某抗震二级剪力墙端部洞口连梁，钢筋级别为 HRB335 级钢筋，直径 $d=22$ mm，混凝土强度等级为 C30，跨度为 1.2 m，试计算墙端部洞口连梁的钢筋下料尺寸（上、下钢筋计算方法相同）。

解：

已知 C30 二级抗震，HRB335 级钢筋的 $l_{aE}=34d$，90°外皮差值为 $2.931d$。

$$l_{aE}=34d=34\times0.022=0.748(\text{m})$$

$$600\text{ mm}=0.6\text{ m}$$

$0.748>0.6$　即 $l_{aE}>600$ mm，故取 l_{aE} 值。

代入公式，得：

L_1 ＝跨度总长＋$0.4l_{aE}+l_{aE}$

$=1.2+0.4\times0.726+0.726$

$\approx2.22(\text{m})$

$L_2=15d=15\times0.022=0.33(\text{m})$

总下料长度＝L_1+L_2-1 个 90°外皮差值

$=2.22+0.33-2.931\times0.022$

$\approx2.49(\text{m})$

2. 单双洞口连梁的钢筋下料计算

如图 7-16 所示为单、双洞口连梁水平分布钢筋示意图。

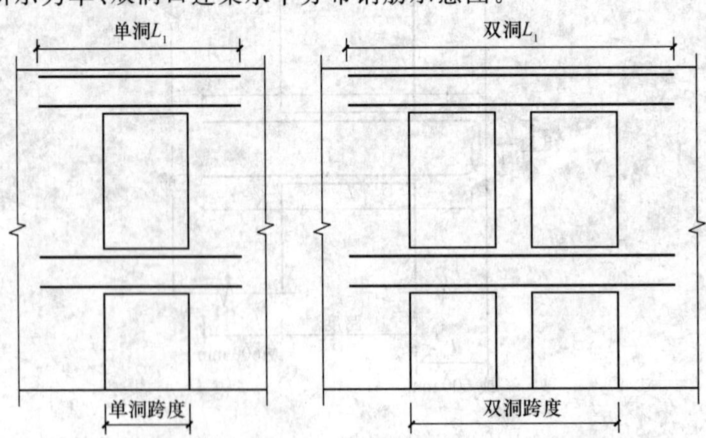

图 7-16　单、双洞口连梁水平分布钢筋示意图

单洞口连梁的钢筋计算公式：

单洞 L_1＝单洞跨度＋2×[l_{aE}(l_a)或 600 mm 的最大值]

双洞口连梁的钢筋计算公式：

双洞 L_1＝双洞跨度＋2×[l_{aE}(l_a)或 600 mm 的最大值]

需要注意的是，双洞跨度不是两个洞口加在一起的长度，而是连在一起不扣除两洞口之间的距离的总长度，且上、下钢筋长度均相等。

第八章 钢筋下料的其他计算

第一节　柱箍筋的诺模图计算法

柱箍筋的长度计算，有专家已将其总结成简便的图形，根据箍筋的截面宽度及高度在图连线即可，即柱箍筋诺模图计算法。

【例 8-1】 柱截面 $b=450$ mm，$h=500$ mm，箍筋直径为 6 mm，根据图 8-1，求箍筋的下料长度。

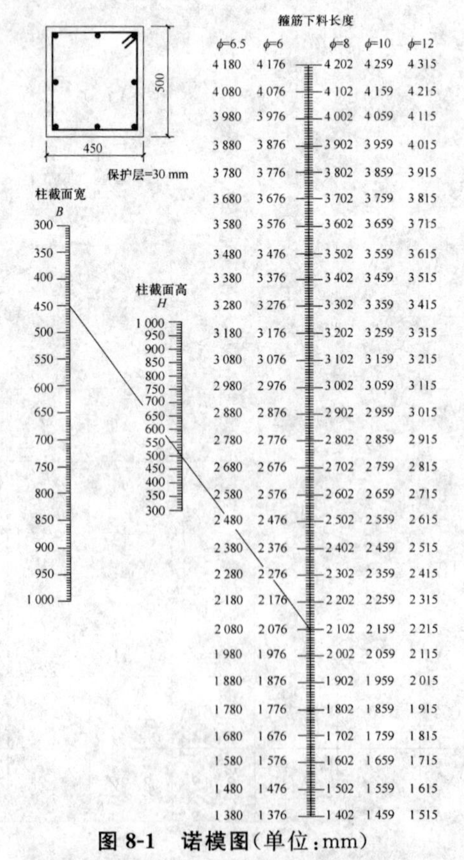

图 8-1　诺模图（单位：mm）

解：

从 B 线上“450”起引线，通过 H 线上“500”，直达箍筋下料长度即为所求答案 2 076 m。

第二节　用钢筋含量系数法快速预算钢筋重量

作为预算员或施工员，在进行抽筋计算时，一块块板带一根根的抽筋计算实在繁琐。特别是对于不规则的板带，每根钢筋的长度都不相等，抽筋计算更是繁琐。

现介绍一种用钢筋含量系数法快速计算钢筋含量的方法。前人经过大量研究，理论建模分析，借助计算机算出了各种不同直径钢筋在各种不同间距下各种不同组合情况时每平方米的钢筋含量系数，以供同行计算板筋重量时查用。用此法计算板筋重量，精度可达 95%以上。预算工程量不等于结算工程量，结算时要按实际状况调整，因此，其计算精度虽然不是 100%准确，但仍有实用价值。

表 8-1～表 8-4 给出了各种不同组合情况下每平方米的钢筋含量系数。

表 8-1　$\phi6$ 和 $\phi6$ 钢筋在各种间距下的钢筋含量系数　　（单位：kg/m²）

$\phi6$ \ $\phi6$		间距(mm)										
		100	110	120	130	140	150	160	170	180	190	200
间距(mm)	100	4.35	4.15	3.99	3.85	3.73	3.63	3.54	3.46	3.38	3.32	3.26
	110	4.15	3.96	3.79	3.65	3.53	3.43	3.34	3.26	3.19	3.12	3.07
	120	3.99	3.79	3.63	3.49	3.37	3.26	3.17	3.09	3.02	2.96	2.90
	130	3.85	3.65	3.49	3.35	3.23	3.12	3.03	2.95	2.88	2.82	2.76
	140	3.73	3.53	3.37	3.23	3.11	3.00	2.91	2.83	2.76	2.70	2.64
	150	3.63	3.43	3.26	3.12	3.00	2.90	2.81	2.73	2.66	2.60	2.54
	160	3.54	3.34	3.17	3.03	2.91	2.81	2.72	2.64	2.57	2.50	2.45
	170	3.46	3.26	3.09	2.95	2.83	2.73	2.64	2.56	2.49	2.42	2.37
	180	3.38	3.19	3.02	2.88	2.76	2.66	2.57	2.49	2.42	2.35	2.30
	190	3.32	3.12	2.96	2.82	2.70	2.60	2.50	2.42	2.35	2.29	2.23
	200	3.26	3.07	2.90	2.76	2.64	2.54	2.45	2.37	2.30	2.23	2.18
	250	3.05	2.85	2.68	2.4	2.42	2.32	2.23	2.15	2.08	2.02	1.96

表 8-2 $\phi 6$ 和 $\phi 8$ 钢筋在各种间距下每平方米的钢筋含量系数 (单位:kg/m²)

$\phi 8$ / $\phi 6$			间距(mm)										
			100	110	120	130	140	150	160	170	180	190	200
			3.87	**3.52**	**3.23**	**2.98**	**2.77**	**2.58**	**2.42**	**2.28**	**2.15**	**2.04**	**1.94**
间距(mm)	100	**2.18**	6.05	5.69	5.40	5.15	4.94	4.76	4.59	4.45	4.33	4.21	4.11
	110	**1.98**	5.85	5.50	5.20	4.96	4.74	4.56	4.40	4.25	4.13	4.02	3.91
	120	**1.81**	5.68	5.33	4.04	4.79	4.58	4.39	4.23	4.09	3.96	3.85	3.75
	130	**1.67**	5.54	5.19	4.90	4.65	4.44	4.25	4.09	3.95	3.82	3.71	3.61
	140	**1.55**	5.43	5.07	4.78	4.53	4.32	4.13	3.97	3.83	3.70	3.59	3.49
	150	**1.45**	5.32	4.97	4.68	4.43	4.22	4.03	3.87	3.73	3.60	3.49	3.39
	160	**1.36**	5.23	4.88	4.59	4.34	4.12	3.94	3.78	3.64	3.51	3.40	3.30
	170	**1.28**	5.15	4.80	4.51	4.26	4.04	3.86	3.70	3.56	3.43	3.32	3.22
	180	**1.21**	5.08	4.73	4.43	4.19	3.97	3.79	3.63	3.49	3.36	3.25	3.14
	190	**1.15**	5.02	4.66	4.37	4.12	3.91	3.73	3.56	3.42	3.30	3.18	3.08
	200	**1.09**	4.96	4.61	4.31	4.07	3.85	3.67	3.51	3.36	3.24	3.13	3.02
	250	**0.87**	4.74	4.39	4.10	3.85	3.64	3.45	3.29	3.15	3.02	2.91	2.81

注:表中黑体字的系数为单独计算一种直径的钢筋含量系数。即两种不同直径的钢筋分开计算的系数。

表 8-3 $\phi 10$ 支座负筋和 $\phi 6$ 分布筋在各种间距下每平方米的钢筋含量系数

(单位:kg/m²)

$\phi 10$ / $\phi 6$			间距(mm)										
			100	110	120	130	140	150	160	170	180	190	200
			6.48	**5.89**	**5.40**	**4.98**	**4.63**	**4.32**	**4.05**	**3.81**	**3.60**	**3.41**	**3.24**
间距(mm)	200	**1.17**	7.64	7.06	6.56	6.15	5.79	5.48	5.21	4.98	4.76	4.58	4.40
	250	**0.93**	7.41	6.82	6.33	5.92	5.56	5.25	4.98	4.74	4.53	4.34	4.17

注:表中黑体字的系数为单独计算一种直径的钢筋含量系数,即两种不同直径的钢筋分开计算的系数。

表 8-4 $\phi 8$ 和 $\phi 8$ 钢筋在各种间距下每平方米的钢筋含量系数 (单位:kg/m²)

$\phi 8$ / $\phi 8$		间距(mm)										
		100	110	120	130	140	150	160	170	180	190	200
间距(mm)	100	7.74	7.39	7.10	6.85	6.64	6.45	6.29	6.15	6.02	5.91	5.81
	110	7.39	7.04	6.74	6.50	6.28	6.10	5.94	5.80	5.67	5.56	5.45
	120	7.10	6.74	6.45	6.20	5.99	5.81	5.65	5.50	5.38	5.26	5.16
	130	6.85	6.50	6.20	5.96	5.74	5.56	5.40	5.25	5.13	5.02	4.91
	140	6.64	6.28	5.99	5.74	5.53	5.35	5.18	5.04	4.92	4.80	4.70

（续表）

$\phi8$ \ $\phi8$		间距(mm)										
		100	110	120	130	140	150	160	170	180	190	200
间距(mm)	150	6.45	6.10	5.81	5.56	5.35	5.16	5.00	4.86	4.73	4.62	4.52
	160	6.29	5.94	5.65	5.40	5.18	5.00	4.84	4.70	4.57	4.46	4.35
	170	6.15	5.80	5.50	5.25	5.04	4.86	4.70	4.55	4.43	4.31	4.21
	180	6.02	5.67	5.38	5.13	4.92	4.73	4.57	4.43	4.30	4.19	4.09
	190	5.91	5.56	5.26	5.02	4.80	4.62	4.46	4.31	4.19	4.07	3.97
	200	5.81	5.45	5.16	4.91	4.70	4.52	4.35	4.21	4.09	3.97	3.87
	250	5.42	5.07	4.77	4.53	4.31	4.13	3.97	3.83	3.70	3.59	3.48

【例 8-2】 现举一个矩形板带的例子来说明钢筋含量系数法的应用方法，如图 8-2 所示。

(1)先用手工抽筋计算如下：

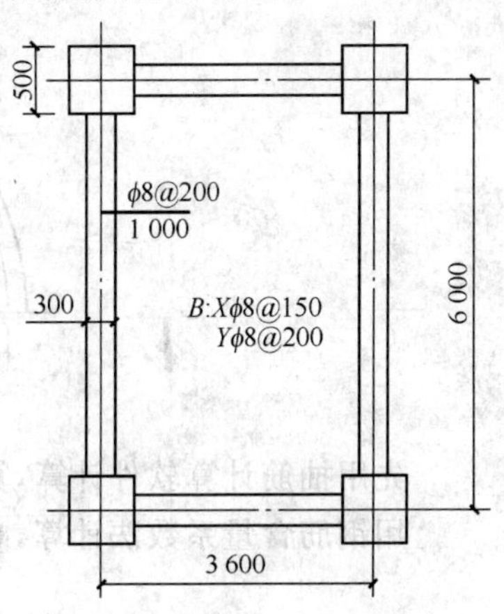

图 8-2　矩形板带(单位：mm)

横向钢筋根数，

$N_1 = (6\ 000 - 300 - 50 \times 2) \div 150 + 1$

≈ 38(根)

横向钢筋下料长度，

$L_1 = (3\ 600 + 6.25d \times 2)$

$= 3\ 600 + 6.25 \times 8 \times 2$

$= 3\ 700$(mm)

$= 3.7$(m)

横向钢筋重量，

$$G_1 = 3.7 \times 38 \times 0.395 = 55.54(\text{kg})$$

纵向钢筋根数，

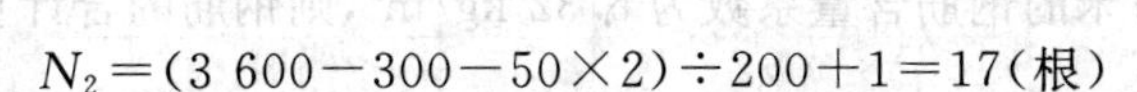

$$N_2 = (3\ 600 - 300 - 50 \times 2) \div 200 + 1 = 17(\text{根})$$

纵向钢筋下料长度，

$$L_2 = 6\ 000 + 6.25d \times 2 = 6\ 000 + 6.25 \times 8 \times 2 = 6\ 100 = 6.1(\text{m})$$

纵向钢筋重量，

$$G_2 = 6.1 \times 17 \times 0.395 = 40.96(\text{kg})$$

钢筋重量合计，55.54＋40.96＝96.5(kg)

(2)现在采用钢筋含量系数法计算如下：

1)该板带轴线面积，

$$S = 3.6 \times 6 = 21.6(\text{m}^2)$$

2)查表 8-4，纵向查 $\phi8$ @200 mm，横向查 $\phi8$ @150 mm，两者相交处的钢筋含量系数为 4.52 kg/m²，则钢筋的合计重量为：

$$G = 21.6 \times 4.52 = 97.63(\text{kg})$$

可见，采用钢筋含量系数法计算方便快速。如果将钢筋分开计算也可以，查表 8-2 最上边

ϕ8@200 mm 和 ϕ8@150 mm 的分系数，分别为 1.94 kg/m² 和 2.58 kg/m²。

则，横向钢筋重量为 21.6×2.58 =55.73(kg)；

纵向钢筋重量为 21.6×1.94 =41.9(kg)。

对于图 8-1 所示的板带负筋的直段长度 1 000 mm 作为其板带宽度，以 300 mm 宽的梁轴线跨度 6 000 mm 作为其板带长度，则支座负筋的布筋范围的面积为 1×6=6(m²)，查表 8-2 纵向 ϕ6@250 mm(分布筋间距)，横向 ϕ8@200 mm 得系数 2.81 kg/m²，则支座负筋带 6 分布筋的合计重量为 6×2.81 =16.86(kg)。

对于不规则板带计算，更显方便快速。例如，常见的半圆形阳台板带，每根板筋长度都不相等，手工计算实在繁琐。采用钢筋含量系数法计算，只要按图纸给出的纵横向钢筋直径和间距，再在钢筋含量系数表中对应地查出钢筋含量系数，将系数乘以半圆形板带面积即可得到钢筋重量。对斜坡屋面中出现的三角形板带以及椭圆形板带也可以应用。

【例 8-3】 下面看一个半圆形阳台的板带抽筋计算。图 8-3 所示为一个半圆形的阳台板带，现在要计算钢筋的合计重量。该圆弧形阳台板带的半径为 1 800 mm，圆弧梁宽 300 mm。

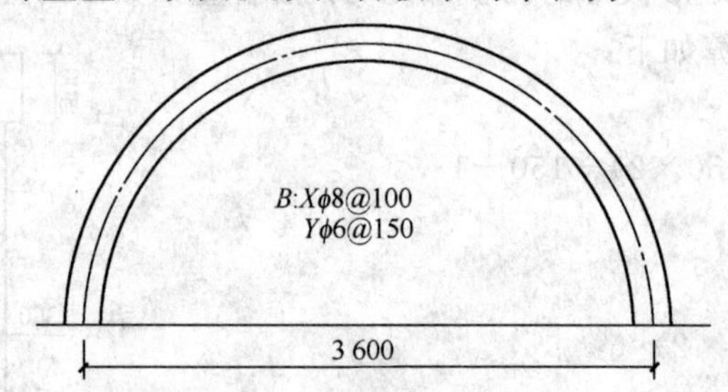

图 8-3 半圆形阳台板带(单位：mm)

先用抽筋计算软件计算，算得钢筋的合计重量为 26.51 kg。

用钢筋含量系数法计算，半圆形的阳台板带面积为：

$$S=\frac{1}{2}\times 3.14\times 1.8^2=5.087(\text{m}^2)$$

查表 8-2 得每平方米的钢筋含量系数为 5.32 kg/m²，则钢筋的合计重量为：5.087×5.32 = 27.06(kg)。

参考文献

[1]中华人民共和国住房和城乡建设部．混凝土结构设计规范(GB 50010—2010)[S]．北京：中国建筑工业出版社，2010．

[2]中华人民共和国住房和城乡建设部、国家质量监督检验检疫总局．混凝土结构工程施工质量验收规范(GB 50204—2002)(2011 版)[S]．北京：中国建筑工业出版社，2011．

[3]曹照平．钢筋工程便携手册[M]．北京：机械工业出版社，2007．

[4]中国建筑标准设计研究院．混凝土结构施工图平面整体表示方法制图规则和结构详图(11 G101)[S]．北京：中国建筑标准设计研究院，2011．

[5]陈国卿．钢筋翻样与下料[M]．北京：机械工业出版社，2011．

[6]周旭．钢筋翻样及加工[M]．北京：机械工业出版社，2008．

[7]陈达飞．平法识图与钢筋计算[M]．北京：中国建筑工业出版社，2010．

[8]王武奇．钢筋工程量计算[M]．北京：中国建筑工业出版社，2010．

[9]何辉．工程算量技能实训[M]．北京：中国建筑工业出版社，2011．

中国建材工业出版社
China Building Materials Press